Wald- und Holzbau

Petra Weißhaupt

Wald- und Holzbau

Potenziale von Bauen mit Holz

Springer Vieweg

Petra Weißhaupt
Stolberg, Deutschland

ISBN 978-3-658-50060-3 ISBN 978-3-658-50061-0 (eBook)
https://doi.org/10.1007/978-3-658-50061-0

Die Deutsche Nationalbibliothek verzeichnet diese Publikation in der Deutschen Nationalbibliografie; detaillierte bibliografische Daten sind im Internet über https://portal.dnb.de abrufbar.

Planung/Lektorat: Ralf Harms
Springer Vieweg ist ein Imprint der eingetragenen Gesellschaft Springer Fachmedien Wiesbaden GmbH und ist ein Teil von Springer Nature.
Die Anschrift der Gesellschaft ist: Abraham-Lincoln-Str. 46, 65189 Wiesbaden, Germany

Vorwort

Wald- und Holzbau liegen im Trend, denn sie bieten Antworten auf Fragen des Klimaschutzes. Das neue Bewusstsein der Gesellschaft verändert den Umgang mit dem Wald und mit der Ressource Holz. Konzepte, die Umweltschutz und technische Innovationen vereinen, sind gefragter denn je. Dies äußert sich nicht nur im gesellschaftlichen Diskurs, sondern schon längst in Gesetzen und Normen. Das Buch gibt einen Überblick. Es verfolgt den Klimawandel im Wald und den nachhaltigen Waldbau. Es beschreibt Holz als Baustoff sowie nachhaltige Bauprodukte. Die Grundlagen der Tragwerksplanung werden vermittelt und innovative Holzgebäude beschrieben. Das Ziel ist es, neue Potenziale für den Holzbau zu heben. Der Weg zur Klimaneutralität im Jahr 2050 fordert sowohl Maßnahmen in der Forstwirtschaft als auch im Gebäudesektor. Holz kann vieles. Als Baum speichert es Kohlenstoffdioxid. Als Wald bietet es unverzichtbare Biotope. Als Werkstoff hat es ein negatives Treibhausgaspotenzial. Ersetzt Holz Beton oder Stahl, lässt sich graue Gebäudeenergie einsparen. Und das entspricht doppelten Gutschriften in der jährlichen Treibhausgasbilanz. Sowohl der Landnutzungssektor als auch der Gebäudesektor profitieren. Deshalb gilt es, zum Schutz des Klimas den Wald- und Holzbau zu fördern. Holzbau ist das neue Ideal des ökologischen Bauens in der Stadt. Das anthropogene Kohlenstofflager zwischen Asphalt und Beton. Es ist Architektur, die städtebaulich hervorsticht und ein Statement für Nachhaltigkeit ist. Genau das beschreibt dieses Buch. Damit entspricht es dem Zeitgeist und ist interessant für Leserinnen und Leser, welche sich auf den Pfad der Klimaneutralität begeben haben. Die teils wissenschaftlich-technische Materie wird populärwissenschaftlich aufgearbeitet, sodass Möglichkeiten und Grenzen für ein breites Publikum einschätzbar werden. Das ist wichtig für den Diskurs in dem gesellschaftlich bedeutenden Bereich des Bauens. Abschließend schlägt das Buch Instrumente vor, wie Wald- und Holzbau gefördert werden können. Es legt Entscheidungen für ein innovatives und klimafreundliches Bauen nahe.

Stolberg, Deutschland — Petra Weißhaupt

Interessenkonflikt

Der/die Autor*in hat keine für den Inhalt dieses Manuskripts relevanten Interessenkonflikte.

Inhaltsverzeichnis

Abbildungsverzeichnis

Tabellenverzeichnis

Wald und Forst

1

Inhaltsverzeichnis

Schlüsselwörter

Waldschutz · Forst · Klimaschutz · Biodiversität · Wälder unterschiedlicher Klimazonen

P. Weißhaupt, *Wald- und Holzbau*, https://doi.org/10.1007/978-3-658-50061-0_1

1.1 Wald und Forst in Deutschland

1.1.1 Allgemeines

Wald und Bäume schützen Klima und Umwelt. Jeder Baum spendet Schatten, speichert Wasser, bindet Kohlenstoffdioxid, bietet mit Blüten, Früchten und Blättern Futter und Lebensraum für unterschiedliche Tiere, Vögel, Insekten, Pilze und Mikroorganismen, filtert die Luft und sorgt für ein angenehmes Mikroklima. Wo Bäume sind, verweilen Menschen. Das gilt für die Stadtbepflanzung gleichermaßen wie für die großen Waldflächen des tropischen Regenwaldes. Der Erhalt der Bäume und Wälder mit ihrer großen Vielfalt ist ein wichtiges und unbestrittenes ökologisches Ziel. Dennoch bedrohen Klimawandel und Flächenkonkurrenz den Wald. Wald braucht Schutz, Waldwirtschaft eine langfristige und nachhaltige Planung.

Aber auch die Forstwirtschaft muss erhalten bleiben, denn klimafreundliches Bauen erfordert Holz. Holz für nahezu sämtliche Gebäudedächer, Holz für das Sanieren im Bestand, Holz für Brücken, Türme, den Landschaftsbau und vor allem eines: Holz einer angemessenen Sortierqualität. In Deutschland ist das in aller Regel das Holz aus Fichten- und Kiefernwäldern. Diese Wälder sind kein Klimawald, aber zuverlässige Lieferanten eines der wichtigsten und klimaneutralen Rohstoffe der Bau- und damit der gesamten Wirtschaft. Die Wälder liefern den klimaneutralen Werkstoff für das Bauen, aber auch für die Herstellung von Möbeln, Papier, Pappe und Kartonagen, Musikinstrumenten, Spielzeug, Besen- und Gerätestielen, Freizeitgeräten, Booten, Sportgeräten, Textilien auf Cellulosebasis und von vielen weiteren Produkten bis hin zu Kosmetika, Pharmazeutika und Lebensmitteln.

Naturbelassener Wald, in Deutschland zumeist Laub- und Mischwald (Abb. 1.1), ist klimaresilient und passt sich klimatischen Veränderungen an. Alte Pflanzen und Bäume sterben, Mikroorganismen und Pilze zersetzen das Totholz zu Humus, auf dem neue Bäume und Pflanzen wachsen. Ein alter natürlicher Wald ist kein alter Wald, denn das Alter der einzelnen Organismen ist durchmischt. Man spricht von Dauerwald. Wälder von Fichtenmonokulturen haben hingegen ein Alter, denn der Baumbestand wurde zugleich angepflanzt, forstwirtschaftlich überwacht und gepflegt und schließlich durch Einschlag geerntet. Das Ergebnis eines Einschlags sind lange, gerade Holzstämme für die Holzwirtschaft. In dichten Monokulturen reduziert sich das Astwerk der Nadelbäume auf die Wipfel. Das Fällen von Bäumen aus geordneten Plantagen ist vergleichsweise rational und technisch sicher. Der Aspekt der Arbeitssicherheit spricht für Nadelholzmonokulturen (Abb. 1.2). Ähnliches gilt für den folgenden Schritt des Schälens, denn nur wenig hinderliches Astwerk ist zu entfernen. Und schließlich für die Verarbeitung in Sägewerken, denn auch dort erleichtert es die Arbeiten, wenn gerades Rundholz sicher gelagert und in Sägemaschinen eingeschnitten werden kann. Für die Waldnatur ist der Einschlag in Baumplantagen vorteilhaft, da die durch Zuwegung und Rückegassen in Mitleidenschaft gezogene Fläche relativ klein bleibt.

Abb. 1.1 Laubmischwald. Eigene Abbildung

Abb. 1.2 Fichtenmonokultur in Deutschland. Eigene Abbildung

Mit Blick auf Dachkonstruktionen oder Brücken ist es offensichtlich, warum gerades und langes Holz von der Baubranche gewünscht wird: Die Zahl der Verbindungen und Übergänge soll klein und die Spannweite groß sein. Ein Vorteil von Holz liegt in der geringen Dichte. Zum Zweck der Ressourcenschonung beschworener Leichtbau entspricht im Bereich des Bauens klassischerweise dem Holzbau. Holz aus wenig industrialisierter Forstwirtschaft kann im Gebäudebestand aus dem Mittelalter gefunden werden. Eichenholz war verbreitet, doch sind die Balken des heute noch erhaltenen Fachwerks oftmals krumm und schief. Wenn heute in seltenen Fällen Fachwerkhäuser gebaut werden, besteht das Fachwerk zumeist aus Nadelholz und die Balken sind gerade. Die Gefache sind oft mit ebenso symmetrischen Ziegelsteinen gefüllt, während im Mittelalter frei verformbarer Ton, Lehm und Weidengeflecht Einsatz fanden.

Nach heutigem Stand des Wissens über die Bedeutung der Wälder für den Klimaschutz ist zu folgern, dass Misch- und Nutzwälder erforderlich sind. Waldflächen, die durch das Bundesnaturschutzgesetz geschützt sind, werden in Tab. 1.1 zusammengefasst. Vorrangig bewaldete Nationalparks sind der Bayerische Wald, Berchtesgaden, Eifel, Hainich, Harz, Hunsrück-Hochwald, Jasmund, Kellerwald-Edersee, Sächsische Schweiz und der Schwarzwald, wobei die Liste nicht vollständig ist. Diese genannten Wälder, welche sich teilweise erheblich unterscheiden, entsprechen der natürlichen Waldvegetation in Deutschland.

Neben dem Naturschutzgesetz gilt das Gesetz zur Erhaltung des Waldes und zur Förderung der Forstwirtschaft (Bundeswaldgesetz) als Rahmengesetz des Bundes. Weiterhin gibt es die Waldgesetze der Bundesländer (Tab. 1.2). Wie im Bereich des Bauens gilt auch für die Ressource Wald das föderalistische Prinzip. Hintergrund sind abweichende Eigentumsverhältnisse in den Bundesländern und die unterschiedliche wirtschaftliche Bedeutung der Forst- und Holzwirtschaft.

Tab. 1.1 Waldflächen in Schutzgebieten nach dem Bundesnaturschutzgesetz gemäß Waldbericht der Bundesregierung (BMEL, 2017)

Schutzgebietskategorie	BNatSchG	Anzahl	Waldfläche in 1000 ha	Anteil an der Gesamtwaldfläche in Prozent
Naturschutzgebiete	§ 23	8676	711	6
Nationalparke	§ 24	16	136	1
Biosphärenreservate	§ 25	17	438	4
Landschaftsschutzgebiete	§ 26	8531	5361	47
Naturparke	§ 27	103	4280	37
Geschützte Waldbiotope	§ 30	o. A.	593	5
FFH-Gebiete	§ 32, 33	4557	2046	18
Vogelschutzgebiete	§ 23, 33	742	778	14

Tab. 1.2 Gesetze über die Nutzung und den Erhalt von Wäldern

Anwendungsgebiet	Gesetz
Bundesgebiet	Bundeswaldgesetz vom 2. Mai 1975 (BGBl. I S. 1037), das zuletzt durch Artikel 112 des Gesetzes vom 10. August 2021 (BGBl. I S. 3436) geändert worden ist
Bundesgebiet	Bundesnaturschutzgesetz vom 29. Juli 2009 (BGBl. I S. 2542), das zuletzt durch Artikel 3 des Gesetzes vom 8. Dezember 2022 (BGBl. I S. 2240) geändert worden ist
Baden-Württemberg (BW)	Waldgesetz für Baden-Württemberg (Landeswaldgesetz – LWaldG) in der Fassung vom 31. August 1995, zuletzt geändert am 21. Juni 2019, GBl. S. 161, 162
Bayern (BY)	Bayerisches Waldgesetz (BayWaldG) in der Fassung der Bekanntmachung vom 22. Juli 2005, zuletzt geändert am 23. November 2020, GVBl. S. 598
Berlin (B)	Gesetz zur Erhaltung und Pflege des Waldes (Landeswaldgesetz – LWaldG) vom 16. September 2004, zuletzt geändert am 4. Februar 2016, GVBl. S. 26, 55
Brandenburg (BB)	Waldgesetz des Landes Brandenburg (LWaldG) vom 20. April 2004, zuletzt geändert am 30. April 2019, GVBl. I/19, Nr. 15
Bremen (HB)	Bremisches Waldgesetz – BremWaldG, zuletzt geändert am 25. Mai 2010, Brem. GBl. S. 349
Hamburg (HH)	Hamburger Landeswaldgesetz vom 13. März 1978, zuletzt geändert am 2. Dezember 2013, HmbGVBl. S. 484
Hessen (HE)	Hessisches Waldgesetz (HWaldG) in der Fassung vom 27. Juni 2013, zuletzt geändert am 9. Juni 2019, GVBl. S. 160
Mecklenburg-Vorpommern (MV)	Waldgesetz für das Land Mecklenburg-Vorpommern (Landeswaldgesetz – LWaldG) in der Fassung der Bekanntmachung vom 27. Juli 2011, zuletzt geändert am 5. Juli 2018, GVOBl. M-V S. 219
Niedersachsen (NI)	Niedersächsisches Gesetz über den Wald und die Landschaftsordnung (NWaldLG) vom 21. März 2002, zuletzt geändert am 11. November 2020, Nds. GVBl. S. 451
Nordrhein-Westfalen (NRW)	Landesforstgesetz für das Land Nordrhein-Westfalen (Landesforstgesetz – LFoG), Bekanntmachung der Neufassung vom 24. April 1980, zuletzt geändert am 26. März 2019, GV. NRW. S. 193, ber. S. 214
Rheinland-Pfalz (RP)	Landeswaldgesetz (LWaldG) vom 30. November 2000, zuletzt geändert am 27. März 2020, GVBl. S. 98
Saarland (SL)	Gesetz Nr. 1069 – Waldgesetz für das Saarland (Landeswaldgesetz – LWaldG) vom 26. Oktober 1977, zuletzt geändert am 13. Februar 2019, Amtsbl. I S. 324
Sachsen (SN)	Waldgesetz für den Freistaat Sachsen vom 10. April 1992, zuletzt geändert am 11. Mai 2019, SächsGVBl. S. 358
Sachsen-Anhalt (ST)	Gesetz zur Erhaltung und Bewirtschaftung des Waldes, zur Förderung der Forstwirtschaft sowie zum Betreten und Nutzen der freien Landschaft im Land Sachsen-Anhalt (Landeswaldgesetz Sachsen-Anhalt – LWaldG) vom 25. Februar 2016, zuletzt geändert am 5. Dezember 2019, GVBl. LSA S. 946
Schleswig-Holstein (SH)	Waldgesetz für das Land Schleswig-Holstein (Landeswaldgesetz – LWaldG) vom 5. Dezember 2004, zuletzt geändert am 13. Dezember 2018, GVOBl. S. 773
Thüringen (TH)	Gesetz zur Erhaltung, zum Schutz und zur Bewirtschaftung des Waldes und zur Förderung der Forstwirtschaft (Thüringer Waldgesetz – ThürWaldG) vom 6. August 1993, zuletzt geändert am 21. Dezember 2020, GVBl. S. 665

1.1.2 Waldschutz und Naturschutzgesetzgebung

Auf der UN-Biodiversitätskonferenz in Montreal im Dezember 2022 einigten sich die Vertragsstaaten auf den *Globalen Biodiversitätsrahmen von Kunming-Montreal* (CBD 2022). Eines der Ziele ist, bis zum Jahr 2030 30 % der Landfläche und 30 % der Meeresfläche unter Naturschutz zu stellen. Klimaanpassungsstrategien und der Schutz der Biodiversität erfordern große und verbundene Flächen mit natürlicher Vegetation. Der Biodiversitätsrahmen sieht vor, dass zehn Prozent der Landes- und Meeresfläche, das entspricht einem Drittel der zu schützenden Fläche, streng nach Klasse Ia zu schützen sind. Im internationalen Kontext unterscheidet die International Union for Conservation of Nature (IUCN) Naturschutzgebiete in

Ia Strict Nature Reserve,
Ib Wilderness Area,
II National Park,
III Natural Monument of Feature,
IV Habitat/Species Management Area,
V Protected Landscape/Seascape,
VI Protected Area with sustainable use of natural resources.

Gemäß dem Vertrag von Kunming-Montreal verfasste die Europäische Union die Biodiversitätsstrategie 2030 und beschloss die Verordnung (EU) 2024/1991 über die Wiederherstellung der Natur. Das Ziel ist 30 % geschützte Fläche und zehn Prozent streng geschützte Fläche. Das deutsche Naturschutzgesetz schützt Flächen im Umfang von 14,3 Mio. Hektar. Die Gesamtfläche Deutschlands beträgt 35,8 Mio. Hektar zu Land und 3,3 Mio. Hektar in der Ausschließlichen Wirtschaftszone in Nord- und Ostsee, sodass ungefähr 37 % der Fläche geschützt sind. Das 30-Prozent-Ziel ist erfüllt. Uneinigkeit besteht darüber, ob sämtliche Schutzstufen hinreichenden Schutz im Sinne der Verordnung bieten. Wenn ausschließlich Naturschutzgebiete den Ia Strict-Nature-Reserve entsprechen, dann sind mit 2,7 Mio. Hektar zu Land und zu Wasser nur 7,5 % der deutschen Land- und Meeresfläche streng geschützt. Das sind zu wenig. Es müssten rund 3,6 Mio. Hektar geschützt werden, was einer Lücke von 0,9 Millionen Hektar entspricht. Es besteht Handlungsbedarf mit Blick auf streng geschützte Gebiete.

Deutschland verabschiedete im Dezember 2024 die Nationale Strategie zur biologischen Vielfalt. Es gibt also einen Maßnahmenplan bis 2030, dessen Erfolg im Jahr 2027 evaluiert wird. Teil davon ist das Aktionsprogramm Natürlicher Klimaschutz mit einem Fördervolumen von fast vier Milliarden Euro zwischen 2024 und 2026 (BMUV 2023). Es unterstützt Renaturierung, ökologische Bewirtschaftung von Flächen und Stadtbegrünung. Man versucht, neue Schutzgebiete zu erschließen, und dies geschieht auch mit dem Ziel der Verringerung von Treibhausgasen. Im Aktionsplan Natürlicher Klimaschutz stehen der Schutz und die Wiedervernässung von Mooren, Flüssen, Seen, Auen, Meeren und Küsten im Mittelpunkt. Wildnis und Schutzgebiete, Waldökosysteme, Böden als

Kohlenstoffspeicher und Klimaschutz auf Siedlungs- und Verkehrsflächen sind ebenfalls Teil des Aktionsplans. Für Waldökosysteme orientiert man sich explizit an der EU-Biodiversitätsstrategie und der EU-Waldstrategie, nach welcher in Europa drei Milliarden Bäume zusätzlich gepflanzt werden sollen. Das entspricht in Deutschland 120 Mio. Bäumen auf bis zu 100.000 ha Fläche. Weiterhin sollen die Kalamitäten der vergangenen Jahre beseitigt und naturnahe alte Buchenwälder geschützt werden. Im Allgemeinen geht es um artenreiche und klimaresiliente Laubmischwälder. Das Ziel schließt bewirtschaftete Privatwälder ein.

1.1.3 Waldnutzung und Bundeswaldgesetz

Bewirtschaftete Wälder stehen in Deutschland unter dem Schutz des Naturschutzgesetzes. Für die Förderung der Forstwirtschaft gelten zudem das seit 1975 bestehende Bundeswaldgesetz sowie die Landeswaldgesetze der Bundesländer. Die bestehenden Forstgesetze regeln vorrangig die Rechte und Pflichten von Waldeigentümern. Die Besitzerstrukturen in Bundes-, Landes-, Körperschafts- und Privatwald unterscheiden sich je nach Bundesland deutlich, sodass die deutschlandweite Harmonisierung selbst 20 Jahre nach der Föderalismusreform eine Herausforderung bleibt. Die private Bewirtschaftung muss zugleich die Interessen der Allgemeinheit berücksichtigen. Das Bundeswaldgesetz gestattet die Nutzung des Waldes durch die Bevölkerung zu Erholungszwecken ausdrücklich. Weiterhin legt das Gesetz Förderberechtigungen und Berichtspflichten fest. Das Gesetz ist die Grundlage für die Bundeswaldinventur sowie die Kohlenstoffinventur, die Waldzustandserhebung und die Statistik über den Holzeinschlag. Es gibt in Deutschland eine engmaschige statistische Erfassung der Ressourcen Wald und Holz. Das Bundeswaldgesetz ist seit 50 Jahren eine belastbare Grundlage für die Forstwirtschaft und sein Bestand mag durch die Interessen einer langfristig orientierten Branche begründet sein.

Doch auch in Deutschland gibt es Nutzungskonflikte um die Ressource Wald. Dies verdeutlichte die in den Jahren 2023 und 2024 geführte Kontroverse im Zuge der letztendlich erfolglosen Novelle des Bundeswaldgesetzes. Der starke Föderalismus galt als nicht mehr zeitgemäß. Die Auflösung war jedoch nicht trivial, denn die vorhandenen Strukturen waren und sind jeweils gesetzeskonform, weichen aber je nach Bundesland stark voneinander ab. Einschneidende Veränderungen wurden befürchtet. Unterschiedliche Interessen trafen aufeinander. Mehr als 50 Stellungnahmen von Verbänden verdeutlichten, dass die Gesellschaft große Ansprüche an den Wald stellt. Vorrangig geht es um die Ressource Holz. Zugleich gibt es das Interesse am Erhalt des Ökosystems und der Artenvielfalt sowie die Forderung nach Waldumbau zu einem klimaresilienten Mischwald. Die formale Abgrenzung zum Naturschutzgesetz ist oft unklar. Mit der ökologischen Forderung geht das Laubholzdilemma einher, denn die gesamte Forst-, Holz- und Bauwirtschaft ist auf die Anzucht und Verwendung von Nadelholz ausgerichtet, sodass sich eine Diskussion um die Verhältnismäßigkeit ökologischer Vorgaben anschloss.

Ein Streitpunkt ist Kahlschlag. Als Kahlschlag gilt eine Kronenverlichtung um 50 % auf einer Fläche von 0,5 Hektar, wobei die Beseitigung von Kalamitäten nicht als Kahlschlag gilt. Holzwirtschaftliche Rationalität der Monokulturbewirtschaftung steht dem Erhalt des Ökosystems mit seinen Stoff- und Wasserkreisläufen entgegen. Einschlagsgenehmigungen sollten den Einschlag in größerem Umfang als 0,5 Hektar ermöglichen. Was im Körperschafts- oder Staatswald gewissermaßen Pragmatismus bei der Waldbewirtschaftung darstellt, ist bezogen auf den Privatwald eine deutliche Stärkung des gesellschaftlichen Interesses zum Nachteil der privaten Forstbetriebe. Die ökologische Diskussion über gute forstwirtschaftliche Praxis in Form der Dauerwaldpflege überlagerte die Diskussion. Der ökologische Standpunkt ist berechtigt. Es bleibt die Frage, ob der Vorteil eine bundesgesetzliche Festschreibung rechtfertigt.

Das Betreten des Waldes zu Erholungszwecken ist ausdrücklich gestattet, Waldschäden müssen jedoch vermieden werden. Die Waldwege sind zu nutzen. Das gilt auch bei der Ausübung bestimmter Sport- und Freizeitaktivitäten wie Radfahren, Reiten, Hundesport, Klettern, Cross-Wanderungen sowie Rast. Ergänzend gab es einen Vorschlag, der als „Komoot-Paragraph" bezeichnet wurde. Werbung für Wander- und Fahrradrouten braucht die Zustimmung der Waldeigentümer. Die Regelung beschneidet nicht die Erlaubnis, den Wald zu betreten, doch schränkt sie die Vermarktung durch Dritte ein. Selbstverständlich untersagt ist das Anzünden von Feuern im Wald. Neu hingegen waren Regelungsvorschläge, welche umfassenden technischen Brandschutz im Wald gewährleisten sollten.

Weitere Nutzungskonflikte bestehen um die Lebensmittelgewinnung aus Wäldern. Doch auch da bietet das Gesetz bereits Lösungen. Zunächst gibt es das Jagdrecht, welches sich auf wildlebende Tiere bezieht. Weitgehend rechtlich ungeregelt ist das Sammeln von Pflanzen und Pilzen. Das Thüringer Waldgesetz § 15 (3) sieht exemplarisch die so genannte Handstraußregel vor, die das Sammeln essbarer Pilze für den Eigenbedarf erlaubt. Der Verkauf ist hingegen nicht gestattet. Durch das Naturschutzgesetz geschützte Arten dürfen nicht dem Wald entnommen werden. Die Nachtruhe ist einzuhalten. Der Tierschutz ist insofern zu beachten, als dass die Tiere des Waldes keine Beeinträchtigung erfahren dürfen. Die möglichen Schäden liegen weniger im Verlust der entnommenen Pilze, Früchte und Pflanzen als in der Inanspruchnahme von Waldflächen abseits der Wege.

Die Novelle des Bundeswaldgesetzes sah die Festschreibung von Managementplänen für Waldflächen über 100 Hektar vor. Was der guten forstwirtschaftlichen Praxis entspricht, hätte nach der Novelle auf Gesetzeskonformität geprüft werden müssen. Das hätte Transparenz geschaffen, aber auch bürokratischen Aufwand. Die Konkretisierung hätte durch die Länder erfolgen sollen, was wiederum ein Abbild der föderalen Strukturen ist. Genau diese in der Praxis gefestigten Abweichungen konnte die Novelle nicht glätten. Es bleibt offen, wie sich das Gesetz vor dem Hintergrund der zuvor beschriebenen Aktivität auf europäischer Ebene in der Zukunft entwickeln wird.

1.2 Umwelt- und Klimaschutz

1.2.1 Photosynthese und Stoffkreisläufe

Ein Grund, warum der globale Klimaschutz die Aufmerksamkeit auf die Wälder lenkt, liegt in der Photosynthese. Ebenso wie grüne Pflanzen, Algen und Cyanobakterien absorbieren Bäume die Energie des Sonnenlichts und binden zugleich Kohlenstoffdioxid. Die Photosynthese in den Chloroplasten pflanzlicher Zellen ist damit die genau entgegengesetzte Reaktion der biochemischen Atmung in den Mitochondrien tierischer Zellen, bei welcher Kohlenstoffdioxid freigesetzt wird. Der Kohlenstoffkreislauf auf molekularer Ebene soll auf die makroskopische Ebene projiziert werden. Der industriellen Verbrennung soll ein möglichst großer Wald entgegenstehen. Prinzipiell ist dieser Gedanke zweckmäßig, doch stellt sich ein Ungleichgewicht ein, da die Photosynthese der Flora nicht die Atmung der Fauna kompensiert, sondern industrielle Verbrennung. Zudem besteht der Brennstoff nicht aus Futterpflanzen des vorangegangenen Jahres, sondern aus fossilen Rohstoffen. Das sind die Wälder der Urzeit, welche in jahrtausendelangen geologischen Prozessen in unterschiedliche Kohlen, Erdöl und Erdgas umgewandelt wurden. Die Photosynthese der heutigen Wälder wird die Verbrennung fossiler Rohstoffe nicht kompensieren können. Unbeschadet dessen kann mehr Wald für die Photosynthese und weniger Verbrennung gefordert werden, um dem Ziel der ausgeglichenen Kohlenstoffbilanz näherzukommen.

Bei der Photosynthese handelt es sich um einen zweistufigen Prozess, bei welchem die Chloroplasten der Pflanzenzellen die Energie des Sonnenlichts absorbieren. In einer durch Membranenzyme katalysierten Reaktion spalten sie Wasser. Dabei erzeugen sie freie Elektronen und Protonen, welche wiederum die Moleküle $NADP^+ + H^+$ zu NADPH reduzieren sowie ADP zu ATP oxidieren und damit die Energie chemisch binden. Die Lichtreaktion der Photosynthese kann folgendermaßen zusammengefasst werden. Die Reaktion ist endotherm.

$$2NADP^+ + H^+ + 3ADP + 3P_i \xrightarrow{\text{Lichtreaktion}} O_2 + 2NADPH + 3ATP + H_2O$$

In der nachfolgenden Dunkelreaktion des Calvin-Zykluses erfolgt die Bindung von Kohlenstoffdioxid an Ribulose 1,5-bisphosphat. Das Produkt ist ein instabiler Sechsfachzucker, welcher in zwei Dreifachzucker zerfällt. Unter Einsatz von ATP und NADPH werden aber innerhalb des Zyklus wieder unterschiedliche Zucker und schließlich die Sechsfachzucker Fructose und Glucose gebildet. Aus diesem Grund kann der Calvin-Zyklus zu folgender Gleichung zusammengefasst werden.

$$6CO_2 + 18ATP + 12NADPH + 12H_2O \rightarrow C_6H_{12}O_6 + 18ADP + 18P_i + 12NADP^+ + 6H^+$$

Glucose wiederum wird zu Zellulose des Holzes β-1,4-glycosidisch verknüpft. Die resultierende Faltblattstruktur ist im Gegensatz zur Spiralstruktur der β-1,6-glykosidischen Stärke hydrophob und in Wasser unlöslich.

Die Bruttoreaktionsgleichung der Photosynthese lautet:

$$6CO_2 + 6H_2O \xrightarrow{h\nu} C_6H_{12}O_6 + 6O_2 \, \Delta H0 = +2870 kJ/mol$$

Der genaue biochemische Mechanismus der Photosynthese wird in Lehrbüchern der Biochemie dargestellt (Berg et al. 2018).

Photosynthese findet als lichtabhängige Reaktion vorrangig in den Sommermonaten statt. Weiterhin erfolgt die Reaktion ausschließlich in den grünen Blättern und Nadeln der Bäume, welche teilweise in den Herbstmonaten abfallen. Bäume fallen dann in Winterruhe, ihr Wachstum stagniert. Sterben Pflanzenteile sowie ganze Bäume ab, dann werden sie von Mikroorganismen zersetzt. Kohlenstoff wird teils in ihre Biomasse aufgenommen, teils als Kohlenstoffdioxid freigesetzt oder verbleibt als Huminstoff und Boden. Holzwirte argumentieren daher, dass Holz dem Wald entnommen und stofflich genutzt werden muss, wenn Kohlenstoffdioxid langfristig gebunden werden soll. Sie plädieren damit für die aktive Forstwirtschaft.

Die Fachagentur für nachwachsende Rohstoffe e. V., Gülzow, beziffert die Photosynthese des deutschen Waldes in ihrer „Charta für Holz“ auf jährlich 35 bis 60 Mio. Tonnen Kohlenstoffdioxid (FNR 2024). Betrachtet wurde der Zeitraum von 2010 bis 2022. Zum Vergleich lagen die Emissionen der deutschen Industrie in demselben Zeitraum zwischen 674 und 900 Mio. Tonnen Kohlenstoffdioxidäquivalenten. Der Preis für eine Tonne Kohlenstoffdioxid lag im Jahr 2024 bei 45 € pro Tonne. Diesen Wert zugrunde gelegt, erbrachte die Forstwirtschaft seit dem Jahr 2010 jährlich eine Klimaschutzleistung in Höhe von jährlich zwischen 1,6 und 2,7 Mrd. €. Mit wachsendem Bewusstsein für den Klimaschutz stellt sich die Frage, ob der Nutzen der Forstwirtschaft für das Klima angemessen vergütet wird. Ein Bonussystem für die Kohlenstoffdioxidbindung und zum Zweck weiterer Aufforstungen erscheint angemessen. Der Aktionsplan Natürlicher Klimaschutz geht in diese Richtung.

Ob Wald- und Forstwirtschaft den Klimawandel und Biodiversitätsverlust aufhalten können, ist Gegenstand einer Studie von Blattert et al. (2023). Eine naheliegende Strategie für den Klimaschutz liegt in der Intensivierung der Wald- und Holzwirtschaft. Einerseits sollen der Wald als Kohlenstoffdioxidspeicher und andererseits das Holz als klimaneutraler Rohstoff gefördert werden. Doch kann das Ökosystem diese Intensivierung verkraften? Daran hegen Blattert et al. (2023) Zweifel. Sie berichten von erhöhter Rundholzproduktion in Nordeuropa als Folge der Strategie und untersuchen, ob das Vorgehen für Finnland, Norwegen, Schweden und Bayern nachhaltig sein könnte. Sie kommen zu dem Ergebnis, dass die Intensivierung der Forstwirtschaft allein den Klimawandel nicht aufhalten kann. Der durchaus zuträgliche Effekt ist bei Weitem nicht ausreichend für das Erreichen des 1,5-Grad-Ziels und steht im Widerspruch zum Erhalt der Biodiversität. Um das 1,5-Grad-Ziel zu erreichen, müssten in Finnland 4,7 m^3 Holz pro Hektar und Jahr geerntet werden, in Schweden wären es 4,4 m^3 pro Hektar und Jahr. In Norwegen wären 2,8 m^3 zu ernten und in Bayern 14,5 m^3 pro Hektar und Jahr. Dieses Ziel wäre nur in Norwegen erreichbar. In den anderen Beispielregionen fehlen die Ressourcen. Die Bundeswaldinventur geht davon aus, dass in Deutschland pro Jahr und Hektar nur elf Kubikmeter

Holz nachwachsen. Der Ertrag liegt derzeit in Deutschland bei 6,61 Kubikmetern pro Hektar und Jahr[1] und in Bayern bei 8,38 Kubikmetern pro Hektar und Jahr.[2] Folglich wäre etwa eine Verdopplung des jährlichen Einschlags in der Beispielregion nötig, um die Klimaziele zu erreichen. Waldwirtschaft reicht also nicht aus, um Klimaneutralität zu schaffen. Zugleich bleibt die Intensivierung als eine von mehreren Maßnahmen zweckmäßig.

1.2.2 Wasserhaushalt

Der Erhalt der Biodiversität und die Bindung von Kohlenstoffdioxid sind nicht die einzige klimawirksame Funktion des Waldes. Wälder spielen eine wichtige Rolle beim Wasserhaushalt. Bäume und Pflanzen adsorbieren, transportieren, speichern, filtern und transpirieren Wasser. Sie halten Regenwasser im Boden und sichern durch ihr Wurzelwerk die Stabilität von feuchtem Boden. Sie saugen bei Trockenheit Wasser aus tiefen Bodenschichten in die Blätter und Baumkronen und befeuchten die Luft. In tropischen Regenwäldern erhält dieser Wasserkreislauf der Bäume das Tageszeitenklima mit täglichen Regenstunden. Ohne Vegetation droht Desertifikation, d. h. die Austrocknung der Böden und der irreversible Kollaps des Waldökosystems (Breckle 2021). Aus genau diesem Grund wird Kahlschlag verhindert. Aufgrund des anschließenden Wasserverlusts ist die Aufforstung der kahlen Flächen oft problematisch. Während Verwüstung in Mitteleuropa selten auftritt, weisen die Aufzeichnungen des Umweltforschungszentrums Leipzig im Rahmen des Dürremonitors auch in Deutschland Trockengebiete aus (Dürremonitor der UFZ Leipzig). Eines liegt leeseitig des Harzes zwischen Leipzig und Halle, ein weiteres im Norden von Sachsen-Anhalt und auch die Region um Frankfurt an der Oder gilt als trocken. Aufforstung mit Laubwald könnte den negativen Folgen der wiederkehrenden Trockenperioden entgegenwirken. Da Waldgebiete Wasser wie ein Schwamm aufnehmen und langsam abgeben, wird die Zweckmäßigkeit von Wald zur Bekämpfung von Austrocknung als ähnlich hoch eingestuft wie künstliches Wassermanagement.

In trockenen Bergregionen können langanhaltende und heftige Regenfälle zu Muren und Hangrutschen führen. Bewaldete Hänge sind gegen diese Phänomene etwas besser geschützt. Murenabgänge wurden für die Region am Mittelrheintal (Hagge-Kubat et al. 2020) und für die Alpen beschrieben (Kaitna et al. 2020). In den Alpen erreichen Murenabgänge Massen bis zu mehreren 100.000 Kubikmetern Erde, Gestein und Wasser, was einschneidend und gefährlich sein kann. Oftmals wird Schutzwald zum Zweck der Hangsicherung gepflanzt (Johann 2022). Das Eschensterben in der Alpenregion wurde mit erhöhter Murengefahr in Verbindung gebracht. Da es Murenabgänge immer schon gab, können Experten den Zusammenhang mit der Klimaerwärmung nicht zweifelsfrei herleiten. Die Herleitung liefe auf den Nachweis hinaus, dass es aufgrund der Erwärmung mehr und

---

[1] Errechnet nach Destatis (2022, Deutschland): 70,6 Mio. m^3/10 679 505 ha = 6,61 $m^3\ ha^{-1}$.

[2] Errechnet nach Destatis (2022, Bayern): 20,893 Mio. m^3/2.492.866 ha = 8,38 $m^3 * ha^{-1}$.

in anderen Intervallen regne, dass sich die jährliche Tauwetterlage verändere und das Wasser schlechter abfließe. Genau dieser Beweis gelingt nicht. Die Ursachen bleiben unbekannt, die Ereignisse unberechenbar.

1.2.3 Biodiversität

Der Wald bietet Raum für Artenvielfalt. Der Schutz ist ein gesellschaftliches Ziel. Die internationale Konvention über die biologische Vielfalt aus dem Jahr 1992 (CBD 2000) und die EU-Biodiversitätsstrategie (COM 2020) konkretisieren dieses Ziel. Sie bieten die Grundlage für die Nationale Strategie für die biologische Vielfalt 2030 in Deutschland. (BMUV 2024). Nachhaltige Waldwirtschaft ist ein Teil dieser Strategie und wird mit dem Waldklimafonds unterstützt. Die Fachagentur für nachwachsende Rohstoffe geht von 76 Baumarten, über 1000 unterschiedlichen Flechten und unzähligen Pilzarten in deutschen Wäldern aus. Hinzu kommen 5800 Tierarten, darunter 75 % Insekten und zwei Prozent Wirbeltiere. Darunter sind gefährdete Arten wie Fledermäuse oder der Luchs (Ammermann et al. 2015). Die Biodiversitätsforschung sowie der politische Diskurs gehen weit über den Schutz der Wälder hinaus und haben eine vergleichsweise kleine Schnittmenge mit der Forstwirtschaft. Typisch für Mitteleuropa sind artenreiche Buchenwälder. Brunet et al. (2010) beschreiben die Diversität folgendermaßen. Buchenwälder wachsen auf eher sauren Böden, Podsol und Leptosol. Sie bevorzugen ein feuchtes und mildes Klima. Die Bäume werden etwa 30 bis 40 m hoch und haben einen Umfang von 100 bis 150 cm. Das Kronendach ist dicht. Neben *Fagus sylvatica* wachsen in Buchenwäldern Weißtannen (*Abies alba*), Ahorn (*Acer platanoides und Acer pseudoplatanus*), Hainbuche (*Carpinus betulus*), Esche (*Fraxinus excelsior*), Eiche (*Quercus petraea und Quercus robur*), Fichte (*Picea abies*) und Winterlinde (*Tilia cordata*). Für die Biodiversität ist es gut, wenn Totholz im Wald verbleibt. Es ist umstritten, ob Totholz Holzschädlinge fördert, die im späteren Verlauf gesunde Bäume befallen und schädigen. Neben den genannten Bäumen kommen in Buchenwäldern Gefäßpflanzen, Flechten, Moose, Pilze, Käfer, Fliegen, Anthropoden, Weichtiere und Vögel vor. Die Verlichtung der Baumkronen ist ein Zeichen, dass ein Baum stirbt. Anschließend dringt mehr Licht in die unteren Stockwerke des Waldes, das Wachstum der Pflanzen dort nimmt zu, sodass der Baum letztlich überwachsen wird. In einem nicht bewirtschafteten Wald haben die Bäume zumeist durchmischtes Alter. Die Erneuerung des Waldes geschieht punktuell, sodass ein begrenzter Lebensraum für sämtliche Spezies erhalten bleibt. Die moderne Forstwirtschaft wurde erst im 18. Jahrhundert eingeführt und im 19. Jahrhundert fortentwickelt. Bis zu diesem Zeitpunkt war auch die Holzernte durch den Menschen vereinzelt. Zugleich wurde der Wald intensiver für die Tierfütterung mit Bucheckern und Eicheln genutzt und für die Brennstoffgewinnung. Erst mit dem Umstieg auf fossile Brennstoffe im 19. Jahrhundert verschob sich der Fokus der Forstwirtschaft auf die Bauholzgewinnung. Es folgte die Entwicklung zu Nadelholzmonokulturen. Die Diversität des Laubwaldes variiert aber auch den Jahreszeiten entsprechend und ist im Spätsommer, August und September, am höchsten. Im Winter ruht das Ökosystem. Einjährige Pflanzen und Tiere sterben, andere verfallen in eine Winterruhe. Ebenso die Buchen, welche ihre Blätter verlieren. Die Blätter wiederum dienen als Nahrung für Bodenlebewesen, die teilweise frischen Humus aus dem Blattwerk entstehen lassen. Dieser Humus dient im nächsten Jahr dem Baum selbst, sodass sich ein enger Nährstoffkreislauf schließt. In einem Buchenwald gibt es Epiphyten, Pflanzen, die auf den Buchen wachsen. Im bewirtschafteten Wald sind diese selten. Zumeist werden Bäume gefällt, bevor sich die Epiphyten ausbreiten. Dieses Beispiel verdeutlicht, dass die Biodiversität tatsächlich am höchsten ist, wenn der Wald keine Eingriffe durch den Menschen erfährt. Anders als Epiphyten scheint die Pilzgemeinschaft vergleichsweise resistent gegen Abholzung zu sein. Ihr Habitat verbleibt vorrangig im Boden. Die Schneckenpopulation ist an die Verfügbarkeit von Calcium im Boden geknüpft. Daher ist die Schneckenpopulation auf sauren Böden kleiner als auf calciumreichen neutralen Böden. Die Populationsdichte von Käfern und Insekten scheint gemäß Brunet et al. (2010) mit dem Alter von Bäumen zuzunehmen. Es ist daher nicht ausgeschlossen, dass der starke Insektenbefall der vergangenen Jahre nicht nur auf den Klimawandel, sondern auch auf das Alter der Bäume zurückzuführen ist. Großes Totholzvorkommen und fortgeschrittene Rotte führen zu größeren Fliegenpopulationen. Ähnlich verhält es sich bei Anthropoden, die zudem feuchte Böden bevorzugen. Biodiversität erfordert intakte Ökosysteme mit ausreichend Licht, Feuchte und Nährstoffen und sie fordert, dass tote Pflanzen und Bäume im Wald verbleiben.

Schall et al. 2017 verglichen die Diversität im Dauerwald ungleichen Alters und in der Kultur gleichen Alters. Gemeinhin wird angenommen, dass der Dauerwald eine höhere Artenvielfalt besitzt und resilienter gegen Klimaveränderungen ist. Die Studie deutet allerdings darauf hin, dass es nicht unbedingt darauf ankommt, ein Feld mit möglichst vielen Baumarten in unterschiedlichem Alter zu besetzen. Sie schlagen eher ein Mosaik aus kleinen Wäldern unterschiedlichen Alters in direkter Nachbarschaft vor. Die Diversität unterscheide sich durchaus nach Alter der Bäume. Trotzdem ist es forstwirtschaftlich pragmatischer, Felder mit Wald eines bestimmten Alters zu haben. Das wirkt der Biodiversität und dem intakten Ökosystem nicht entgegen, wenn die anderen Altersstufen in unmittelbarer Nähe zu finden sind. Im Zusammenspiel wären sämtliche Stadien mitsamt ihrer Biodiversität vorhanden. Der Wald wäre trotzdem für die rationale Bewirtschaftung geordnet. Man schlägt gewissermaßen eine Art Vier-Felder-Wirtschaft der Forstwirtschaft vor (Abb. 1.3).

Der Vorschlag verknüpft die Ansprüche einer rationalen Forstwirtschaft mit den ökologischen Ansprüchen an Artenreichtum. Ein solches Konzept schließe auch Kahlschlag auf einer begrenzt großen Fläche nicht aus. Schall et al. 2017 stützen ihre Argumentation auf eine Theorie von Whittaker aus dem Jahr 1960. Diese Theorie unterscheidet Alpha-, Beta- und Gamma-Diversität. Alpha-Diversität ist die punktuelle Diversität. Es ist die Diversität, die Wissenschaftler vorfinden, wenn sie am Tag x eine Fläche y bewerten. Beta-Diversität ist die Diversität entlang eines ökologischen Gradienten, beispielsweise dem Waldalter. Sie beschreibt einen Artenwechsel. Gamma-Diversität ist Diversität auf höherer räumlicher Ebene, d. h. auf einer großen Fläche von bis zu 100 Quadratkilometern. Zählt

Abb. 1.3 Eine Fichtenmonokultur und ein Laubmischwald sind nur durch einen Waldweg getrennt. Eigene Abbildung

nur die Alpha-Diversität, liegt das Ergebnis nahe, man müsse eine größtmögliche Vielfalt an Arten und Altersstufen in einen Wald bringen, um diesen klimafit zu machen. Die Beta-Diversität steht dem limitierend entgegen. Man könnte die Vielfalt sämtlicher Altersstufen fördern, wenn die Flächen unterschiedlichen Alters zwar getrennt voneinander, aber in unmittelbarer Nähe lägen. Im umfassenden Maßstab der Gamma-Diversität wäre die Diversität bei diesem Nachbarschaftskonzept am höchsten. Zusätzlich bliebe der Forst in allen Altersstufen rational und sicher bewirtschaftbar.

Gustafsson et al. (2020) verglichen Kahlschlag am gleichaltrigen Wald mit kontinuierlicher Bewirtschaftung und kommen zu dem Ergebnis, dass die kontinuierliche Bewirtschaftung mit dem Erhalt von Retentionsbäumen vorteilhaft ist. Die Studie von Schall et al. war den Autoren bekannt und wurde als Möglichkeit zum Erhalt der Diversität auf großer Fläche betrachtet, wobei das Prinzip der Retentionsbäume trotzdem als vorteilhaft erachtet wird. Es ist letzten Endes eine Frage, wie groß die Flächen der Wechselwirtschaft nach Schall et al. sein sollen, in welchem Flächenmaßstab eventueller Kahlschlag erfolgt und wie sich die Aufstockung in Ergänzung zu Retentionsbäumen gestaltet. Es ist ferner eine Frage weiterer Standortfaktoren.

1.3 Waldgebiete unterschiedlicher Klimazonen

1.3.1 Boreale Wälder

Große Waldgebiete befinden sich im Norden der Nordhalbkugel. Es sind Nadelwälder, welche extremer Kälte und langen Wintern standhalten. Nur die Tundra, eine Steppenlandschaft, trennt diesen Wald vom ewigen Eis der Polkappen.

- Borealer Nadelwald (Taiga)

In den kaltgemäßigten Zonen der Erde (42° bis 71° nördliche Breite) und südlich der Tundra befindet sich der boreale Nadelwald. Die als Taiga bezeichneten Waldgebiete überdecken mit 1,4 Mrd. Hektar circa neun Prozent der Landfläche der Erde. Sie befinden sich in Nordeuropa, in Russland und der Mongolei sowie in Kanada und Alaska. Auf der Südhalbkugel befinden sich in den entsprechenden Breitenzonen keine Landmassen, sodass es dort kaum borealen Wald gibt.

Das Klima der kaltgemäßigten Gebiete zeichnet sich durch hohe Temperaturschwankungen von durchschnittlich –20 °C im Winter und +20 °C im Sommer und ganzjährigen Niederschlag aus. Nördlich des Gebiets der troposphärischen Westwinde gelegen, ist der Unterschied zwischen kontinentalem und maritimem Klima im borealen Wald vergleichsweise gering. Die großen Waldgebiete speichern Wasser und bestimmen die rein landseitigen Wasserkreisläufe aus Verdunstung und Regen. Die Böden borealer Wälder sind Permafrostböden, was bedeutet, dass sie ab einer gewissen Bodentiefe ganzjährig gefroren sind. Lediglich die oberen Bodenschichten tauen in den Sommermonaten zu Sumpfgebieten auf. Der regelmäßige Wechsel von Frost und Tau fördert die Bodenerosion, sodass Gestein und Biomasse zu fruchtbarem Podsol aufbrechen. In feuchten Gebieten entstehen Torf und Moore. Geschätzt 32 % des auf der Erde vorhandenen Kohlenstoffs sind in den Böden der Taiga gespeichert. In den Böden des borealen Waldes herrscht latenter Stickstoffmangel, wodurch das Baumwachstum begrenzt ist (Näsholm et al. 1998). Die Vegetation besteht vorrangig aus Nadelbäumen. Gemeine Fichte (*Picea abies*), Sibirische Fichte (*Picea obovata*), gemeine Kiefer (*Pinus sylvestris*), Sibirische Lärche (*Larix sibirica*) und Dahurische Lärche (*Larix gmelinii*), Sibirische Zirbelkiefer (*Pinus sibirica*) sowie Sibirische Tanne (*Abies sibirica*) sind die charakteristischen Bäume des eurasischen borealen Waldes. In Nordamerika sind es Weißfichte (*Picea glauca*) und Schwarzfichte (*Picea mariana*), Küsten-Kiefer (*Pinus contorta*), Balsamtanne (*Abies balsamea*) und ostamerikanische Lärche (*Larix laricina*). Innerhalb des borealen Nadelwaldes gibt es Laubbäume: Birken (*Betula spp.*), Pappeln (*Populus spp.*), Erlen (*Alnus spp.*) und Weiden (*Salix spp.*) sowie Eichen (*Quercus spp.*) und Ahorn (*Acer spp.*). Zusammenhängende Laubwälder befinden sich nur in Küstennähe in Nordeuropa und in Kamtschatka. Weitere charakteristische Vegetation besteht in Moosen, Flechten und Pilzen. Oftmals besiedelt die Bartflechte die Oberfläche der Nadelbäume. Beeren, Heidel-,

Rausch- und Preiselbeeren, Moltebeere, der Sumpfporst, Farne und Bärlappgewächse, Wald-Wachtelweizen, Siebenstern, blaue Heckenkirsche und Moosglöckchen gehören ebenfalls zur Flora. In Nordeuropa und Finnland spielen Beeren eine wichtige Rolle in Sagen und Märchen sowie im Selbstverständnis der Bevölkerung.

In Kanada ist das Yukon-Territorium östlich von Alaska fast vollständig von borealem Wald bedeckt. Das Gebiet ist dünn von indigenen Völkern besiedelt, deren Leben eng mit dem Wald verbunden sind. Auf einer Fläche von 482.443 Quadratkilometern leben nur 43.000 Einwohner und die Hälfte davon in der im Süden gelegenen Stadt Whitehorse. Zugleich werden im Yukon-Gebiet 14 Sprachen gesprochen. Neben Englisch und Französisch sind das athapaskische Sprachen, Tlingit (Sprache der Ureinwohner Alaskas) und Inuktitut (Sprache der Inuit) sowie die Sprachen von Einwanderern aus Asien. Die Gebiete sind rohstoffreich. Von wirtschaftlicher Bedeutung sind jedoch Wald- und Holzwirtschaft.

Zwei Drittel des borealen Waldes werden bewirtschaftet. Die industrielle Holzwirtschaft beansprucht 35 bis 40 % der Waldfläche in Kanada, 58 % in Russland und 90 % in Skandinavien und Finnland (Gauthier et al. 2015). Der Selbstversorgungsgrad der genannten Länder ist hoch und übersteigt die 100 % deutlich. Kanada (Canadian Forest Service 2024) ist der weltweit größte Holzexporteur. Im Jahr 2021 hatte Kanada einen wertmäßigen Anteil von 23,9 % am weltweiten Holzexportaufkommen, was 11,4 Mrd. € entsprach. Die zweitgrößten Exporteure waren Russland und Schweden mit je rund zehn Prozent und jeweils fünf Milliarden Euro.

Bei wachsender Aufmerksamkeit für das Weltklima wurden die Auswirkungen des Klimawandels auf die borealen Wälder untersucht. Die Erderwärmung führt demnach zu verstärktem Waldwachstum in der kaltgemäßigten Zone. Limitiert wird das Wachstum durch die Wasserverfügbarkeit. Für Nordamerika wurde experimentell herausgefunden, dass sich mit steigender Erdtemperatur der Baumbestand verändert. Der Bestand an *Abies balsamea* und *Pinus glauca* wird schwinden und der Bestand an *Quercus spp.* und *Acer spp.* zunehmen. Das entspricht einer natürlichen Verschiebung von Nadel- zu Laubwald. Untersucht wurden die Effekte von Temperatursteigerungen um 1,6 bis 3,5 °C, wobei unklar blieb, in welchem quantitativen Umfang dieser Wandel zu erwarten ist (Reich et al. 2022). Der Effekt entspricht einer Verschiebung in Richtung der Vegetation des hemiborealen Laub- und Mischwaldes, welcher bisher der Vegetation südlich des borealen Waldes entsprach. Mit der Erderwärmung verschieben sich die Vegetationszonen der Nordhalbkugel nach Norden und die Taiga schwindet. Ob in Zukunft borealer Wald in Gebieten der heutigen Tundra zu erwarten ist, lassen Gauthier et al. (2015) offen.

Den Wald verändernde Ereignisse können Windwurf in der Folge von Stürmen sein. Brände der kohlenstoffreichen Podsol- und Torfböden tauchen seit jeher wiederkehrend auf. Anhaltende Trockenheit begünstigt sie. Epidemieähnlicher Insektenbefall taucht in unregelmäßigen Abständen im borealen Nadelwald auf. Eine Studie beschreibt die Risiken für den Wald in Finnland (Venäläinen et al. 2020). Die Grundannahme besteht in der Erhöhung der Jahresdurchschnittstemperatur. Als Ergebnis werden erhöhte Trockenheit, verstärkte Sturmereignisse im Süden des Landes sowie ein gesteigertes Risiko für Waldbrände erwartet. Das wärmere Klima wird das Wachstum der Birken begünstigen und den Fichten schaden. Biotische Risiken bestehen in Borkenkäferbefall der Fichten sowie in der

Besiedelung mit dem Fichtenrüsselkäfer. Weitere Forstschädlinge sind Pilze der Gattung *Heterobasidion* und *Gremmeniella abietina*. Sämtliche Risiken sind für den Süden als wahrscheinlicher als für den Norden des borealen Waldes.

- Hemiborealer Laub- und Mischwald

Im Süden geht der boreale Nadelwald in einen hemiborealen Laub- und Mischwald über. In diesem Wald herrschen keine einzelnen Baumarten mehr vor. Die Artenvielfalt ist umso größer. In Nordamerika sind Douglasie (*Pseudotsuga menziesii*), Westamerikanische Hemlocktanne (*Tsuga heterophylla*), Riesen-Lebensbaum (*Thuja plicata*), Sitka-Fichte (*Picea sitchensis*), Tannen (*Abies*), Riesenmammutbaum (*Sequoiadendron giganteum*) und Amerikanische Hasel (*Corylus americana*) verbreitet. In Europa sind es Steineiche (*Quercus ilex*), Traubeneiche (*Quercus petraea*), Hainbuche (*Carpinus betulus*), Rotbuche (*Fagus sylvatica*), Winterlinde (*Tilia cordata*) und Sommerlinde (*Tilia platyphyllos*). In Asien kommen 50 Arten der Gattung Ahorn (*Acer*), Zürgelbäume (*Celtis*), Trompetenbäume (*Catalpa*), Gleditschien (*Gleditsia*) und Kastanienrosen (*Mesua ferrea*) vor. Weiterhin kommen Beeren, Moose und Farne vor, und auch die Fauna ist deutlich artenreicher als im borealen Nadelwald. Flechten treten im Gegensatz zu Moosen seltener auf (Smirnova et al. 2017). Die Böden sind Braunerde, Parabraunerde und Podsolböden. Permafrost taucht nicht auf. Hemiborealer Wald befindet sich in Polen, Weißrussland, dem Baltikum, Russland sowie den USA.

Zwei Studien über den hemiborealen Wald Litauens (Petrokas und Manton 2023; Petrokas et al. 2020) unterscheiden den Wald in zwei Klimazonen: einerseits mesophytische und hygromesophytische Nadel- und Laubmischwälder, anderseits in mesophytische sommergrüne Laub- und Laubmischwälder. Charakteristisch sind also ganzjährige Wasserverfügbarkeit und zwei Waldgebiete, in welchen im Norden Nadel- und im Süden Laubbäume vorherrschen. Petrokas und Manton (2023) unterscheiden die Vegetationstypen in

1. Fichtenwald (*Picea abies*) mit unterschiedlichen Laubbäumen im unteren Stockwerk. *Quercus robur, Tilia cordata, Ulmus glabra und Acer platanoides* werden genannt, während *Betula pendula* und *Populus tremula* nur vereinzelt auf Windflächen auftauchen. Die Böden bedecken Anemonen, Leberblümchen, Sternmieren, Heidel- und Johannisbeeren und andere (*Anemone nemorosa, Hepatica nobilis, Stellaria holostea, Corylus avellana, Lonicera xylosteum, Daphne mezereum, Oxalis acetosella, Vaccinium myrtillus, Vaccinium uliginosum, Maianthemum bifolium, Sorbus aucuparia, Ribes spicatum)*. Dieser Wald hat die größte Fläche und befindet sich eher in der nördlichen Hälfte Litauens.
2. Borealer Kiefernwald (*Pinus sylvestris*) mit Birken, Pappeln (*Betula pendula, Betula pubescens, Populus tremula*) und vereinzelt Fichten (*Picea abies*). Dieser Wald befindet sich im Osten an der Grenze zu Weißrussland. *Hylocomium splendens, Pleurozium schreberi, Dicranum scoparium, Dicranum polysetum, Polytrichum juniperinum, Vaccinium myrtillus, Vaccinium vitisidaea, Frangula alnus, Sorbus aucuparia, Festuca*

ovina, Calluna vulgaris und Pteridium aquilinum bedecken in diesem Wald den Boden. Die Vegetation ist beerenreich und ähnelt dem finnischen Wald.
3. Hemiboreale Kiefernwald (*Pinus sylvestris*), teilweise mit Birken (*Betula pendula*). Dieser Wald befindet sich im Südosten an der Grenze zu Weißrussland. *Vaccinium vitisidaea, Hieracium umbellatum* und *Calluna vulgaris* sind charakteristische Kräuter, Flechten sind verbreitet (*Cladonia- und Cetraria-Arten*). Bärentraube und Wacholder (*Arctostaphylos uva-ursi, Juniperus communis*) tauchen ebenfalls auf.
4. Artenreiche Eichen-Hainbuchen-Wälder (*Carpinus betulus, Quercus robur, Picea abies, Betula pendula, Populus tremula, Tilia cordata, Acer platanoides, Ulmus glabra*) in der südlichen Hälfte Litauens.
5. Linden-Eichen-Wälder (*Quercus robur, Tilia cordata*), teilweise mit Ahorn (*Acer platanoides*) und Ulmen (*Ulmus glabra*), in einem kleinen Gebiet im Norden an der Grenze zu Lettland.
6. Moorkiefernwald (*Pinus sylvestris*),
7. Sumpf- und Moorwald (*Alnus glutinosa, Betula pubescens, Betula pendula, Fraxinus excelsior*) und
8. Auenwälder mit Eichen, Eschen, Ulmen, Weiden, Erlen (*Quercus robur, Fraxinus excelsior, Ulmus laevis, Ulmus minor, Salix fragilis, Salix alba, Alnus glutinosa*).

Das Beispiel Litauens belegt, dass hemi-borealer Mischwald sehr unterschiedliche Erscheinungsformen haben kann und deutlich vielfältiger ist als borealer Nadelwald. Auch tauchen Unterschiede auf, die auf maritimes und kontinentales Klima zurückzuführen sind. Die Böden sind ebenfalls kohlenstoffreich aufgrund langer Frostperioden im Winter. Permafrost taucht nicht auf. Auen, Sumpf und Moore sind verbreitet.

- Wirtschaftliche Bedeutung der borealen und hemiborealen Wälder

Steht die Versorgung mit handelbarem und nach in Europa geltenden Bauvorschriften nutzbarem Holz im Mittelpunkt, so spricht vieles für den Erhalt gefestigter Handelsbeziehungen in den europäischen Norden und nach Kanada. Im Gegensatz zu Tropenholz sind die genannten Nadelholzarten nach dem Washingtoner Artenschutzübereinkommen von 1975 (Convention on International Trade in Endangered Species of Wild Fauna and Flora; CITES) handelbar. Aus den Prognosen auf der Grundlage der Annahmen über den Klimawandel erwachsen derzeit noch kleine artenschutzrechtliche Konsequenzen. Es entstehen erweiterte Chancen durch die aktive Bewirtschaftung von Birkenholz, beispielsweise für die Sperrholzindustrie, und des in Mitteleuropa eher seltenen Ahorns. Da das Holz der borealen Wälder dem heimischen Nadelholz für Bauzwecke ähnelt, ist der Import dieser Hölzer wirtschaftlich interessant. Während Fichten und Kiefern gut für das Bauen mit Holz geeignet sind und es etablierte Lieferketten gibt, ist die Nutzung von Laubholz nicht verbreitet.

1.3.2 Wälder der gemäßigten Klimazone

Nördlich des 45. Breitenkreises der Nordhalbkugel liegt die gemäßigte Klimazone. Auf der Südhalbkugel liegt sie südlich des 45. Breitenkreises. Diese Klimazone liegt im Einflussgebiet der ganzjährigen Westwinde. Die Westwindzone, Westwindlage oder Westwinddrift ist eine troposphärische Luftzirkulation in der Rotationsrichtung der Erde, etwa zwischen dem 40. und 60. Breitenkreis der Nord- und Südhalbkugel. Aufgrund dieser ganzjährigen Luftzirkulation kommen Regen und Feuchte in diesem Gebiet zumeist aus westlicher Richtung und es besteht ein deutlicher Unterschied zwischen maritimem und kontinentalem Klima. Weiterhin besteht Jahreszeitenklima. Die Vegetationsperiode beträgt zwei bis sechs Monate. Die Waldformen werden von Wasserverfügbarkeit und Temperaturschwankungen bestimmt. In Europa entspricht der sommergrüne Laub- und Mischwald der natürlichen Vegetation. In Mitteleuropa gibt es kaum noch urtypischen Wald, da die Wälder seit der Steinzeit forstwirtschaftlich genutzt wurden und Europa seither dicht besiedelt war. Das macht sich in der Literatur über Wald bemerkbar. Während der boreale Wald zumeist klimatisch und botanisch beschrieben wird, häufen sich für die Wälder Mitteleuropas Berichte über die Geschichte der Waldwirtschaft und die Entwicklung der Wälder unter anthropogenem Einfluss.

- Sommergrüner (nemoraler) Laub- und Mischwald

Typisch für den sommergrünen Wald ist die Jahreszeitenvegetation im Frühling, Sommer, Herbst und Winter. Die Wachstumsphase mit Photosynthese und Biomassenzuwachs findet nur in sechs bis acht Monaten im Jahr statt. Dieser Wald bedeckt Mitteleuropa, Ostasien, die Osthälfte der USA sowie auch Patagonien und Neuseeland. Ähnlich wie der hemiboreale Laub- und Mischwald gibt es unterschiedliche Ausprägungen des Waldes. Das ist mit unterschiedlichen klimatischen Effekten zu begründen. Die Temperaturunterschiede zwischen Winter und Sommer sind im Norden der gemäßigten Zone größer als im Süden. In Entfernung zum Meer sind sie größer als an der Küste. Nadelbäume sind zumeist kältebeständiger als Laubholz. Laubholz ist oft resistenter gegen Trockenheit. Die Wasserverfügbarkeit und der pH-Wert des Bodens haben ebenfalls Einfluss auf die Vegetation. Hinzu kommen Unterschiede zwischen gepflanzten und bewirtschafteten Wäldern. Die ursprüngliche und für die mittleren Breiten typische Vegetation ist kaum zu beschreiben. Ursprünglicher Buchenwald besteht in Deutschland ausschließlich im Nationalpark Hainich. Für Frankreich und Spanien beschreibt Loidl (2004) zwei unterschiedliche Wälder im atlantiknahen maritimen Klima:

> *„Die erste Gruppe wird gebildet von Quercus robur, Fraxinus excelsior, Corylus avellana, Acer pseudoplatanus und A. campestre. Sie wächst auf basenreichen Böden (pH gewöhnlich zwischen 6 und 7) aus Kalken, Mergeln oder entsprechenden Sedimenten. Die Böden sind oft reich an Ton oder Schlick und besitzen eine reiche Wirbellosenfauna, insbesondere aus Regenwürmern. Die Wälder sind verbunden mit Waldmänteln der Prunetalia. Ihr Unterwuchs ent-*

hält zahlreiche Arten, z. B. Polystichum setiferum, Dryopteris borreri, Brachypodium sylvaticum, Mercurialis perennis, Carex sylvatica u. a. Sie sind in Kalkgebieten der Britischen Inseln, Westfrankreichs, der Pyrenäen und des Kantabrischen Gebirges weit verbreitet. Ihr Areal reicht von Schottland bis ins westliche Asturien (nicht in Galizien und Nord-Portugal).

Die zweite Gruppe besteht vorwiegend aus Quercus pubescens (Q. humilis) und Quercus faginea. Sie wächst ebenfalls auf kalkreichen Böden unter submediterranem Klimaeinfluss. Weitere Baumarten sind Abies pinsapo, Acer granatense, A. monspessulanus, A. opalus, Colutea arborescens, Fraxinus ornus, Sorbus torminalis und S. domestica. Die Strauchschicht ist infolge hohen Lichtgenusses und guter Böden artenreich und dicht. In ihr wachsen viele Arten der Prunetalia, vor allem Prunus spinosa, Rosa- und Rubus-Arten. Spezifisch sind weit verbreitete submediterrane Arten wie Amelanchier ovalis, Coronilla emerus, Lonicera etrusca, Prunus mahaleb, Viburnum lantana u. a. Die Krautschicht ist ebenfalls artenreich. Sie teilt viele Arten mit anderen Laubmischwäldern, hat aber auch einige charakteristische Eigenheiten wie Helleborus foetidus, Campanula persicifolia, Digitalis lutea, Melittis melissophyllum, Viola alba u. a. Solche Wälder sind in Südeuropa weit verbreitet, vom Balkan über Alpen und Apennin bis zur Iberischen Halbinsel. Im Südwestteil des Kontinents kommen sie von Südfrankreich bis Südspanien (nicht in Portugal) vor. In Südspanien sind sie auf Kalkgebirge beschränkt, wo die extremen Bedingungen des mediterranen Klimas etwas abgeschwächt sind.“

Die beschriebenen Unterschiede sind deutlich und weichen einmal mehr von der Vegetation in Deutschland, den Gebirgen der Alpen, in Osteuropa und schließlich in Russland hinter dem Ural, China, der Mongolei und Japan ab. Die Wälder unterscheiden sich von den Wäldern Neuseelands und Patagoniens sowie von den sommergrünen Laubwäldern des Ostküstenklimas der USA. Bergmeier et al. (2004) beschrieben für den Balkan und Griechenland thermophile, im Sommer artenreiche und winterkahle Eichen- und Eichenmischwälder sowie Buchen- und Buchen-Tannen-Wälder mit etwas geringerer Artenvielfalt und größeren Nadelholzanteilen. Der Wald der gemäßigten Klimazone kann unterschiedliche Erscheinungsformen haben.

- Immergrüner Laubwald

In Neuseeland und Tasmanien sowie in Chile und Argentinien gibt es immergrünen Laubwald in der gemäßigten Klimazone. So gibt es regelmäßig Phasen, in denen grüne Laubwälder mit Schnee bedeckt sind. Herbst und Blattwurf finden nicht statt. Bei den Bäumen handelt es sich um Südbuchenarten der Gattung *Nothofagus*. Es ist inzwischen bekannt, dass keine enge Verwandtschaft zu *Fagus sylvatica* besteht. Scheinbuchen (*Nothofagus*) sind eine eigene Gattung mit circa 36 Arten. Reinbestände von *Nothofagus betuloides* sind in Feuerland keine Seltenheit. Teilweise kommen Winterrinde (*Drimys winteri*), Magellanbuche (*Maytenus magellanica*) oder *Embothrium coccineum* hinzu. Stechpalmen und Efeugewächse gehören ebenso zur natürlichen Vegetation wie Johannisbeeren und Fuchsien. Der Unterwuchs der immergrünen Laubwälder entspricht teilweise dem in Deutschland verfügbaren Angebot kultivierter Pflanzen für den Gartenbau.

Promis et al. (2009) schließen ihre Studie mit einer Empfehlung für die Intensivierung der Holzwirtschaft. Der Hintergrund sind die großen Verfügbarkeiten und wirtschaftlichen

Chancen für die Bevölkerung in Argentinien und Chile. Aus holzwirtschaftlicher Sicht und mit Blick auf Bauholzverfügbarkeiten entspricht dieser Gedanke nicht der Zielsetzung der deutschen Holzwirtschaft. Entsprechendes Holz ist viel zu schlecht charakterisiert, als dass es als Bauholz eingesetzt werden könnte. Selbst bei Verfügbarkeiten würden holzwirtschaftliche Betriebe auf andere bekannte und heimische Ressourcen zurückgreifen. Unabhängig von den Möglichkeiten der Einfuhr ist die Nachfrage nach entsprechendem Holz gering. Für diesen im Gartenbau verbreiteten, aber in der Holzwirtschaft eher seltenen Gedanken gibt es einen erfolgreichen Präzedenzfall. Die Nadelbäume Douglasien (*Pseudotsuga menziesii*) stammen ursprünglich aus Nordamerika, wurden in Deutschland angepflanzt und holzwirtschaftlich genutzt. Ihr Anteil am Baumbestand des deutschen Waldes liegt bei circa zwei Prozent, in Rheinland-Pfalz gebietsweise bei bis zu sieben Prozent. *Nothofagus*-Wälder sind möglicherweise eine unerschlossene Ressource für die Wissenschaft und für klimaresiliente kultivierte Wälder. In der Holzindustrie gibt es allerdings keine Bestrebungen, diese geografisch entfernte Ressource der Scheinbuchen zu heben.

- Bruch-, Sumpf- und Auwald

Die artenreichsten Gebiete Mitteleuropas sind Bruch-, Sumpf- und Auwälder. Wo Land und Wasser ineinander übergehen, entstehen Nass- und Feuchtwälder mit einer großen Diversität an Tieren und Pflanzen, Vögeln, Insekten, Pilzen und Mikroorganismen (Späth 2007). Der Boden dieser Wälder besteht aus Lehm und Torf. Bei den Bäumen handelt es sich um Traubenkirschen-Erlen-Eschenwälder, Eichen-Hainbuchenwälder, Birken- und Erlensumpfwälder und Erlen-, Birken- und Weidenbruchwälder. Auwälder unterscheiden sich von Sumpfwäldern durch regelmäßige Flutung und Trockenphasen. Entwässerung bedroht diese Biotope. Sumpf-, Auen- und Bruchwälder sind deutschland- und europaweit verbreitet.

Auwald dient als Ausweichfläche für Hochwasser der Flüsse und Seen und der Baumbestand sorgt für eine Uferbefestigung bei schwankenden Pegelständen. Ausreichend große Auenlandschaften verhindern kurzfristige Flutwellen. Auwald eignet sich nicht für die Forst- und Holzwirtschaft. Weder der Baumbestand noch die Bodenbeschaffenheit lassen Forstwirtschaft zu. Das Holz der betreffenden Bäume hat oft keine Bauholzqualität. Aus Auwäldern gewonnenes Holz kann vielleicht als Industrieholz genutzt werden.

- Bergwald

Das Besondere an Bergwäldern ist, dass die klimatischen Bedingungen auf dem Berg und im Tal stark voneinander abweichen, obwohl die Entfernung nur wenige Kilometer beträgt. So liegt auf manchen Gipfeln der Alpen ganzjährig Schnee und Eis, während Laubbäume nur in Tälern vorkommen. Die Übergangszonen von sommergrünem Wald über Mischwald bis hin zu Nadelwald und schließlich der Baumgrenze finden sich im Gebirge und in ähnlicher Form in unterschiedlichen Höhenlagen. Bergwald kommt natürli-

Abb. 1.4 Nadelwaldzone der Alpen in Kärnten, Österreich. Eigene Abbildung

cherweise vor, kann aber auch angepflanzter Wirtschaftsforst sein (Abb. 1.4). Nach Experteneinschätzung hat Bergwald eine wichtige Funktion als Wasserspeicher und beugt durch Hangbefestigung Muren vor (Markart et al. 2006).

Einer der umfassendsten Beiträge über den Wald der Alpen entstand nach der II. Internationalen Alpenkonferenz am 6./7. November 1991. Das Protokoll „Bergwald" beschreibt die Situation aus österreichischer Perspektive, deckt aber prinzipiell den gesamten Alpenraum ab. Darin werden sowohl der natürliche Wald und die wirtschaftliche Nutzung als auch der Wald in seiner Schutzfunktion beschrieben. Dieser grundlegende Wissensstand veränderte sich in 30 Jahren kaum, zumal der Zeitraum in klimatischer Hinsicht eher gering ist (Gschöpf und Schmid 2020). Wald hat demnach Nutz-, Schutz-, Erholungs- und Wohlfahrtsfunktion. Er bietet Schutz gegen Naturgefahren, insbesondere gegenüber Erosion, Hochwasser, Lawinen, Muren und Steinschlag. Bis zu einer Höhe von 800 m herrschen Bergahorn, Bergulme, Buche, Esche, Linde, Kiefer sowie Tanne und Fichte des Wirtschaftsforst vor, bis 1400 m wachsen Fichte, Lärche, Kiefer, Bergahorn, Tanne und Buche, bis 1800 m wachsen Fichte, Lärche, Zirbe, Eberesche und Latsche. Im hochsubalpinen Bereich sind nur noch Latsche, Lärche und Zirbe vorhanden. Ab 2000 m gibt es ausschließlich karge Graslandschaften. Über die Auswirkungen des Klimawandels schreibt die Alpenkonvention:

„Besonders stark betroffen sind dann gleichaltrige Reinbestände, wie sie gerade im Alpenraum oft – in der Regel anthropogen bedingt – aus der flachwurzelnden Fichte aufgebaut sind. Windwurf, Rindenbrand und Trockenstress schwächen die Bestände, der Borkenkäfer (bei Fichte vor allem der Buchdrucker, zunehmend auch im schwächeren Holz der Kupferstecher) findet optimale Voraussetzungen zur Massenvermehrung und vollendet das Zerstörungswerk. Flächige Waldzusammenbrüche werden immer häufiger.“

Der Klimawandel schadet vorrangig der Forstwirtschaft und weniger der natürlichen Vegetation.

1.3.3 Wälder der Subtropen

Subtropen sind die Gebiete zwischen dem nördlichen und dem südlichen Wendekreis und dem 45. nördlichen und südlichen Breitengrad. Das sind die Gebiete der USA und teilweise Mexiko, die europäischen und afrikanischen Länder des Mittelmeerraums, Iran, Turkmenistan, Usbekistan, Kirgisistan, Tadschikistan, China, Korea und Japan, Argentinien, Chile, Südafrika und Süd-Australien.

Im Mittelmeerraum sind Hartlaubklimate verbreitet. Im Osten der USA, im Osten Chinas, im Süden Japans, in Argentinien und im Osten Australiens sind Lorbeerwälder verbreitet. Gebirgsklimate und Steppen herrschen in den kontinentalen Gebieten Asiens vor. Dorn-, Trocken- und Feuchtsavannenklimate liegen in Mexiko, Afghanistan, im inneren Südafrikas und im Landesinneren von Australien. In Asien gibt es ergänzend Saisonregenwälder.

- Tropisch-subtropische Regenzeitenwälder

Regenzeitenwälder kommen in weiten Teilen Afrikas, vor allem in Ostafrika, in Indien, im Norden Australiens und im Norden Argentiniens vor. In diesen Wäldern gibt es zweimal jährlich eine Regenzeit. Monsunwälder gehören ebenfalls zu den subtropischen Regenzeitenwäldern. Der Wald hat mehrere dichte Stockwerke und ist bis zu 45 m hoch. In australischen Regenwäldern dominiert die Baumart *Eucalyptus spp.*, welche in Mitteleuropa weder forst- noch holzwirtschaftlich genutzt wird. In Südeuropa pflanzte man sie als Neophyten, mit dem Ziel der schnellen Holzernte. Das Ergebnis glich eher ungeordnetem Wuchern. Der Erfolg dieser Plantagen war mäßig. Besondere Resistenzen weisen Eukalyptussamen auf. In Australien dezimieren Koalabären den Bestand, während es in Europa keine Feinde gibt. Weitere Baumarten sind *Lophostemon confertus,* zu Deutsch Tristanie, und *Acacia spp.* (Hegarty 2020). Im subtropischen Wald in Süd- und Mittelamerika sind *Cederela spp.*, d. h. Zedrelengewächse, beheimatet. Sie gehören zu den Mahagonigewächsen, *Meliaceae*. Auch in den Subtropen Indiens kommen Mahagonigewächse vor, z. B. *Swietenia mahagoni*. Holz der Mahagonigewächse wurde im Bereich von Möbeln und Parkett angeboten. Es ist dunkel, ähnlich wie Kirschbaum (Zelener et al. 2021). *Entandrophragma cylindricum* ist ein Baum der Subtropen, der in der Elfenbeinküste, Ghana, Kongo und

Uganda beheimatet ist. Das Holz wird auch als Sapeli bezeichnet. Der Handel mit Mahagonigewächsen ist nach dem Washingtoner Artenabkommen beschränkt. Die Holzart ist daher für die Holzwirtschaft uninteressant. Ähnliches gilt für weitere Holzarten der Subtropen. Das Washingtoner Artenschutzabkommen drängte diese Art von Holzhandel erfolgreich zurück, zumal die Vorteile gegenüber heimischen Hölzern vernachlässigbar gering sind und die Schäden in den Ursprungsländern umso gravierender. Die Rodung entsprechender Wälder trägt zur Desertifikation bei. Oftmals handelt es sich um langsam wachsendes Hartholz. In diesem Bereich liegt kein Potenzial. Regenzeitenwälder schützen die Erde vor Austrocknung in Gebieten, wo die Sonne zwischen den Wendekreisen zweimal jährlich im Zenit steht und die maximale Strahlwirkung auf die Erde hat. Hohe Bäume speichern dort das Wasser und spenden den notwendigen Schatten.

- Trockenkahle Wälder

Trockenkahle Wälder befinden sich auf der Nord- und Südhalbkugel an der Grenze zwischen dem tropischen Regenwald und den Trockensavannen, was Graslandschaften sind. Die Wälder bestehen aus Akazien (*Acacieae spp.)*, Affenbrotbäumen (*Adansonia spp.*) sowie weiteren Malvengewächsen, zu denen auch die Nutzpflanzen Kakao und Baumwolle gehören. Die Wälder befinden sich in Süd-Mexiko, Südost-Afrika, Zentralindien, Indochina, Madagaskar, Ost-Bolivien, Neukaledonien, Zentral-Brasilien, in der Karibik, an der Pazifikküste von Ecuador und Peru sowie in Tälern in den nördlichen Anden (Olson et al. 2000).

Im Übergang zur Savanne gibt es noch Sukkulentenwälder, was zumeist dickblättrige und niedrigwachsende grüne Pflanzen sind. Kakteen, Agaven, Mittagsblumen. Auch diese Pflanzen sind für die europäische Forst- und Holzwirtschaft uninteressant. Teilweise tauchen sie im Gartenbau auf. Da Akaziengewächse auch in Europa vorkommen, gibt es einen kleinen Markt für das wertvolle, harte und widerstandsfähige Holz. Deutlich verbreiteter ist hierzulande das Holz der Robinie (*Robinia pseudoacacia*), welche in trivialer Bezeichnung Scheinakazie oder falsche Akazie genannt wird. Robinien sind ursprünglich in Nordamerika beheimatet. Es handelt sich um sommergrünes Laubholz. Es sind keine tropischen Pflanzen.

1.3.4 Wälder der Tropen

- Tropischer Regenwald

Wohl kaum ein Wald wird so stark im Kontext klimatischer Veränderungen erforscht wie der tropische Regenwald. Sicherlich auch, da sich Vegetation und Klima so fundamental von den gewohnten Gegebenheiten der gemäßigten Klimazone unterscheiden und allein deshalb faszinieren. Doch weniger die Veränderung des Waldes ist Grund zur Warnung als der Verlust von Waldflächen. Tropischer Regenwald befindet sich in den Gebieten

Abb. 1.5 Tropischer Regenwald, Thailand. Sakhorn38, www.istockphoto.com

unmittelbar entlang des Äquators in Südamerika, Afrika, Asien und Indonesien (Abb. 1.5). In diesen Gebieten herrscht Tageszeitenklima. Tag und Nacht sind ganzjährig gleich lang, es regnet täglich und ergiebig gegen Nachmittag. Es gibt keine Jahreszeiten. Die Wälder sind dicht und hoch. Um den Lebenszyklus in diesen Wäldern zu erschließen, konzentriert sich die Wissenschaft auf die Baumkronenforschung. Lichten sich die Kronen der hohen Bäume, dringt deutlich mehr und intensiveres Sonnenlicht in die unteren Stockwerke des Waldes. Diese wachsen verstärkt und zum Nachteil des alternden und sterbenden Baumriesen und überwachsen diesen schließlich (Denslow 1987) Das Ernten von tropischen Baumriesen ist umweltschädlich, da diese nur im Abstand von mehreren Kilometern vorkommen und die Zuwegung und Erschließung Entwaldung verursacht. Das Potenzial für die Tropenholznutzung ist gering. Die Baumriesen des Regenwaldes sind der Kapokbaum (*Ceiba pentandra*) mit charakteristischen Brettwurzeln, der zur Kautschukgewinnung auf Plantagen kultivierte Kautschukbaum (*Hevea spp.*), der Brotnussbaum (*Brosimum alicastrum*), Xate (*Chamaedorea elegans*) und Lapacho (*Handroanthus spp.*). Rodungen dienen oft dem Zweck der Landwirtschaft, welche nur wenige Jahre ergiebig ist. Da die fruchtbare Humusschicht dünn ist, regeneriert sie sich ohne intaktes Waldökosystem nicht. Landwirtschaft in den Tropen geht daher mit Flächenverbrauch einher, sodass der Import von landwirtschaftlichen Produkten den Wald stärker beansprucht als der eigentliche Tropenholzhandel, der aufgrund reichlicher Alternativen in Europa wirtschaftlich uninteressant sein dürfte. Das Ziel der entwaldungsfreien Lieferketten ist daher ein Ziel der nachhaltigen Landwirtschaft.

- Tropischer Feucht- und Monsunwald

Monsunwald ist ein tropischer Feuchtwald, welcher unter dem Einfluss der jahreszeitlichen Passatwinde steht. Das sind tropische Winde aus nord- oder südöstlicher Richtung, welche regenreich sind, wenn sie über dem Ozean, z. B. dem Pazifik, Wasser aufnehmen können und feuchtebeladen auf Landmassen treffen. Das Ergebnis ist ein Jahreszeitenwald im Osten Indiens mit Laubabwurf in der Trockenzeit. Die dickblättrige Strauchschicht, zu der auch Bambus (*Bambusoideae*) gehört, ist hingegen immergrün. Charakteristische Bäume des Monsunwaldes sind der Salbaum in Indien (*Shorea robusta*), Teak (*Tectona grandis*) in Myanmar und Thailand und Eukalyptus in Australien. Diese Baumarten sind über Indonesien eingeführt in der EU handelbar, obwohl auch die Monsunwälder bedroht sind. Die EU-Gesetzgebung erlaubt es mit einem Abkommen mit Indonesien, Holz mit den Handelsnamen Bangkirai oder Balau zu handeln, womit *Shorea spp.* gemeint sind. Es handelt sich teilweise um Plantagenholz. Hauptanwendungsgebiete für dieses Hartholz sind Terrassendielen und der Landschaftsbau. Balau ist äußerst witterungsbeständig. Die ökologischen Gegebenheiten im Monsunwald sprechen nicht für die Ausweitung der Holzhandelsabkommen. Diese vorhandene Möglichkeit des Tropenholzimports soll Versorgungssicherheit mit Hartholz gewährleisten.

- Tropische Bergwälder

Eine weitere Besonderheit des Regenwaldes sind tropische Bergwälder, welche in den ganzjährig feuchten Tropen Nebelwälder sind. Der Wissensstand in Mitteleuropa über diese Art von Wäldern bezieht sich zumeist auf Forschungsergebnisse und naturkundliche Beschreibungen aus Süd- und Mittelamerika. Es sind teilweise als Reservate geschützte Waldgebiete in Costa Rica und Mexiko, in den Anden Venezuelas, Kolumbiens, Panamas und Perus sowie die Region Yungas in Bolivien (Suwala und Kilke 2014). Die mittel- und südamerikanischen Bergwälder sind artenreich. Zudem unterscheidet sich die Tier- und Pflanzenwelt fundamental von der mitteleuropäischen. Weitere Bergwälder befinden sich in Asien, nämlich in Osttimor, Sri Lanka und dem indonesischen Borneo (Kitayama und Aiba 2002). Die Bergwälder Ostafrikas sind abgesehen vom Kilimandscharo und vom Mount Kenia weniger gut erforscht. Für den Nebelwald typisch sind Lorbeergewächse (*Lauraceae*) und Farne (*Cyatheales*), die teilweise saprotrophisch wachsen. Auch der tropische Bergwald ist für die Holzwirtschaft in Deutschland unerheblich. Die Biodiversität ist aus akademischer Sicht von Bedeutung. Stoffkreisläufe und Wachstumszyklen im immergrünen Wald beschreiben ein vollkommen anderes Ökosystem als den mitteleuropäischen Jahreszeitenwald.

- Mangroven

Was in Mitteleuropa der Auwald ist, sind in den Tropen Mangroven. Weltweit gibt es mehr als 70 unterschiedliche Mangrovenarten. Es handelt sich um Pflanzen, die an der Grenze von Wasser und Land wachsen. Dort schaffen sie ein äußerst artenreiches Habitat, wachsen schnell, schützen das Ufer vor Erosion. Sie sind tolerant gegen das Salz- und Brackwasser der Meeresküsten. Durch Photosynthese speichern sie große Mengen an Kohlenstoffdioxid. Weltweit ist eine Fläche von 150.000 Quadratkilometern mit Mangroven bedeckt. Mangroven gibt es in 120 Ländern der Erde. Die Hälfte des weltweiten Mangrovenwaldes befindet sich in Indonesien, Australien, Brasilien, Nigeria und Mexiko (FAO 2007). Wichtige Mangroven-Gattungen sind *Rhizophora spp.* und *Avicennia spp.* und *Laguncularia spp.* Die Trivialnamen sind respektive Schwarze, Rote und Weiße Mangrove. Die Schwarze Mangrove ist auf allen Kontinenten beheimatet, die Rote Mangrove vorrangig in Asien, die Weiße Mangrove eher in Afrika.

Leider sind zwischen 1980 und 2005 rund 20 % der Mangrovenwälder verschwunden, wie eine Studie der Vereinten Nationen im Jahr 2007 erkannte und zugleich zum Schutz der Mangroven aufrief. Der Verlust schritt in den nachfolgenden 28 Jahren bis 2020 fort, obschon seither viel zum Schutz der Mangroven unternommen wurde. Ein wichtiges Argument für den Schutz sind Mangroven als Lebensraum für essbare Krustentiere und Fische. Ihre Zucht als Beitrag zur Versorgungssicherheit mit Lebensmitteln ermöglicht oftmals den Schutz der Mangroven, macht ihn wirtschaftlich und fördert die Akzeptanz. Mangroven müssen oftmals weichen, wenn das Ufer für touristische Zwecke, für Schiffs- und Bootsverkehr, Bebauung oder Landwirtschaft genutzt werden soll. Mangroven sind ähnlich wie Weiden der europäischen Auwälder für die Holzwirtschaft ungeeignet. Sie verholzen durchaus deutlich stärker als mitteleuropäisches Schilf (*Phragmites australis*) und eignen sich zur Zellulosegewinnung und Bioraffinerie. Mangroven brechen Wellen, schützen vor Sturmflut und bremsen Tsunamis.

Quellenverzeichnis

Ammermann K, Balzer S, Becker N, Böttcher M, Dröschmeister R, Ellwanger G, Erdmann K-H, Hintersatz S, Klär C, Krause J, Kuhmann C, Ludwig G, Martens H, May R, Metzing D, Peters E, Pöllath J, Nehring S, Neukirchen B, Petermann R, Scherfose V, Schippmann U, Schweppe-Kraft B, Seyfert U, Strauch M, Strauß C, Sukopp U, Ullrich K, Züghart W (2015) Artenschutz-Report 2015 – Tiere und Pflanzen in Deutschland, Bundesamt für Naturschutz (Hrsg.) Bonn. https://www.bfn.de/sites/default/files/2021-04/Artenschutzreport_Download.pdf

Berg JM, Tymoczko JL, Gatto GJ Jr., Stryer L (2018) Stryer Biochemie, 8. Auflage, Springer Spektrum, Berlin, Heidelberg. ISBN 978-3-662-54620-8

Bergmeier E, Dimopoulos P, Theodoropoulos K, Eleftheriadou E (2004) Zonale sommergrüne Laubwälder der südlichen Balkanhalbinsel – eine Übersicht, Tuexenia, Mitteilungen der Floristisch-Soziologischen Arbeitsgemeinschaft, 24, 89–111, Göttingen. https://www.tuexenia.de/publications/tuexenia/Tuexenia_2004_NS_024_0089-0111.pdf

Blattert C, Mönkkönen M, Burgas D, Di Fulvio F, Toraño Caicoya A, Vergarechea M, Klein J, Hartikainen M, Antón-Fernández C, Astrup R, Emmerich M, Forsell N, Lukkarinen J, Lundström J, Pitzén S, Poschenrieder W, Primmer E, Snäll T, Eyvindson K (2023) Climate targets in European timber-producing countries conflict with goals on forest ecosystem services and biodiversity, Commun. Earth Environ. 4, 119. https://doi.org/10.1038/s43247-023-00771-z

Breckle S-W (2021) Grüne Mauern („green walls“) gegen die Wüstenausbreitung. Maßnahmen gegen Desertifikation. In: Lozán JL, Breckle S-W, Graßl H, Kasang D. (Hrsg.) Warnsignal

Klima: Boden & Landnutzung 48, 348–355. Wissenschaftliche Auswertungen in Kooperation mit GEO, Hamburg. www.warnsignal-klima.de, https://doi.org/10.25592/warnsignal.klima.boden-landnutzung.48

Brunet J, Fritz Ö, Richnau G (2010) Biodiversity in European beech forests – a review with recommendations for sustainable forest management. In: Löf M, Brunet J, Mattsson L, Nylinder M (Hrsg.) Ecological Bulletins, Bulletin 53, Broadleaved forests in southern Sweden: management for multiple goals, 77–94, Wiley-Blackwell. ISBN: 978-1-405-18886-9

Bundesministerium für Ernährung und Landwirtschaft, BMEL (2017) Waldbericht der Bundesregierung. https://www.bmleh.de/SharedDocs/Downloads/DE/_Wald/Waldbericht2017.html

Bundesministerium für Umwelt, Naturschutz, nukleare Sicherheit und Verbraucherschutz, BMUV (2023) Aktionsprogramm Natürlicher Klimaschutz, https://www.bmuv.de/publikation/aktionsprogramm-natuerlicher-klimaschutz.

Bundesministerium für Umwelt, Naturschutz, nukleare Sicherheit und Verbraucherschutz BMUV (2024) Nationale Strategie zur Biologischen Vielfalt 2030 (NBS 2030). https://www.bmuv.de/themen/naturschutz/allgemeines-und-strategien/nationale-strategie

Canadian Forest Service (2024) The State of Canada's Forests: Annual Report 2024, ISSN 1488-2736. https://natural-resources.canada.ca/our-natural-resources/forests/state-canadas-forests-report/forest-industry-contribute/16517

Convention on biological diversity (2022) Kunming-Montreal Global biodiversity framework. CBD/COP/DEC/15/4. In: United Nations environment programme (Hrsg.) https://www.cbd.int/doc/decisions/cop-15/cop-15-dec-04-en.pdf

Denslow JS (1987) Tropical Rainforsest Gaps and tree species diversity, Annual Reviews Ecological Systems, 18, 431–451. https://doi.org/10.1146/annurev.es.18.110187.002243

Dürremonitor Deutschland des Helmholtz Zentrums für Umweltforschung, Leipzig. https://www.ufz.de/index.php?de=37937

Europäische Kommission COM (2020) 380 EU-Biodiversitätsstrategie für 2030, Mehr Raum für die Natur in unserem Leben. https://eur-lex.europa.eu/legal-content/DE/TXT/?uri=celexProzent3A52020DC0380

Fachagentur Nachwachsende Rohstoffe e. V. FNR (2024) Charta für Holz 2.0 – Kennzahlenbericht 2022/2023 Forst & Holz, Gülzow-Prüzen. https://www.charta-fuer-holz.de/fileadmin/charta-fuer-holz/dateien/service/mediathek/FNR_Charta-Kennzahlenbericht_2022_23_bf.pdf

Food and Agriculture Organization of the United Nations FAO (2007) The world's mangroves 1980–2005, FAO Forestry Paper 153, Rome. https://www.fao.org/3/a1427e/a1427e00.pdf

Gauthier S, Bernier P, Kuuluvainen T, Shvidenko AZ, Schepaschenko DG (2015) Boreal forest health and global change, Science, 349, 6250, 819–822. https://doi.org/10.1126/science.aaa9092.

Gschöpf R, Schmid S (2020) Das Protokoll „Bergwald" der Alpenkonvention. In: CIPRA Österreich (Hrsg.) Schriftenreihe zur Alpenkonvention, Verlag Österreich GmbH. ISBN: 978-3-7046-8418-9

Gustafsson L, Bauhus J, Asbeck T, Augustynczik ALD, Basile M, Frey J, Gutzat F, Hanewinkel M, Helbach J, Jonker M, Knuff A, Messier C, Penner J, Pyttel P, Reif A, Storch F, Winiger N, Winkel G, Yousefpour R, Storch I (2020) Retention as an integrated biodiversity conservation approach for continuous-cover forestry in Europe, Ambio, 49, 85–97. https://doi.org/10.1007/s13280-019-01190-1

Hagge-Kubat T, Wehinger A, Enzmann F (2020) Simulation von Abfluss und Sedimenttransport bei Starkregenereignissen im Oberen Mittelrheintal, Mainzer geowissenschaftliche Mitteilungen, 48, 7–32. https://doi.org/10.23689/fidgeo-5681

Hegarty EE (2020) Natural Limits to the Expansion of Subtropical Rainforest at Mt Nebo, Queensland, Proceedings of the Royal Society of Queensland, 128, 125–142. https://doi.org/10.5962/p.357890

Johann E (2022) Wälder in den Alpen – Nutzung und Schutz. In: Berr K, Jenal C (Hrsg.) Wald in der Vielfalt möglicher Perspektiven – Von der Pluralität lebensweltlicher Bezüge und wissenschaftlicher Thematisierungen, Buchserie Kühne O, Kinder S, Schnur O (Hrsg.) RaumFragen: Stadt – Region – Landschaft, Springer VS Wiesbaden. ISBN: 978-3-658-33705-6

Kaitna R, Prenner D, Hübl J (2020) 19. Muren. In: Glade T, Mergili M, Sattler K (Hrsg.) ExtremA 2019 – Aktueller Wissensstand zu Extremereignissen alpiner Naturgefahren in Österreich. Vienna University Press, Van den Hoeck und Ruprecht GmbH & Co. KG, Göttingen. ISBN: 978-3-8471-1092-7

Kitayama K, Aiba S-I (2002) Ecosystem structure and productivity of tropical rain forests along altitudinal gradients with contrasting soil phosphorus pools on Mount Kinabalu, Borneo, Journal of Ecology, 90, 37–51. https://doi.org/10.1046/j.0022-0477.2001.00634.x

Loidl J (2004) Südwesteuropäische sommergrüne Laubmischwälder, Tuexenia, Mitteilungen der Floristisch-Soziologischen Arbeitsgemeinschaft, 24, 113–126, Göttingen. https://www.tuexenia.de/publications/tuexenia/Tuexenia_2004_NS_024_0113-0126.pdf

Markart G, Kohl B, Perzel F (2006) Der Bergwald und seine hydrologische Wirkung – eine unterschätzte Größe? In: LWF Wissen, Nr. 55, Wald – Schutz vor Hochwasser? Beiträge zum Symposium am 27.April 2006, 34–43. https://www.lwf.bayern.de/service/publikationen/lwf_wissen/019078/index.php

Näsholm T, Ekblad A, Nordin A, Giesler R, Högberg M, Högberg P (1998) Boreal forest plants take up organic nitrogen, Nature, 392, 914–916. https://doi.org/10.1038/31921

Olson DM, Dinerstein E, Abell R, Allnutt T, Carpenter C, McClenachan L, D'Amico J, Hurley P, Kassem K, Strand H, Taye M, Thieme M (2000) The global 200: a representation approach to conserving the Earth's distinctive ecoregions. Conservation Science Program, World Wildlife Fund (USA), Washington, 8–9. https://doi.org/10.1046/j.1523-1739.1998.012003502.x

Petrokas R, Baliuckas V, Manton M (2020) Successional Categorization of European Hemi-boreal Forest Tree Species, Plants, 9 (10), 1381. https://doi.org/10.3390/plants9101381

Petrokas R, Manton M (2023) Adaptive Relationships in Hemi-Boreal Forests: Tree Species Responses to Competition, Stress, and Disturbance, Plants, 12, 3256, 1–17. https://doi.org/10.3390/plants12183256

Promis A, Reif A, Cruz G, Gärtner S (2009) Südbuchenwälder in Patagonien und Feuerland, Natur und Museum, 139, 7/8, 236–245. https://www.academia.edu/25592966/S%C3%BCdbuchenw%C3%A4lder_in_Patagonien_und_Feuerland

Reich PB, Bermudez R, Montgomery RA, Rich RL, Rice KE, Hobbie SE, Stefanski A (2022) Even modest climate change may lead to major transitions in boreal forests, Nature, 608, 540–545. https://doi.org/10.1038/s41586-022-05076-3

Schall P, Gossner MM, Heinrichs S, Fischer M, Boch S, Prati D, Jung K, Baumgartner V, Blaser S, Böhm S, Buscot F, Daniel R, Goldmann K, Kaiser K, Kahl T, Lange M, Müller J, Overmann J, Renner SC, Schulze E-D, Sikorski J, Tschapka M, Türke M, Weisser WW, Wemheuer B, Wubet T, Ammer C (2017) The impact of even-aged and uneven-aged forest managementon regional biodiversity of multiple taxa in European beech forests, Journal of Applied Ecology, 55, 267–278. https://doi.org/10.1111/1365-2664.12950

Secretariat of the Convention on Biological Diversity (2000) Sustaining life on Earth – How the Convention on Biological Diversity promotes nature and human well-being, United Nations Environment Programme, Montreal. ISBN: 92-807-1904-1, https://www.cbd.int/doc/publications/cbd-sustain-en.pdf

Smirnova OV, Bobrovsky MV, Khanina LG, Zaugolnova LB, Shirokov AI, Lugovaya DL, Korotkov VN, Spirin VA, Samokhina TY, Zaprudina MV (2017) Hemiboreal Forests. In: Smirnova OV et al. (Hrsg.), European Russian Forests, Plant and Vegetation 15, Springer, Dordrecht. https://doi.org/10.1007/978-94-024-1172-0_4

Späth V (2007) Bruch-, Sumpf- und Auwälder. In Biotope in Baden-Württemberg, Landesanstalt für Umweltschutz Baden-Württemberg. Abteilung Ökologie, Boden- und Naturschutz (Hrsg) Karlsruhe. https://publikationen.ub.uni-frankfurt.de/frontdoor/index/index/docId/11398

Suwala L, Kilke E (2014) Bolivien, Bericht zur Hauptexkursion, Arbeitsbericht 184, Humboldt-Universität zu Berlin. https://www.geographie.hu-berlin.de/de/institut/publikationsreihen/arbeitsberichte/download/arbeitsbericht-hex-bolivien-2014.pdf

Venäläinen A, Lehtonen I, Laapas M, Ruosteenoja K, Tikkanen O-P, Viiri H, Ikonen VP, Peltola H (2020) Climate change induces multiple risks to boreal forests and forestry in Finland: A literature review, Global Change Biology, 26, 4178–4196. https://doi.org/10.14214/ma.10454

Whittaker RH (1960) Vegetation of the Siskiyou Mountains, Oregon and California, Ecological Monographs, 30, 279–338. https://doi.org/10.2307/1943563

Zelener N, Soldati MC, Inza MV, Gallo LA, Fornes LF (2021) Patterns of Neutral Genetic Variation for High-Value Cedar Species from the Subtropical Rainforests of Argentina. In: Pastorino, MJ, Marchelli P (Hrsg.) Low Intensity Breeding of Native Forest Trees in Argentina, Springer Verlag, Cham. https://doi.org/10.1007/978-3-030-56462-9_13

Nachhaltigkeit

2

Inhaltsverzeichnis

P. Weißhaupt, *Wald- und Holzbau*, https://doi.org/10.1007/978-3-658-50061-0_2

Schlüsselwörter

Nachhaltigkeit · Kaskadennutzung · Entwaldungsfreie Lieferketten · Gütesiegel · Nachhaltige Gebäude

2.1 Nachhaltige Wald- und Forstwirtschaft

2.1.1 Grundsätze der Nachhaltigkeit

Nachhaltigkeit ist eines der anerkanntesten gesellschaftlichen Ziele, und umso mehr Literatur gibt es. Der Nachhaltigkeit liegen jedoch gewisse Prinzipien und Schlüsselveröffentlichungen zugrunde. Eine wichtige Veröffentlichung ist die „*Sylvicultura oeconomica oder haußwirthliche Nachricht und naturmäßige Anweisung zur wilden Baum-Zucht*" von Johann „Hannß" Carl von Carlowitz aus dem Jahr 1713 (von Carlowitz 2022). Der Inhalt ist eine Anleitung zur nachhaltigen Forstwirtschaft. Als Bergrat und Oberberghauptmann des Erzgebirges war ihm klar, dass Holz eine wichtige Ressource für das Bauen, den Bergbau und die Energiegewinnung ist und dass diese Ressource begrenzt verfügbar ist. Das Nachwachsen von Holz beansprucht Jahrzehnte, und genau die Anweisung, nur so viel Holz dem Wald zu entnehmen, wie in ähnlicher Zeit nachwachsen kann, stammt von von Carlowitz. Ausschlaggebend war sicherlich die Beobachtung, dass das damalige Hüttenwesen immensen Energiebedarf hatte. Zu dieser Zeit waren die Prozesse der Verhüttung weder energetisch optimiert noch standen andere Energieträger als Holzkohle zur Verfügung.

Eine weitere wichtige Veröffentlichung zur Nachhaltigkeit ist der Bericht „Our Common Future" der Brundtland-Kommission der Vereinten Nationen aus dem Jahr 1987. Demnach ist Nachhaltigkeit ökologisch, ökonomisch und sozial verantwortungsvolles Handeln, welches über die Grenzen von Generationen, Ländern und Kontinenten reicht. Die Bedürfnisse der Gegenwart sind zu befriedigen, ohne zu riskieren, dass künftigen Generationen diese Möglichkeit nicht bleibt. Vorausschauendes, ganzheitliches und umsichtiges Handeln wird gefordert (World Commission on Environment and Development 1987). Dem Bericht folgte im Jahr 1992 die Einberufung der Konferenz der Vereinten Nationen über Umwelt und Entwicklung in Rio de Janeiro. Das Ergebnis war die Agenda 21 als weltweite Zielvereinbarung für das 21. Jahrhundert. Die Konferenz der Vereinten Nationen über nachhaltige Entwicklung folgte 20 Jahre später im Juni 2012 ebenfalls in Rio. Das Ergebnis war der Bericht „The future we want". (United Nations Conference on Sustainable Development, UNCSD, 2012). Seit dem Jahr 2016 gibt es die Agenda 2030 (Transforming our World: The 2030 Agenda for Sustainable Development) mit einer Deklaration von 17 Zielen für nachhaltige Entwicklung und 169 Konkretisierungen dieser Ziele (Abb. 2.1) (United Nations Assembly 2015).

Während 1987, zu Zeiten des Eisernen Vorhangs, noch die gemeinsame Zukunft den Titel prägte, waren es im Jahr 2012 die Ansprüche an die Zukunft, ausgedrückt durch ein starkes „we want". Das gemeinschaftliche Ziel blieb im 17. Ziel erhalten. Trotzdem bereicherte die Benennung von Unterzielen den Diskurs und ermuntert zu weiteren Nachhaltigkeitszielen.

Abb. 2.1 Ziele für nachhaltige Entwicklung der Vereinten Nationen (siehe auch: www.un.org/sustainabledevelopment/). Die Autorin unterstützt die Ziele. (Der Inhalt des Buches wurde nicht von den Vereinten Nationen genehmigt und entspricht nicht der Position der Vereinten Nationen, ihrer Repräsentanten oder ihrer Mitgliedsstaaten.)

Ob noch weitere Ziele festgeschrieben werden sollten? Unbedingt und auf keinen Fall. Unbedingt wegen des Diskurses, auf keinen Fall, weil irgendwann die Kapazitätsgrenze eines geschlossenen Systems erreicht ist. Weil der Mensch gewisse Ordnung braucht. Regeln, Gesetze, Grenzen des Zusammenlebens, Rechte und Schutz der Gesellschaft. Die Liste kann beliebig lang sein und eines ist auch sicher: Die Zukunft wird eine gemeinsame sein. Es kommt darauf an, wie wir sie gestalten. Wichtig ist, flexibel zu bleiben, die richtigen Ideen zu platzieren. Prioritäten zu setzen, aber nicht um jeden Preis durchzusetzen. Es ist eine Frage der Verhandlung und der Mittel, wobei kein Ergebnis ausgeschlossen ist. An dieser Stelle weicht der Nachhaltigkeitsbegriff auf. Es müssen allgemein anerkannte Leitsätze bleiben, welche je nach politischer Lage in den Vordergrund treten.

Für eine verantwortungsvolle Waldwirtschaft wurden die Ziele der Nachhaltigkeit heruntergebrochen. Es besteht der wissenschaftliche Konsens, dass neben natürlichem Wald auch Nutzwald als Ökosystem zu betrachten ist und dass Biodiversität den Wald stärkt und Holzressourcen für die Zukunft sichert. Grundlegend für diese Ansicht ist der United Nations Strategic Plan for Forests 2030 (United Nations 2017). Dieser beinhaltet sechs Nachhaltigkeitsziele für die Waldwirtschaft (United Nations Department of Economic and Social Affairs, United Nations Forum on Forests Secretariat, 2021):

- Global forest goal 1: Durch nachhaltige Forstwirtschaft den Verlust an Waldflächen umkehren, was Schutz, Wiederherstellung und Aufforstung entspricht. Verstärkte Bemühungen, Abholzung zu verhindern. Das Ziel ist es, den Klimawandel aufzuhalten.
- Global forest goal 2: Stärkung der waldbasierten ökonomischen, sozialen und ökologischen Vorteile, einschließlich der Verbesserung der Lebensbedingungen für vom Wald abhängige Völker.
- Global forest goal 3: Deutliche Vergrößerung der geschützten Waldflächen sowie nachhaltig bewirtschafteter Forstflächen und Förderung der Produkte aus nachhaltig bewirtschafteten Forsten.
- Global forest goal 4: Bereitstellung deutlich größerer, neuer und zusätzlicher finanzieller Ressourcen für die Implementierung nachhaltiger Forstwirtschaft und die Stärkung wissenschaftlicher und technischer Kooperationen und Partnerschaften.
- Global forest goal 5: Förderung regulatorischer Rahmenbedingungen für die nachhaltige Forstwirtschaft, welche die Ziele der Vereinten Nationen berücksichtigen und den Beitrag des Waldes zur Erreichung sämtlicher Ziele der Agenda 2030 für nachhaltige Entwicklung sichern.
- Global forest goal 6: Erweiterung von Kooperation, Koordination, Kohärenz und Synergien waldbezogener Belange auf allen Ebenen, einschließlich der Vereinten Nationen und der in Mitgliedsorganisationen bezüglich des Waldes zusammenarbeitenden Partner, angrenzender Sektoren und Stakeholder.

Wälder und Produkte der Forstwirtschaft sollen gefördert werden, um Waldflächen auszuweiten und das Klima zu stabilisieren. Die Gesellschaft ist für die Wälder zu sensibilisieren und der Nutzen des Waldes ist zu maximieren. In kaum einem industriellen Sektor sind wirtschaftliche Interessen und Naturschutz so eng miteinander verknüpft. Die Unterscheidung von einerseits Waldwirtschaft im Sinne des Erhalts von natürlichen Wäldern, der Förderung der Biodiversität und des Naturschutzes und andererseits Forstwirtschaft als Nutzwald für die Holzgewinnung ist zweckmäßig, und so sieht es auch die Unterscheidung zwischen Naturschutzgesetz und Bundeswaldgesetz vor. Dies schließt Überschneidungen nicht aus. Wichtig für den Gesetzgeber ist das Ziel, das Gesetz als anwendungsnahes Instrument für Stakeholder auszugestalten. Gleichwohl erfordert die Fortentwicklung der Gesetze einen gesellschaftlichen Diskurs. Aspekte der Nachhaltigkeit bieten dazu eine zweckmäßige Grundlage. Der Diskurs um die nachhaltige Wald- und Forstwirtschaft konzentriert sich in Deutschland auf die Waldstrategie 2050 „Nachhaltige Waldbewirtschaftung – Herausforderungen und Chancen für Mensch, Natur und Klima“ (BMEL 2020).

Als volkswirtschaftlich bedeutende Ressource wird die Wald- und Forstwirtschaft engmaschig statistisch überwacht. Flächenentwicklung, Eigentumsarten, Erträge und Aufforstungen werden ebenso wie Umsatz und Beschäftigung in dieser Branche als sozioökonomische Kennzahlen erfasst und auf den Internetseiten von DESTATIS, EUROSTAT und der FAO veröffentlicht. Ökologische Entwicklungen werden als prozentuale Kronenverlichtung, massenspezifischer Insektenbefall oder als Waldbrandereignis kontinuierlich erfasst. Die Kohlenstoffdioxidbilanz des Waldes gibt ebenso Aufschluss über die Waldgesundheit. So sind Entwicklungen und Trends jederzeit nachvollziehbar.

Die statistische Erfassung bietet eine Grundlage für quantitative und qualitative Empfehlungen für die forstwirtschaftliche Praxis.

Für die forstwirtschaftliche Praxis gibt es unterschiedliche Nachhaltigkeitskonzepte. Allgemein anerkannt sind die Vermeidung von Kahlschlag und die Ernte im Winter, wenn die Tier- und Pflanzenwelt ruht. Zentrales Instrument und Aufgabe der Förster ist die Durchforstung der Wälder, wobei sie bestimmte Bäume für die Ernte und Zukunftsbäume für das Weiterwachsen klassifizieren. Dabei wird der Wald so gelichtet, dass Lichteinfall das Wachstum neuer Bäume am Boden ermöglicht und dass beschädigte Bäume und die Zukunftsbäume hindernde Bäume gefällt werden. Baumschäden können in Wind- oder Schneebruch, Insekten- oder Pilzbefall, Kronenverlichtung oder Schälschäden bestehen. Heutzutage wird oftmals aus Nadelholzmonokulturen geerntet. Dazu dienen Rückegassen im Abstand von circa 20 m (Abb. 2.2). Es handelt sich um Zuwegungen zu den Waldgebieten. Dann folgt die Durchforstung auf den Waldabschnitten. Nach einer Ernte folgt entweder keine Aufforstung zur Förderung der Z-Bäume oder eine Aufforstung mit Laubbäumen, sodass ein klimaresilienter Mischwald entsteht. Dies entspricht dem aktuellen Nachhaltigkeitsgedanken, wobei die pragmatischen Vorzüge einer Monokultur derzeit die Ernte erleichtern. Wenn die Waldflächen einem anderen Nutzungszweck weichen, liegt eine Abweichung von den Maßgaben für nachhaltige Forstwirtschaft der Vereinten Nationen vor.

Abb. 2.2 Rückegasse. Eigene Abbildung

Sowohl die Forstwirtschaft als auch der Naturschutz haben ein hohes Interesse an einem gesunden Wald. Offen ist dabei, wie sich Waldgesundheit äußert. Bezüglich der Biodiversität ist die Klimazone von Bedeutung. Somit sind für die Forstwirtschaft in Deutschland vorrangig Studien aus den gemäßigten Klimazonen Mitteleuropas von Interesse. Oettel und Lapin (2021) beschäftigten sich in einer Übersichtsstudie ausgiebig mit Indikatoren, die sowohl die Biodiversität als auch Försterei abbilden und die Rückschlüsse für die forstwirtschaftliche Praxis zulassen. Das Ziel besteht in der Selektion geeigneter Indikatoren, die einen resilienten Wirtschaftswald beschreiben. Die große Anzahl von 32 Biodiversitätsindikatoren und 44 Managementindikatoren aus 162 Studien verdeutlicht die Komplexität. Unterschiedliche Stellschrauben können zur erfolgreichen Forstwirtschaft und zu resilienten Wäldern führen. Einer von mehreren Bioindikatoren für den gesunden Wald ist eine stabile Spechtpopulation, wobei Art und Quantität nicht genau benennbar sind. Vielmehr ist es das charakteristische Klopfen der Spechte, das auch Laien auffällt. Oettel und Lapin (2021) fassen 14 Maßnahmen für das Management eines Waldes zusammen: Schaffung horizontaler und vertikaler Strukturheterogenität, Anpassung der Baumartenzusammensetzung, quantitative und qualitative Förderung von Totholz, Schaffung von Habitatstrukturen, Erhöhung der Diversität an Baumarten, Erhalt von Habitatbäumen und alten Bäumen, räumliche Heterogenität auf Landschaftsebene sichern, Reduktion von Unterholz, Bereitstellung nicht bewirtschafteter Waldflächen, Verlängerung der Rotationsperiode, Pflege nicht gleichaltriger Wälder und Dauerwald, Vermeidung der Fragmentierung des Waldes und einer Habitatisolation, Habitatschutz für Indikatorspezies und aktives Monitoring. An das Monitoring schließt sich die Frage nach den Indikatoren an. Nach dem Übersichtsbeitrag von Oettel und Lapin (2021) sind Biodiversitätsindikatoren und Managementindikatoren gleichermaßen aussagekräftig. Zunächst sind der Zustand der Bäume sowie die Diversität der Bäume zu beachten. Wie hoch ist der Nadelholzanteil? Welche Baumarten sind vorhanden? Weiterhin ist zu beachten, wie sich Totholz entwickelt. Wird es abgebaut? Trägt es zur Biodiversität bei? Es ist wichtig, wie sich ein Habitat zusammensetzt und sich selbst erhält. Typischerweise wird die Baumgesundheit anhand der Baumkronen beurteilt. Auch die Standortbeurteilung spielt eine Rolle. Zuletzt ist wichtig, wie stark in den Wald eingegriffen wird: Wie groß ist der Wald, wie stark wird der Wald besucht und wie intensiv und mit welchen Methoden wird er beerntet? Biodiversitätsindikatoren sind nach Oettel und Lapin (2021) das Vorhandensein von Amphibien, Arthropoden (Gliederfüßern), Vögeln, Pilzen, Säugetieren, Pflanzen und Reptilien. Neben dem reinen Vorhandensein sind Häufigkeit, Diversität, Zusammensetzung, Anzahl und die Populationsdichte von Bedeutung. So gilt ein Wald dann als gesund, wenn der Boden von Pflanzen bedeckt ist, was in Monokulturen zumeist nicht der Fall ist. Indikatoren für ein intaktes Ökosystem sind das Vorkommen des Auerhuhns (*Tetrao urogallus*), des Haselhuhns (*Bonasa bonasia*) und des Spechts (*Picoides tridactylus)*, aber auch der Lungenflechte *(Lobaria pulmonaria)* und des europäischen Flughörnchens *(Pteromys volans)*. Unter den Arthropoden sind die pechschwarze Tapezierspinne (*Atypus piceus*), die schwarze Rossameise (*Camponotus herculeanus*), die Gebirgswaldameise (*Formica lugubris*), der Buchdrucker (*Ips typographus*) und die schwarze Weichameise (*Tapinoma erraticum*) gute Indikatoren für den artenreichen Wald.

Abb. 2.3 Derbholz, welches im Wald verbleibt. Eigene Abbildung

Eine Kontroverse besteht um Restholz und Abfälle bei der Holzernte. Das sind Wipfel, Äste, Nadeln, Borke, Wurzeln. Diese verbleiben teilweise im Wald als Belag und Federung von Rückegassen sowie Nährstoffe und Dünger für den Erhalt der Bodenqualität. Dem gegenüber stehen Empfehlungen für die Nutzung als Hackschnitzel, Mulchmaterial im Gartenbau und für die Bioenergie. Titus et al. (2021) beschrieben in ihrer Recherche unterschiedliche und gegensätzliche Empfehlungen. Verallgemeinerungen der ausgewerteten Leitlinien im Sinne von obligatorischen Festlegungen sind kaum möglich und betonen die Notwendigkeit der differenzierten Betrachtung und regionalen Regelsetzung. Das Fazit der Studie ist, dass Leitsätze für den Umgang mit Restholz zweckmäßig wären, dass sich die vorhandenen Werke aber kaum harmonisieren lassen. Leitlinien zur hochwertigen Verwertung von Holz haben Vorrang, während die Restholzmenge möglichst klein zu halten ist und gerade nicht als Produkt klassifiziert und vermarktet werden sollte (Abb. 2.3).

2.1.2 Nachhaltigkeitszertifikate

Das Forest Stewardship Council (FSC) ist ein Zertifizierungssystem für nachhaltige Forstwirtschaft, welches seit 1993 besteht. Es handelt sich um ein Qualitätssicherungssystem nach einem Auditprinzip. Die International Social and Environmental Accreditation and Labelling Alliance (ISEAL Alliance) als internationale Dachorganisation erarbeitet dazu Managementstandards, welche aus den folgenden zehn Prinzipien bestehen (FSC 2018).

1. *Einhaltung der Gesetze*
2. *Arbeitnehmerrechte und Arbeitsbedingungen*
3. *Rechte indigener Völker*
4. *Beziehungen zur lokalen Bevölkerung*
5. *Leistungen des Waldes*
6. *Auswirkungen auf die Umwelt*
7. *Management*
8. *Monitoring und Bewertung*
9. *Besondere Schutzwerte*
10. *Umsetzung von Bewirtschaftungsmaßnahmen*

Ergänzend gibt es Leitlinien für die Umsetzung in Deutschland (FSC 2024). Das Forstunternehmen weist die Einhaltung der Prinzipien im Rahmen von jährlichen Audits nach. Die Auditoren des FSC werden wiederum durch das Assurance Services International (ASI) auditiert, sodass auch auf der Ebene der Auditierung eine Qualitätssicherung besteht.

Im Kern ist das FSC-Siegel eine Zertifizierung für nachhaltige Forstwirtschaft und oftmals wird die Herkunft des Holzes dem Siegel ergänzt. Es spricht vieles für Holz aus regionalen Quellen. Zwischen nachhaltiger Forstwirtschaft und einem zertifizierten Holzprodukt steht allerdings noch die Holzverarbeitung und Vermarktung, die Lieferkette oder Chain-of-Custody (engl.). Die Unternehmen der Lieferkette können ebenfalls nach FSC-Kriterien zertifiziert werden, sofern sie Holz aus nachhaltigen Quellen verwenden und selbst die Einhaltung der Managementregeln innerhalb von regelmäßigen Audits nachweisen. Hält die gesamte Lieferkette die FSC-Regeln ein, kann das Produkt das FSC-Siegel tragen.

Die Zertifizierung überprüft die Einhaltung der regionalen Gesetze, sie geht aber nicht über regionale Gesetze hinaus. So gibt das FSC-Siegel keine Hinweise auf die Beschaffenheit des Waldes, die angepflanzten Baumarten, die Biodiversität und die Waldgesundheit und -resilienz. Obwohl diese ökologischen Aspekte in der Diskussion stehen und der Diskurs wichtig ist, legt das FSC keine Vorschriften fest. Zu begründen ist das mit regionalen Gegebenheiten, welche forstwirtschaftliche Entscheidungen im Einzelfall erfordern. In Deutschland sind rund 1,17 Mio. Hektar Wald FSC-zertifiziert (Stand Juli 2024). Das entspricht zehn Prozent der gesamten Waldfläche. Steigerungspotenzial besteht zweifellos.

In Deutschland ist weitaus mehr Wald, nämlich 8,7 Mio. Hektar, PEFC-zertifiziert. Das entspricht 80 % der Waldfläche. Hinter diesem Schema steht das Programm for the Endorsement of Forest Certification Schemes (PEFC). Das Zertifizierungsschema besteht seit 1997. PEFC setzt auf mehr Eigenverantwortung auf regionaler Ebene. So werden regionale PEFC-Arbeitsgruppen gebildet, welche den PEFC-Standard für nachhaltige Waldbewirtschaftung als Arbeitsgrundlage heranziehen (PEFC 2023). Darin heißt es:

„Nachhaltige Waldbewirtschaftung orientiert sich an den 1993 in Helsinki auf der Ministerkonferenz zum Schutz der Wälder in Europa beschlossenen Kriterien:

1. *Erhaltung und angemessene Verbesserung der forstlichen Ressourcen und ihres Beitrags zu globalen Kohlenstoffkreisläufen.*
2. *Erhaltung der Gesundheit und Vitalität von Forstökosystemen.*
3. *Erhaltung und Förderung der Produktionsfunktion der Wälder (Holz und Nichtholz).*
4. *Bewahrung, Erhaltung und angemessene Verbesserung der biologischen Vielfalt in Waldökosystemen.*
5. *Erhaltung und angemessene Verbesserung der Schutzfunktionen bei der Waldbewirtschaftung (vor allem Boden und Wasser).*
6. *Erhaltung sonstiger sozioökonomischer Funktionen und Bedingungen.*

Eine nachhaltige Waldbewirtschaftung dient dem Klimaschutz."

PEFC fasst den Waldbegriff weiter und definiert neben der reinen Forstwirtschaft auch Standards für Erholungs-, Kur- und Heilwälder sowie Weihnachtsbaumkulturen. Mit einer Selbstverpflichtungserklärung und einer Gebühr bekunden Forstbetriebe und Waldbesitzende Interesse an der PEFC-Zertifizierung. Anschließend erhalten die Betriebe eine Urkunde und dürfen das PEFC-Zeichen verwenden. PEFC-Vor-Ort-Audits finden dann statt, wenn der Forstbetrieb von der regionalen Arbeitsgruppe zum Audit ausgewählt wurde. Damit setzt PEFC auf Selbsthilfe. In regionalen Gruppen wird erarbeitet, was nachhaltige Forstwirtschaft bedeutet. Das minimiert den bürokratischen Aufwand und stärkt die Zusammenarbeit, zumal ökologische Fragen nicht an Parzellengrenzen enden und abgestimmtes Wirtschaften förderlich für die gesamte Branche ist. Weiterhin arbeiten die unter PEFC kooperierenden Betriebe an der Förderfähigkeit ihrer Betriebe. Die Förderrichtlinien öffentlicher Träger, wie beispielsweise der Kreditanstalt für Wiederaufbau, finden starke Berücksichtigung. Die Lieferkette der Holzverarbeitung zertifiziert sich nach gleichem Prinzip und eine lückenlose PEFC-Zertifizierung erlaubt eine für den Endkunden transparente Produktzertifizierung. Nachhaltiges Wirtschaften sollte gesichert sein, denn zum Zeitpunkt des Fällens ist ein Baum 80 bis 100 Jahre gewachsen (Abb. 2.4). Ein sehr langer Zeitraum.

Das Ziel der Kennzeichnung „Holz von hier" oder „Low Carbon Timber" ist es, regionale Wertschöpfung zu fördern (Bruckner und Strohmeier 2020, www.holz-von-hier.eu/). Kurze Wege sollen die vorhandenen Strukturen stärken und die Ressourcen schonen. Die Kriterien für die Zertifizierung sind gemäß genannter Internetseite:

- *„Die Transporte entlang der gesamten Lieferkette vom Wald bis zum Kunden sind überdurchschnittlich kurz und damit klimafreundlich und ressourceneffizient.*
- *Die Grundrohstoffe stammen zu 100 Prozent aus verantwortungsvoller Rohstoffgewinnung aus nachhaltiger Waldwirtschaft (Nachweis über Forstmanagement-(FM)-Zertifikate nach FSC, PEFC oder vergleichbar).*
- *Produkte, die ein ‚Holz von Hier®'- respektive ‚Low Carbon Timber®'-Zertifikat tragen, enthalten kein Holz aus Primärwäldern (Urwäldern) und kein Holz weltweit gefährdeter Arten nach IUCN und CITES.* "

Abb. 2.4 Jahresringe einer Fichte. Fichten sind zum Zeitpunkt des Fällens 80 bis 100 Jahre alt. Eigene Abbildung

Zudem bietet die Internetseite ein Register der zertifizierten Unternehmen und eine Suchmaschine, mit der sich die entsprechenden Unternehmen auf regionaler Ebene auffinden lassen. Die Initiative gibt es europaweit. Es handelt sich um ein denkbar schlichtes Konzept, das neben der Zertifizierung nach einem Nachhaltigkeitsschema die regionale Begrenzung der Lieferketten fordert. Das ist innerhalb von Europa eine praxisnahe und umsetzbare Forderung, da das Netz der forst- und holzwirtschaftlichen Betriebe dicht ist.

2.1.3 Entwaldungsfreie Lieferketten

Nicht nur die Holzwirtschaft verursacht Abholzung, sondern auch Flächenkonkurrenz. Flächen für den Anbau von Tee, Kaffee, Kakao, Palmöl oder Viehfutter bedrohen den Wald. Schützendes Konsumverhalten erstreckt sich in erheblichem Maße auf diese Produkte. Die Verordnung (EU) 2023/1115 über die Bereitstellung bestimmter Rohstoffe und Erzeugnisse, die mit Entwaldung und Waldschädigung in Verbindung stehen, auf dem Unionsmarkt und ihre Ausfuhr aus der Union (Gesetz über entwaldungsfreie Lieferketten, EUDR) soll zu nachhaltigen Lieferketten beitragen und der weltweiten Entwaldung entgegenwirken. Unter die Verordnung fallen Produkte wie Rinder, Kakao, Kaffee, Ölpalmen, Kautschuk, Soja und Holz. Auch in Deutschland hergestelltes und vermarktetes Holz ist von den Regelungen betroffen. Allerdings ist Deutschland dem Gesetz nach ein Land mit schwachem Risiko für die Entwaldung, sodass Forstbetriebe vergleichsweise wenige Informationen liefern und Pflichten erfüllen müssen. Es muss sichergestellt sein, dass die genannten Produkte nicht auf Flächen erzeugt wurden, die nach dem 31. Dezember 2020 entwaldet wurden. Hersteller garantieren dies mit einer Sorgfaltserklärung gemäß Artikel 8 der Verordnung und unter Angabe der Geodaten. Demnach dürfte es in Europa keine Produkte mehr geben, für die Wald weichen musste. Das Gesetz trägt die ökologische Verantwortung der europäischen Konsumenten und ist ein wichtiges Instrument für den globalen Schutz der Wälder.

Das tropische Tageszeitenklima sowie die Bodenökologie im tropischen Regenwald bieten schlechte Voraussetzungen für die ökologische Waldwirtschaft. Die begehrten Baumriesen des Urwaldes sind selten, ihre Bergung ist aufwendig, verursacht erhebliche Waldschäden. Die hinterlassenen Vegetationslücken regenerieren sich langsam, teilweise nie. Auch in diesem Fall greift die EU-Verordnung 2023/1115 über entwaldungsfreie Lieferketten (EUDR). Während der Import von Tropenholz bis in die 1990er-Jahre noch hoch war, sank das Importvolumen kontinuierlich und liegt seit dem Jahr 2011 unter 20.000 m^3. Ein Teil des importierten Tropenholzes, 10 bis 60 % je nach Wirtschaftsjahr, verlässt Deutschland auch wieder als Exportholz (Abb. 2.5). Ab dem Jahr 2010 schränkte die Verordnung (EU) Nr. 995/2010 über die Verpflichtungen von Marktteilnehmern, die Holz und Holzerzeugnisse in Verkehr bringen (EUTR), den Holzhandel ein. Die Verordnung wurde inzwischen durch die EUDR ersetzt. Die Aufmerksamkeit für die Umweltschäden und das hohe Verantwortungsbewusstsein trugen ebenso zu dieser Entwicklung bei wie die Ausdehnung der EU nach Osteuropa. Dies stärkte den alternativen Handel mit forstwirtschaftlich starken Ländern des Baltikums, Polen, der Tschechischen Republik, der Slowakei und Slowenien.

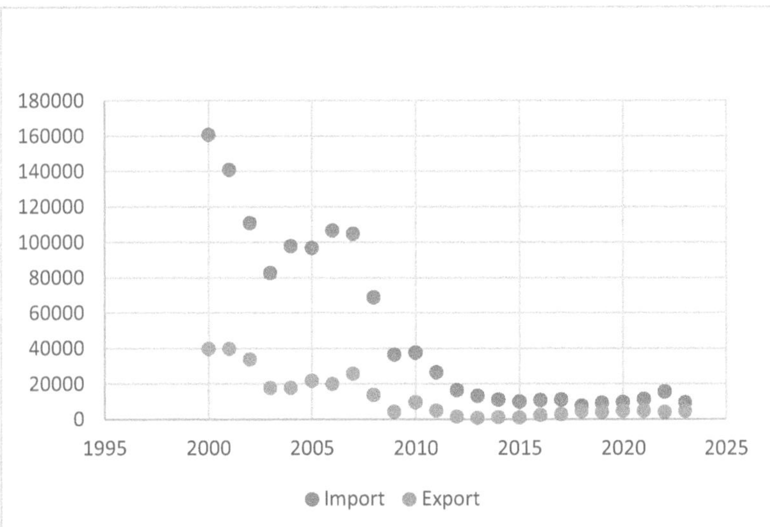

Abb. 2.5 Ein- und Ausfuhr von Tropenholz nach und aus Deutschland in Kubikmetern (nach Zahlen der FAO)

Die in Deutschland heute noch verwendeten Tropenholzarten sind Teak (*Tectona grandis*) und Bangkirai (*Shorea laevis*). Teak ist in den Monsunwäldern Süd- und Südostasiens beheimatet, kommt aber auch in Indien oder auf Plantagen in Westafrika vor. Bangkirai entstammt zumeist den Primärregenwäldern Südostasiens oder Plantagen in Indien, Pakistan, Sri Lanka, Laos, Vietnam, Kambodscha und den Philippinen. Die Anwendungsgebiete sind zumeist Außenanwendungen, Möbel, Terrassendielen, Nebengebäude. Das ist ein mengenmäßig bedeutendes Marktsegment, in welchem aber auch eine hohe Materialvielfalt besteht. Tropenholz ist also ersetzbar. Eine etwas höhere Holzvielfalt bei relativ kleinen Massenströmen befindet sich im Bereich Parkett. Dort werden die Holzarten Merbau, Jatoba und Wenge angeboten, jedoch weitaus seltener als heimische Nadel- und Laubholzarten.

Als legal gehandelt gelten auch nach der Einführung der EUDR Holz und Holzerzeugnisse, die im Rahmen von FLEGT und CITES gelistet sind. Die Grundlagen dafür sind wiederum die Verordnung (EG) Nr. 2173/2005 für Rechtsdurchsetzung, Politikgestaltung und Handel im Forstsektor (forest law enforcement, governance and trade, FELGT) und die Verordnung (EG) Nr. 338/97 über das Washingtoner Artenschutzabkommen (Convention on International Trade in Endangered Species of Wild Fauna and Flora, CITES). Holz, welches in den Holzerzeugnissen, die in den Anhängen II und III der FLEGT-Verordnung (EG) Nr. 2173/2005 aufgeführt sind, enthalten ist, aus in Anhang I derselben Verordnung aufgeführten Partnerländern stammt und mit der genannten Verordnung und ihren Durchführungsbestimmungen in Einklang steht, gilt für die Zwecke der Verordnung als legal geschlagen. Derzeit ist das einzige Partnerland Indonesien. Es gibt wohl Verhandlungen mit weiteren Ländern wie Ghana, Kamerun, der Republik Kongo, Liberia und der Zentralafrikanischen Republik. Die Implementierung der Abkommen erfolgte jedoch noch nicht. Dieser gesetzliche Riegel begründet, warum seit 2010 noch Tropenholz auf den deutschen Markt gelangt, sich das Angebot aber auf Bangkirai und Teak beschränkt. CITES bzw. das Washingtoner Artenschutzabkommen aus dem Jahr 1973 dient dem Artenschutz und unterbindet den uneingeschränkten Handel mit Tieren und Pflanzen. Das Abkommen gewährt Ausnahmen. Holz der in den Anhängen A, B oder C der Verordnung (EG) Nr. 338/97 aufgeführten Baumarten, und welches zudem mit der genannten Verordnung und ihren Durchführungsbestimmungen in Einklang steht, ist handelbar. Die Baumarten nach Anhang A, B, C der Verordnung (EG) Nr. 338/97 (CITES) sind Buchen, Eichen, Guatemala-Tanne, Korea-Kiefer, Esche, Eiben, Zedern, Mahagoni, Rio-Palisander, Afrikanischer Palisander, Echtes Brasilholz, Guajak, Kevazingo, Afromosia, Nambar, Sandelholz, Palmen, Pinoholzbaum, Adlerholz sowie Rosenholz. Die hierzulande eher exotisch wirkenden Baumarten werden zur Musikinstrumenten- und Parkettherstellung verwendet, Guajak als spezielles Hartholz auch für den Schiffsbau. Adler- und Rosenholz sind Rohstoffe für die Parfümherstellung. Die europäischen Verordnungen dämmten Tropenholzimporte effektiv ein. Zugleich ermöglichen die Verordnungen

Holzhandel über die EU-Grenzen hinweg, sodass die Einfuhr von besonderen Holzerzeugnissen nicht gänzlich ausgeschlossen ist. Für die volumenstromstarken Bereiche des Bauens und der Möbelherstellung bedeuteten die Gesetze aber eine Fokussierung auf europäische Holzarten. Abgesehen davon besteht kaum Nachfrage nach ausgefallenen und teuren Importhölzern. Es spricht nicht viel für die Ausweitung der Partnerschaftsabkommen nach FLEGT. Die statistischen Zahlen für heimisches Rundholz in Deutschland und Europa legen zudem nahe, dass die Ressourcen für den Bedarf der stofflichen Verwertung im Bereich des Bauens, des Möbelbaus und der Papierherstellung in Europa vorhanden sind.

2.1.4 Waldschutz in der Entwicklungshilfe

Es gibt ein Entwicklungshilfeprogramm, welches indigene Völker unterstützen und ihren Wald schützen soll. Es wird als „Reducing Emissions from Deforestation and Forest Degradation and the Role of Conservation, Sustainable Management of Forests and Enhancement of Forest Carbon Stocks in Developing Countries (REDD+)" bezeichnet. Das Konzept geht auf die United Nations Framework Convention on Climate Change (UNFCCC) zurück und besteht seit dem Jahr 2005. Dabei geht es um den Erhalt der tropischen Regenwälder als Kohlenstoffspeicher und um die Bekämpfung der globalen Klimaerwärmung. Die Regenwaldfläche schrumpft kontinuierlich, was schädlich für das Weltklima ist. Der Gedanke ist, Naturschutz und nachhaltige Waldwirtschaft zu monetarisieren und damit indigenen Völkern einen wirtschaftlichen Vorteil für den Erhalt der Regenwälder zu verschaffen. Eine zentrale Frage ist, in welcher Höhe und in welcher Form die Bepreisung des durch die Wälder fixierten Kohlenstoffdioxids erfolgen kann. In einer Veröffentlichung der UN ist eine Preisspanne von 1 bis 100 Dollar pro Tonne Kohlenstoffdioxid genannt (United Nations Environment Programme 2023). Deutschland beteiligt sich an dem internationalen Programm im Rahmen von Projektförderungen. Das Entwicklungsministerium unterstützte bis 2019 über 240 Initiativen in mehr als 30 Ländern mit mehr als 1,4 Mrd. €. Die Evaluation des Förderprogramms war positiv (Reinecke et al. 2020). Deutschland sei sehr aktiv, unterstütze sowohl Projekte als auch die Entwicklung des Rahmenprogramms. Die Projektergebnisse hätten eine positive Wirkung, allerdings wurden die Gründe für die rasante Entwaldung weder erschlossen noch der Fortschritt der Entwaldung aufgehalten. Die Bemühungen um den Schutz der Regenwälder müssen deutlich intensiviert und verstetigt werden. In diesem Kontext wurde auch die Projektförderung im Gegensatz zu langfristigen Kooperationsmodellen kritisiert. Weiterhin wird kritisiert, dass der Diskurs um REDD+ die Politik und Bevölkerung in Deutschland kaum erreicht. Das ist schlecht für das Verständnis, die Befürwortung und zuletzt auch für die fortlaufende Mittelakquise.

2.2 Nachhaltige Holzwirtschaft

2.2.1 Kaskadennutzung

Den FSC- und PEFC-Zertifikaten entsprechend ist die Herkunft von Holz aus nachhaltig bewirtschafteten Wäldern entscheidend für nachhaltige Holzprodukte. Sowohl die FSC- als auch die PEFC-Zertifizierung sieht eine Zertifizierung der Lieferkette vor. Dabei wird sichergestellt, dass ausschließlich zertifiziertes Holz Verwendung findet. Die Holzverarbeitung besteht aus industriellen Prozessen, die ökologisch, ökonomisch und sozial optimierbar sind. Ökologisch vorteilhaft sind langlebige Holzprodukte und ökonomisch sinnvoll ist die hochwertige Nutzung. Nachhaltige Holzwirtschaft bedeutet, möglichst viel stofflich nutzbares Holz bereitzustellen, ohne zu große Mengen an Abfall zu generieren. Auch Holz geringerer Qualität ist stofflich nutzbar. Neben dem Bauen führen Möbelbau und Papierindustrie ebenfalls zu einer stofflichen Verwertung. Zugleich sollte Holz möglichst wenig eingeschnitten werden. Die gewonnenen Bretter sollten normgerecht, aber möglichst groß sein. Sägespäne sind nutzbar, doch Holz sollte nur wenig zerkleinert werden. Bei der Holznutzung soll das Prinzip der Kaskadennutzung greifen (Abb. 2.6). „Kaskadennutzung ist die effiziente Nutzung von Rohstoffen durch Nutzung von Rest- und Recyclingmaterial zur Erweiterung der verfügbaren Biomasse zur stofflichen Nutzung in einem gegebenen System.“ (Vis et al. 2016). In Anlehnung an Prinzipien der Kreislaufwirtschaft festigte sich in der Holzwirtschaft der Begriff der Biomassekaskade (Fehrenbach et al. 2017; Mantau 2024).

Als nachhaltig gilt die Verwendung von Rund- und Schnittholz in langlebigen Anwendungen sowie die Verwendung sämtlicher Bestandteile des Rohstoffs. Damit sind

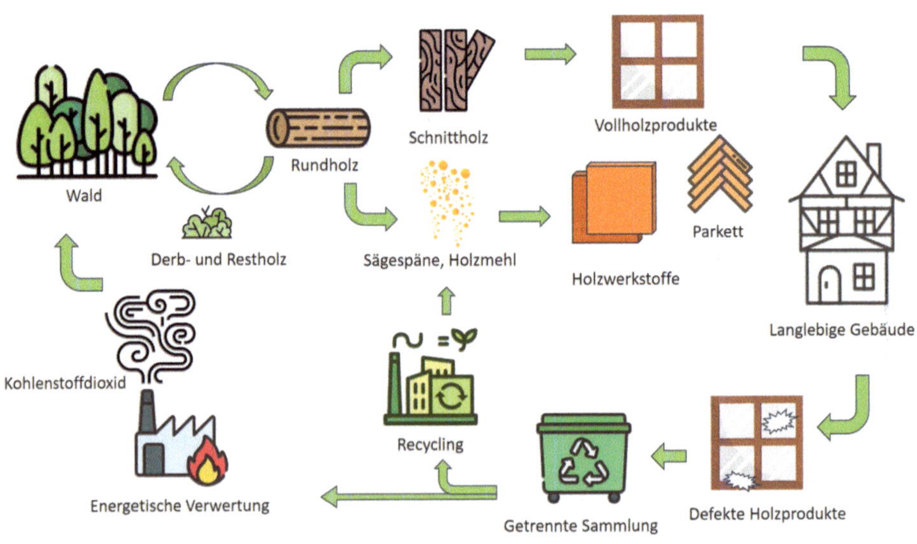

Abb. 2.6 Kaskadennutzung und Kreislaufwirtschaft im Wald- und Holzbau. Eigene Darstellung

Derbholz und Restholz gemeint. Derbholz bezeichnet Holz mit einem Durchmesser kleiner als sieben Zentimeter, wobei nicht kleine Bäume gemeint sind. Es handelt sich um Astwerk und Baumspitzen. Während der Holzverarbeitung kommen Industrierestholz und weitere Koppelprodukte hinzu. Holzspäne und Holzmehl finden bei der Herstellung von Holzwerkstoffen Einsatz. Zuletzt fließt auch Altholz in die Betrachtung ein. Holz soll so lange wie möglich verwendet und so oft wie möglich recycelt werden. Den Statistiken zufolge sind 18 % der 14 Mio. m^3 Rohstoffe der Holzwerkstoffindustrie Altholz (FNR 2024). Das Produkt sind Spanplatten. Zuletzt kann Altholz energetisch verwertet werden.

2.2.2 Nachhaltigkeitsnormen

Neben diesen Zertifizierungsschemata für die Forst- und Holzwirtschaft gibt es allgemeine betriebswirtschaftliche Managementnormen, welche auch von holzverarbeitenden Unternehmen angewendet werden. Zu nennen sind die Qualitätssicherung nach DIN EN ISO 9001, das Umweltmanagement nach DIN EN ISO 14001, das Energiemanagement nach DIN EN ISO 50001 sowie gesellschaftliche Verantwortung nach DIN EN ISO 26000.

- DIN EN ISO 9001:2015-11 Qualitätsmanagementsysteme – Anforderungen
- DIN EN ISO 14001:2015-11 Umweltmanagementsysteme – Anforderungen mit Anleitung zur Anwendung
- DIN EN ISO 26000:2021-04 Leitfaden zur gesellschaftlichen Verantwortung
- DIN EN ISO 50001:2018-12 Energiemanagementsysteme – Anforderungen mit Anleitung zur Anwendung

Zusammen mit der ökonomischen Bilanz ist die Triple-Bottom-Line der Nachhaltigkeit betriebswirtschaftlich abgebildet und durch Audits und Zertifikate ebenso gesichert wie die Qualität. Als neue Anforderungen kommen das Energiemanagement und die Verantwortung für das Klima hinzu. Auch holzwirtschaftliche Betriebe sollen bis zum Jahr 2050 Klimaneutralität erreichen und werden ihre Prozesse auf erneuerbare Energien umstellen, was entweder eine Elektrifizierung bedeutet oder zu einem Rückgriff auf Energieholz veranlasst.

Das Einhalten der Umweltmanagementnorm kann ergänzend durch ein Audit geprüft und zertifiziert werden. Das ist die EMAS-Zertifizierung. EMAS steht für Eco-Management and Audit Scheme (Umweltmanagement und Umweltbetriebsprüfung). Diese Zertifizierung zielt auf ökologische Aspekte der Betriebsführung. Es handelt sich um ein System, welches zum Ziel hat, umweltschädliche Auswirkungen eines Unternehmens zu minimieren und Ressourcen zu sichern. Dem Schema liegt die europäische Verordnung (EG) Nr. 1221/2009 über die freiwillige Teilnahme von Organisationen an einem Gemeinschaftssystem für Umweltmanagement und Umweltbetriebsprüfung zugrunde. Neben der obligatorischen Einhaltung der DIN EN ISO 14001 folgt eine jährliche Berichterstattung und die Möglichkeit, mit dem EMAS-Logo zu werben.

2.2.3 Nachhaltigkeitsberichterstattung

Große börsennotierte Unternehmen sind zur Nachhaltigkeitsberichterstattung verpflichtet. Die Grundlage ist die Richtlinie (EU) 2022/2464 hinsichtlich der Nachhaltigkeitsberichterstattung von Unternehmen (europäische Corporate Sustainability Reporting Directive, CSRD). Als groß gelten Unternehmen, welche zwei von drei der folgenden Kriterien überschreiten:

- Bilanzsumme: 25.000.000 €
- Nettoumsatzerlöse: 50.000.000 €
- durchschnittliche Zahl der Beschäftigten: 250

Kleineren Unternehmen steht es frei, das Managementinstrument zu nutzen, um das eigene Unternehmen auf Nachhaltigkeit zu prüfen und Kunden und Stakeholder über die Ergebnisse mittels Berichts zu informieren.

Wie ein Nachhaltigkeitsbericht in der Praxis aussehen könnte, beschreibt das Institut für ökologische Wirtschaftsforschung in einem Leitfaden für große Unternehmen (Gebauer et al. 2018a) und einem zweiten Leitfaden für kleine und mittelständische Unternehmen (Gebauer et al. 2018b). Auch hier ist die Triple-Bottom-Line der Nachhaltigkeit strukturgebend. Die Berichterstattung gliedert sich in sieben Kapitel.

1. Unternehmensprofil

Zunächst werden die Rahmenbedingungen beschrieben, unter denen das Unternehmen wirtschaftet. Das ist eine Beschreibung von Umsatz, Gewinn, Mitarbeitern und Standorten sowie Geschäftsbereichen und Eigentumsverhältnissen.

2. Werte, Visionen, Strategie

An das Unternehmensprofil schließt sich eine Beschreibung an, wohin sich das Unternehmen entwickeln möchte und welche Partnerschaften dazu gepflegt werden.

3. Mitarbeiter und Beschäftigung

In der sozialen Dimension geht es um die Beschäftigten, Entgelt, Arbeitszeiten, Weiterbildung, Arbeitnehmerrechte, Chancengleichheit, Arbeitssicherheit und Gesundheitsschutz.

4. Ökologische Verantwortung

Energie und Klima, Emissionen und Lärm, Rohstoffe und Materialeinsatz sowie Abfall, Wasser und Logistik sind die wesentlichen Themenfelder der ökologischen Beurteilung.

5. Produktverantwortung

In diesem Bereich geht es verbraucherorientiert um den sozialen und ökologischen Nutzen und eventuelle Risiken, welche die Produkte und Dienstleistungen eines Unternehmens bieten. Übertragen auf das Holz wäre es beispielsweise die Frage, welche Holz- und Holzproduktqualitäten bereitgestellt werden.

6. Lieferkettenmanagement

Schließlich wird Auskunft über die Qualitätssicherung entlang der Lieferkette gegeben. In der Holzwirtschaft wäre das gegebenenfalls die Einhaltung der FSC- und PFSC-Kriterien.

7. Gesellschaftliches Umfeld

Zuletzt schließt eine Stakeholderanalyse den Bericht ab.

Berichte werden veröffentlicht und sind ein Aushängeschild eines Unternehmens. Auf dieser Grundlage beurteilen mögliche Geschäftspartner das Unternehmen und entscheiden über die Zusammenarbeit. Zugleich sind die Vorgaben der Berichterstattung ein Maßstab, an dem sich die unternehmerische Praxis misst. Finden die Fragen der Nachhaltigkeit im Unternehmen ausreichend Berücksichtigung? Ergeben sich dadurch Geschäftschancen oder führen Versäumnisse zu Risiken? Diese Fragen und Antworten sind Gegenstand der Berichte.

2.3 Nachhaltige Bauprodukte

2.3.1 Bauprodukteverordnung

Die Europäische Bauprodukteverordnung (EU) 2024/3110 regelt das Inverkehrbringen von Bauprodukten auf dem europäischen Binnenmarkt. Dazu sieht das Gesetz drei Stufen der Konkretisierung vor. Erstens Mandate für die Normung von Produkten und Eigenschaften, zweitens harmonisierte Spezifikation für Produkte und drittens Leistungserklärungen der Hersteller. Mandate sind Aufforderungen der Europäischen Kommission an die europäischen Normungsgremien, ein Normierungsvorhaben aufzunehmen. Harmonisierte Spezifikationen sind Normen, welche neben einer Produktdefinition verbindlich anzuwendende Prüfmethoden für die Qualität des Produkts beinhalten. Sie regeln auch, in welchen zeitlichen Abständen diese Prüfungen qualitätssichernd durchzuführen sind. Eine konkretisierende Norm gilt für sämtliche Hersteller eines bestimmten Produkts. Jeder einzelne Hersteller muss für jedes seiner vermarkteten Produkte eine Leistungserklärung erstellen und normkonform Prüfergebnisse kommunizieren. Da dabei keine individuellen Zahlenwerte genannt werden sollen, gibt es für jede Eigenschaft ein System von Stufen und Klassen. Das erleichtert den Vergleich unterschiedlicher Produkte und die Einordnung der Ergebnisse. Bauherren und Architekten vergleichen Produkte, um ein Bauwerk nach ihren Ansprüchen zu gestalten. Weiterhin ist der Abgleich mit den Anforderungen der Landesbauordnungen notwendig. Hintergrund dieser Produktüberwachung ist die Sicherheit und Eignung von Brauprodukten.

Die Verordnung (EU) 2024/3110 wurde im Jahr 2024 novelliert und tritt am 8. Januar 2026 in Kraft. Im Zuge der Novellierung wurden Sicherheitsaspekte nachgeschärft, der Nachhaltigkeitsgedanke gestärkt und ein digitaler Produktpass eingeführt. Der Klimaschutz hielt auf der Ebene des Gesetzes Einzug, denn der politische Wunsch nach klimafreundlichen Gebäuden ist nachdrücklich. So wird nun sukzessive eine vollständige Ökobilanz für jedes Produkt gefordert. Das stützt nicht nur den klimafreundlichen Holzbau, sondern auch das zirkuläre Bauen. Gebäude sollen ressourcenschonend errichtet und ressourceneffizient betrieben werden können. In Anhang I, Nr. 8 der Verordnung wird Nachhaltigkeit wie folgt beschrieben.

> „*Nachhaltige Nutzung der natürlichen Ressourcen von Bauwerken*
>
> *Das Bauwerk und alle Teile davon müssen derart entworfen, errichtet, genutzt, gewartet und rückgebaut oder abgerissen werden, dass während ihres gesamten Lebenszyklus die natürlichen Ressourcen nachhaltig genutzt werden und insbesondere Folgendes sichergestellt ist:*
>
> a) *Maximierung der ressourcenschonenden Nutzung von Rohstoffen und Sekundärrohstoffen mit hoher ökologischer Nachhaltigkeit,*
> b) *Minimierung der Gesamtmenge der verwendeten Rohstoffe,*
> c) *Minimierung der Gesamtmenge der grauen Energie,*
> d) *Minimierung des Abfallaufkommens,*
> e) *Minimierung des Gesamtverbrauchs von Trink- und Gebrauchswasser,*
> f) *Maximierung der Wiederverwendbarkeit oder Recyclingfähigkeit des gesamten Bauwerks oder von Teilen davon sowie von deren Werkstoffen nach dem Rückbau oder Abriss,*
> g) *leichte Rückbaubarkeit.*“

Diese Forderung nach Nachhaltigkeit spricht stark für den Holzbau. Nachhaltig und regional gewonnenes Holz ist ressourcenschonend, die Masse an Baumaterial bleibt aufgrund der geringen Dichte von Holz gering. Graue Energie wird reduziert. Weiterhin sind Holzgebäude oft leicht rückbaubar, und rückgebautes Holz eignet sich zur Wiederverwendung oder zur ressourcensichernden Verwertung gemäß Altholzverordnung.

Die normative Ausgestaltung der Produkteigenschaften der Wiederverwendbarkeit, Recyclingfähigkeit, Dauerhaftigkeit und des Einsatzes von Sekundärrohstoffen fördert das Recycling. Auf dieser Grundlage können Hersteller per Leistungserklärung die entsprechenden Eigenschaften kommunizieren. Bezogen auf den Holzbau eröffnen sich Möglichkeiten, produktspezifische Recyclingsysteme zu benennen, Dauerhaftigkeit als Dauerhaftigkeitsklassen nach EN 350 auszuweisen und Behandlungen des Holzes zu benennen. Schließlich könnten wiederverwendete Produkte als solche ausgewiesen werden.

Diese recht umfangreiche neue Normungsaufgabe erfüllt der CEN TC 350/SC1. Der Wunsch nach Normen für das Recycling von Bauprodukten ist groß.

Die Stellschrauben liegen nach der Gesetzesnovelle in der Normung und teilweise bei der EU-Kommission, welche Normungsaufträge erteilen muss. Die vorhandenen Produktnormen gilt es hinsichtlich der neuen Nachhaltigkeitsziele zu ergänzen, wozu auch neue Prüf- und Klassifizierungsstandards gehören. Unabhängig davon werden die Hersteller die Produkte hinsichtlich der neuerdings geforderten Eigenschaften optimieren. Die Vorteile des Werkstoffs Holz stechen bei dieser neuen und ergänzenden Produktbewertung stärker hervor.

2.3.2 Nachhaltigkeitsstandards des CEN TC 350

Für den europäischen Binnenmarkt werden die Anforderungen an die Nachhaltigkeit von Bauprodukten und Gebäuden in einem europäischen Normungsgremium zusammengefasst und harmonisiert. Die Normen umfassen Nachhaltigkeitsregeln für Produkte, auf deren Grundlage die Umweltproduktdeklaration (EPD) erfolgt. Die Normen des CEN TC 350 sind:

- EN 15804:2012+A2:2019: Nachhaltigkeit von Bauwerken – Umweltproduktdeklarationen – Grundregeln für die Produktkategorie Bauprodukte
- EN 15942:2021 Nachhaltigkeit von Bauwerken – Umweltproduktdeklarationen – Kommunikationsformate zwischen Unternehmen
- CEN/TR 16970:2016 Nachhaltiges Bauen – Leitfaden für die Anwendung von EN 15804
- EN 17672:2022 Nachhaltigkeit von Bauwerken – Umweltproduktdeklarationen – Horizontale Regeln für die Kommunikation von Unternehmen an Verbraucher
- EN ISO 22057:2022 Nachhaltigkeit von Gebäuden und Ingenieurbauwerken – Datenvorlagen für die Verwendung von Umweltproduktdeklarationen (EPDs) für Bauprodukte in der Bauwerksinformationsmodellierung (BIM).

Weitere Normen regeln das nachhaltige Gebäude. Zu nennen sind

- EN 15643:2021 Nachhaltigkeit von Bauwerken – Allgemeine Rahmenbedingungen zur Bewertung von Gebäuden und Ingenieurbauwerken,
- EN 15978:2011 Nachhaltigkeit von Bauwerken – Bewertung der umweltbezogenen Qualität von Gebäuden – Berechnungsmethode,
- EN 16309:2014+A1:2014 Nachhaltigkeit von Bauwerken – Bewertung der sozialen Qualität von Gebäuden – Berechnungsmethoden,
- EN 16627:2015 Nachhaltigkeit von Bauwerken – Bewertung der ökonomischen Qualität von Gebäuden – Berechnungsmethoden,

- CEN/TR 17005:2016 Nachhaltigkeit von Bauwerken – Hintergrundinformationen zu möglichen, zusätzlichen Wirkungskategorien und Indikatoren für die Erfassung der umweltbezogenen Qualität von Gebäuden,
- EN 17472:2022 Nachhaltigkeit von Bauwerken – Nachhaltigkeitsbewertung von Ingenieurbauwerken – Rechenverfahren und
- EN 15941:2024 Nachhaltigkeit von Bauwerken – Datenqualität für die Erfassung der Umweltqualität von Produkten und Bauwerken – Auswahl und Anwendung von Daten.

Und schließlich gibt es eine Norm für das nachhaltige Sanieren:

- EN 17680:2023 Nachhaltigkeit von Bauwerken – Bewertung des Potenzials zur nachhaltigen Modernisierung von Gebäuden

Es ist bemerkenswert, dass es trotz der hohen Praxisrelevanz nur wenige Normen für Reparaturen, Sanierungen und Modernisierungen gibt. Der Umstand zeigt, dass sich Sanierungsaufgaben oft einer Standardisierung entziehen.

Es gibt einen thematischen Einstieg in die Konzepte der Circular Economy. Die Normung auf europäischer Ebene hebt derzeit das Potenzial auf dem Gebiet des zirkulären Bauens. Dazu befinden sich mehrere neue Normen in Bearbeitung, welche in die Nachhaltigkeitsbewertung von Bauprodukten und Gebäuden einfließen sollen. Zu nennen sind die Normenprojekte:

- prEN 18177: Kreislaufwirtschaft (Circular Economy) im Bausektor – Allgemeine Rahmenbedingungen, Grundsätze und Definitionen,
- (00350050) Circular Economy in the Construction Sector – Communication of circular related information – Horizontal requirements in built environment digital building passports/logbooks,
- (00350047) Circular Economy in the Construction Sector – Circularity assessment – Indicators and methods for construction works, components of construction and construction products,
- (00350044): Circular Economy in the Construction Sector – Communication of circular related information – Horizontal requirements for digital passports for construction products,
- (00350043): Circular Economy in the Construction Sector – Horizontal requirements for reuse of construction products,
- (00350049): Circular Economy in the Construction Sector – Guidance for the implementation of circular design of construction products and construction works und
- (00350048): Circular Economy in the Construction Sector – Horizontal requirements for circular design of construction works and construction products.

Auch diese Normen sind nicht auf den Holzbau spezialisiert, schließen den Holzbau aber ein. Das Bauen mit rezyklierten Baustoffen verbessert die Ökobilanz von Gebäuden, da Gutschriften hinsichtlich des Global Warming Potentials angesetzt werden. Neuwertiges Schnittholz hat bereits ein negatives GWP, sodass Holz ein derart umweltfreundlicher Baustoff ist, dass das Recycling einen vergleichsweise kleinen Zusatznutzen bietet.

Die so genannte „Environmental Product Declaration (EPD)“ ist eine Erklärung der Hersteller, inwiefern Nachhaltigkeitsaspekte beim Produktdesign berücksichtigt wurden. Mit der novellierten Bauproduktenverordnung sind die Informationen der EPD sukzessive verpflichtend bereitzustellen. Das Vorgehen bei der Erstellung einer EPD ist konform mit den bautechnischen Normen EN 15804:2012 und EN 15643:2021. Eine EPD umfasst neben der Umweltwirkung auch soziale und ökonomische Aspekte. Das Herzstück der Erklärung ist eine umfassende Ökobilanz. Die vorhandenen EPD werden in der Datenbank „Ökobaudat“ veröffentlicht (Informationsportal nachhaltiges Bauen, 2024, www.oekobaudat.de). Diese Grunddaten erlauben eine Gebäudeökobilanz als Summe aller Produktbilanzen. Das Institut für Bauen und Umwelt e. V. (IBU e. V., 2024, www.ibu-epd.com) dient als Anlaufstelle für Bauprodukthersteller, die einen hohen Grad an Nachhaltigkeit anstreben und per EPD kommunizieren wollen. Ergänzend gibt es das ökologische Baustoffinformationssystem (BMWSB, 2024, www.wecobis.de) Als Informationssystem bietet „wecobis“ umfassende herstellerneutrale Informationen entlang des Lebenszykluses vom Rohstoff bis zur Entsorgung. Es ist eine Planungshilfe bei der ökologischen Baustoffwahl und für Ausschreibende. Zwar wird dort die Klimafreundlichkeit des Werkstoffs Holz benannt, doch wird vor Schadstoffen aus Holzschutzmitteln und Leimen gewarnt. Holz wird von dieser Stelle nur eingeschränkt empfohlen. Empfehlenswert sei unbehandeltes Vollholz.

2.3.3 Gütesiegel und Beschaffungsleitlinien

Besser als eine Kaufentscheidung für Holz ist eine Entscheidung für Holz aus nachhaltigen und FSC- und PEFC-zertifizierten Quellen. In diese Richtung argumentieren die Leitlinien der öffentlichen Beschaffung. Zuerst zu nennen ist der „Erlass zur Beschaffung von Holzprodukten (2017)“ sowie die „Leitlinien zum Erlass zur Beschaffung von Holzprodukten (2010)“ für die Beschaffungsstellen des Bundes. FSC- oder PEFC-Zertifikate belegen die nachhaltige Waldwirtschaft. Weiterhin gibt es eine Aufgliederung von Leitfäden für bestimmte Produktgruppen. So besteht der „Leitfaden zur umweltfreundlichen Beschaffung – Emissionsarme Möbel und Lattenroste aus Holz und Holzwerkstoffen (DE UZ 38)“ (Blauer Engel, das Umweltzeichen 2022). Der Blaue Engel steht demnach für Holz aus nachhaltigen und FSC-zertifizierten Quellen, schadstofffreie Beschichtungen und Behandlungen und für emissionsarme Holzwerkstoffe im Bereich der Möbel. Der „Leitfaden zur umweltfreundlichen öffentlichen Beschaffung von Bodenbelägen, Paneelen und Türen aus Holz und Holzwerkstoffen für Innenräume (DE UZ 176)“ richtet sich an den Bereich des Bauens und Sanierens (Blauer Engel, das Umweltzeichen 2013). Hier steht der Blaue Engel für FSC- und PEFC-zertifizierte und zudem schadstofffreie Hölzer. Um einen Wettbewerbsvorteil von FSC- vor PEFC-zertifiziertem Holz zu generieren, veröffentlichte FSC den Leitfaden „Gutes Holz – Leitfaden für eine verantwortungsvolle Beschaffung“ (Müller et al. 2009). Das FSC spricht sich ausdrücklich gegen die Verwendung von Tropenholz aus. Regionale Quellen seien zu bevorzugen. In diese Richtung argumentiert auch die „Holz von hier“-Initiative. Neben Holzerzeugnissen tragen Papierprodukte das FSC-Siegel. Zugleich macht die Fachagentur für nachwachsende Rohstoffe Werbung für ebendiese Produkte und schließt die Lücke zum Bauen mit Holz durch Broschüren. Zu nennen sind die Broschüren über das Ausbauen und Gestalten mit Holz (Benitz-Wildenburg et al. 2023), Altbausanierung (Kolb 2024), Baustoffe (Weinisch et al. 2023), Dämmstoffe (Kaiser et al. 2024) und Holzemissionen (Al Samarraie et al. 2021) über den Leitfaden für die öffentliche Vergabe (Faßnacht et al. 2024) bis hin zu den Ergebnissen des Bundeswettbewerbs Holzbau (Kaden et al. 2023). Die Liste ist nicht vollständig.

Ein weiteres Label für ökologische Baustoffe bietet „Nature plus“. Unter den zertifizierten Produkten sind diverse Holzprodukte wie Dämmstoffe, Holz und Holzwerkstoffe, Holzwolleplatten, Holzspanbeton-Mantelsteine, Holztüren, Abdichtungen aus nachwachsenden Rohstoffen sowie vorgefertigte Bauelemente in Holzbauweise (Buschmann und Bauer 2023). Die Produkte sind gebrauchstauglich, schadstofffrei und umweltfreundlich, auch dann, wenn sie zu Abfall werden. Das Ziel des Produktsiegels ist es, die Gebrauchstauglichkeit für Baustoffe aus nachwachsenden Rohstoffen durch eine unabhängige dritte Stelle zu bestätigen. Die Produkte sollen ökologisch und zugleich uneingeschränkt funktional sein. Dieses Spannungsfeld beschäftigt die Köpfe hinter dem Produktsiegel „Nature plus“. Damit hat „Nature plus“ eine große Schnittmenge mit der Produktinitiative und Datenbank der Fachagentur für nachwachsende Rohstoffe (Produktdatenbank Dämmstoffe der FNR).

2.4 Nachhaltige Gebäude

2.4.1 Bewertungssystem für nachhaltiges Bauen (BNB)

Die Bundesverwaltung ist ein wichtiger Bauträger und Vorreiter mit Blick auf die Nachhaltigkeit. Maßgebend für ihre Bautätigkeiten ist der Leitfaden „Nachhaltiges Bauen – Zukunftsfähiges Planen, Bauen und Betreiben von Gebäuden“ (BBSR 2019). Es geht um die Beurteilung eines Gebäudes nach dem Bewertungssystem für nachhaltiges Bauen (BNB) (BBSR 2025). Das Ergebnis sind plakative Gold-, Silber- und Bronzesiegel. Der Bewertungsmaßstab teilt sich auf in ökologische Qualität, ökonomische Qualität, soziokulturelle und funktionale Qualität sowie technische Qualität, welche jeweils zu 22,5 % in die Bewertung einfließen. Die restlichen zehn Prozent entfallen auf die Prozessqualität. Der Maßstab ist ein Bewertungsinstrument für Vergabestellen sowie auch eine allgemeine Planungshilfe. Das Bewertungstool ist im Rahmen einer Kooperation zwischen dem Bundesinstitut für Bau-, Stadt- und Raumforschung (BBSR) und der Deutschen Gesellschaft für Nachhaltiges Bauen e. V. (DGNB) entstanden. Seither wird es fortentwickelt. Grundsätzlich ist das Bewertungsschema für alle Gebäude anwendbar. Trotzdem gibt es dem Bedarf der öffentlichen Hand entsprechend Konkretisierungen für Laborgebäude,

Unterrichtsgebäude, Büro- und Verwaltungsgebäude sowie Außenanlagen. Die seit 2009 zertifizierten Gebäude sind auf der Internetseite der Initiative einsehbar. Holzgebäude oder Gebäude mit hohen Holzanteilen erreichten folgende Bewertungen.

- Die Kita Wildblume in Garz auf Rügen wurde 2014 fertiggestellt und erreichte das Gütesiegel in Gold. Es handelt sich um ein eingeschossiges Gebäude aus Holz und Lehm.
- Haus 2019 – Neubau eines Bürogebäudes für das Umweltbundesamt stammt aus dem Jahr 2013 und erreichte das Gütesiegel in Gold. An der Fassade und im Gebäude wurde viel Holz verbaut. Es handelt sich allerdings nicht um ein Holzgebäude.
- Das Finanzamt Garmisch-Partenkirchen wurde 2011 fertiggestellt und erreichte das Gütesiegel in Silber. Es handelt sich um ein Gebäude in Holz-Massiv-Bauweise und es ist eines der größten dieser Art in Bayern.
- Der Neubau des Studierendenzentrums Osnabrück aus dem Jahr 2021 erreichte das Gütesiegel in Silber. Für die Gebäudefassade wurde Lärchenholz verwendet.
- Das Nationalparkzentrum Ruhestein besteht seit 2020 und erreichte das Gütesiegel in Silber. Es wurden 1500 m^3 Holz aus einheimischen Wäldern verbaut.

Der Baustoff Holz führt oft zu einer guten Bewertung der ökologischen Qualität. Das Global Warming Potential der Gestehung von Holzgebäuden ist gering. Die Biodiversitätsparameter sind groß. Das Ergebnis sind gute Ökobilanzen. Bei der Bewertung gemäß BNB handelt es sich nicht um einen Maßstab, welcher den Holzbau explizit fördert, doch kann der Einsatz von Holz zu einer guten Gebäudebewertung beitragen. Etwas nachteilig für den Holzbau ist, dass die ganzheitliche Nachhaltigkeit des Gebäudes bewertet wird. Würde mit einem Schwerpunkt für den Klimaschutz das GWP eines Gebäudes stärker gewichtet, würden Holzgebäude noch besser abschneiden, als es jetzt schon der Fall ist. Derzeit lenkt das Bewertungsschema nicht vordergründig in Richtung Holzbau.

2.4.2 Bewertung der Deutschen Gesellschaft für nachhaltiges Bauen

Die Deutsche Gesellschaft für nachhaltiges Bauen (DGNB) geht nach einem ähnlichen Zertifizierungsstandard vor wie das BNB. Sie nutzt die Position als eingetragener Verein, um das gemeinsame Schema fortzuentwickeln und an unterschiedliche Bedarfe anzupassen. Das Schema umfasst den nachhaltigen Neubau (DGNB 2024a) und das nachhaltige Sanieren (DGNB 2024b). Das Augenmerk der DGNB liegt auf dem nachhaltigen Gebäude außerhalb des Handlungsfeldes der Verwaltung. Neben der Zertifizierungsstelle gibt es die DGNB-Akademie, wo nachhaltiges Bauen gelehrt wird und Erfahrungen ausgetauscht werden. Weiterhin tritt die DGNB als Stakeholder im politischen Diskurs rund um das Bauen auf und nimmt Stellung zu unterschiedlichen Themen der Baupolitik. Es gibt Leitfäden für Bildungsbauten, Büro- und Verwaltungsgebäude, Geschäftshäuser, Gesundheitsbauten, Hotels, Logistikgebäude, Gebäude mit Mischnutzung, Produktionsstätten, Shoppingcenter, Verbrauchermärkte, Versammlungsstätten und Wohngebäude mit mehr als fünf Wohneinheiten. DGNB gewichtet die Nachhaltigkeitskategorien anders als BNB. Die ökologische, ökonomische und soziokulturelle Qualität fließen zu je 25 % in die Bewertung ein, die technische Qualität macht zehn Prozent aus, ebenso die Prozessqualität, während auf die Standortqualität fünf Prozent entfallen. Die DGNB zertifizierte bereits Holzgebäude. Die Beispiele sind auf den Internetseiten der DGNB einsehbar.

- Ein Mehrfamilienhaus in Massivholz-Bauweise wurde 2020 in Berlin fertiggestellt und erreichte den DGNB-Platin-Standard. Der Erfüllungsgrad lag bei 82,2 %, im Bereich der ökologischen Qualität erreichte es 96,7 % der möglichen Punkte. Das Projekt wurde von mbpk Architekten, Freiburg, im Auftrag der Eisenbahn-Siedlungs-Gesellschaft Berlin mbH, Berlin, durchgeführt.
- Der Netto-Markt Regis-Breitingen in Holzbauweise aus dem Jahr 2021 erreichte das DGNB-Gold-Zertifikat. Es lag ein Gesamterfüllungsgrad von 73,2 % vor, im Bereich der Ökologie waren es 90,8 %. Die Architekten waren Keintzel Architekten, Berlin, und der Bauherr war die 3. BEMA Grundstücksverwaltungs GmbH, Hamburg.
- Das Wohnquartier mit 38 Wohnungen mit dem Namen „Holzhygge" in Fürth erreichte den Gold-Standard mit einem Erfüllungsgrad von 89,7 % in der ökologischen Kategorie. Es wurde FSC-zertifiziertes Holz verwendet und der KfW-Effizienzstandard 55 erreicht. Der Architekt war die ESW Bauplanung GmbH, Nürnberg, im Auftrag des Bauherren Evangelisches Siedlungswerk in Bayern GmbH, Nürnberg.

Die Zertifizierung durch die DGNB hebt die Vorzüge der Holzgebäude hervor. Es müssten mehr Holzgebäude oder Sanierungsprojekte eine Bewertung durch die DGNB erfahren, um die ökologischen Vorteile des Holzbaus zu belegen. Für viele Gebäudearten fehlen die Referenzen, welche für den Holzbau sprechen.

Vergleichsweise neue und aktuelle Arbeitsgebiete der Nachhaltigkeit sind kreislaufgerechtes Bauen und Biodiversität. Kreislaufgerechtes Bauen setzt auf dauerhafte, langlebige, wiederverwendbare, rückbaubare, reparierbare, ersetzbare, recyclingfähige, wiederverwendete und rezyklierte Baustoffe und Produkte. Auch in diesem Kontext ist Holz vorteilhaft. Es ist langlebig, im Fall eines Schadens ersetzbar, wodurch das Gebäude reparierbar wird. Es ist recyclingfähig und taugt zur Wiederverwendung. Eine schadlose Entsorgung gelingt als letzte Möglichkeit durch energetische Verwertung. Bei Biodiversität geht es um Dach- und Fassadenbegrünung, die im Holzbau möglich, aber nicht zwingend ist. Biodiversität wird erreicht, indem der Bauwirtschaft eine nachhaltige Waldwirtschaft vorausgeht. In diesem Kontext ist es wichtig, nicht nur Holz der Nadelholzarten Fichte und Kiefer zu verwenden, sondern auch Holz der weiteren Bäume des Waldes wie Buche, Eiche und Robinie.

2.4.3 Andere Gebäudezertifizierungssysteme

Das Leadership in Energy and Environmental Design (LEED) ist ein Klassifizierungssystem für ökologisches Bauen, das vom U.S. Green Building Council in den 90er-Jahren entwickelt wurde. Es ist eine weltweit verwendete Nachhaltigkeitszertifizierung und wird in Deutschland seit 2012 durch die German Green Building Association e. V. (GGBA) vertreten. Die Zertifizierung verläuft ähnlich wie die Zertifizierung nach BNB oder DGNB nach einem Punkteschema mit den Klassen „Certified“: 40 bis 49 Punkte, „Silver“: 50 bis 59 Punkte, „Gold“: 60 bis 79 Punkte, „Platinum“: 80 bis 110 Punkte. Die Schwierigkeit bei diesem Schema liegt in der Verwendung amerikanischer Baunormen, welche nicht immer mit deutschen Baunormen kompatibel sind. Das Bewertungssystem Building Research Establishment Environmental Assessment Methodology (BREEAM) stammt aus Großbritannien. Mehr als 250.000 Gebäude sind von BREEAM zertifiziert und über einer Million zur Zertifizierung registriert. Weitere Zertifizierungsschemata für Nachhaltigkeit sind das Comprehensive Assessment System for Built Environment Efficiency (CASBEE) in Japan, GREEN STAR in Australien und das Schema der BEAM Society Ltd. in Hongkong. Diese fünf internationalen Zertifizierungssysteme für das nachhaltige Bauen wurden bereits im Jahr 2011 vergleichend beschrieben (Nguyena und Altan 2011). Zwischenzeitlich hinzugekommen sind das Estidama Pearl Rating System aus Abu Dhabi, das Global Sustainability Assessment System (GSAS) für den Nahen Osten und Nord-Afrika (Awadh 2017) sowie das Green Rating for Integrated Habitat Assessment (GRIHA) in Indien (Florenz 2020). Bewertungsschemata mit geringerer Reichweite sind HQE-Zertifikate der Association pour la Haute Qualité Environnementale (ASSOHQE) in Frankreich sowie Active House, Living Building Challenge, Miljöbyggnad, Nordic Ecolabel und WELL (Zimmermann et al. 2019). Die Zertifizierungsschemata sind dann interessant, wenn der Zielmarkt es verlangt oder wenn ein Benchmarking das Ziel ist. Die Zertifizierungen auf allen Kontinenten belegen, dass sich die Baubranche weltweit um Nachhaltigkeit bemüht. Die Nachhaltigkeitsziele der Vereinten Nationen veranlassen zum Handeln und nehmen zunehmend Gebäude ins Visier.

2.5 Nachhaltige Entsorgung

2.5.1 Gebäudeerhalt

Ambitionierte Experten für Klima und Bauen fordern ein Abrissverbot für sämtliche Gebäude in Deutschland. Es ließen sich Neubauten in erheblichem Umfang einsparen, zumal die Bevölkerungszahl perspektivisch sinken wird (Fuhrhop 2015). Die erforderliche Bausubstanz sei vorhanden und werde gebraucht. Sanierung und Modernisierung seien in jedem Fall möglich und aus ökologischer Sicht vor dem Hintergrund des Ziels der Klimaneutralität geboten. Damit formulieren die Experten überspitzt, was seit Jahren ein beobachtbarer Trend in der Branche ist. Der Bedarf an Sanierung nimmt zu, Neubauten werden weniger nachgefragt. Der Hintergrund ist nicht nur ein wachsendes Bewusstsein für die Ressourcenschonung, sondern auch ein alternder Gebäudebestand. Auf der Grundlage von stärkerem Klimabewusstsein soll nicht nur die denkmalgeschützte Bausubstanz erhalten bleiben, sondern der gesamte Gebäudebestand. Die Rohbauten aus Stahl und Beton sind in der Regel nach Jahrzehnten noch verwendbar und ein Abriss ist aus ökologischer und ökonomischer Sicht nachteilig. Die Schwierigkeit liegt in der Bestandserfassung und der Anpassung von Bauvorhaben an das Vorhandene. Was soll bleiben? Was ist defekt? Was braucht eine Modernisierung? Wo liegen die neuen Bedürfnisse der Nutzer? Die Erfassung des Vorhandenen ist eine besondere Herausforderung, die ausgewiesene Expertise erfordert und der es oftmals an Systematik mangelt. Für den Klimaschutz sollten so viele Gebäude wie möglich erhalten bleiben, sodass sich Bautätigkeit auf Umbau, Sanierung und Modernisierung reduziert. Als leichter Baustoff bietet Holz exzellente Voraussetzungen für das Bauen im Bestand, Aufstockungen und Nachverdichtungen. Dieses Potenzial ist immens und sollte systematisch gehoben werden. Weitere bautechnische Normen können diese Lücke füllen. Derzeit steht noch der Neubau im Mittelpunkt der Ausbildung von Bauingenieuren und Architekten, während Reparaturen als Aufgabe des Handwerks gelten. Dazwischen bleibt eine fachliche Lücke.

In der Schweiz gibt es Normen des Schweizerischen Ingenieurs- und Architektenvereins (SIA) für die Erhaltung von Tragwerken. Für den Holzbau sind folgende relevant (Steiger 2021):

- SIA 269 Grundlagen der Erhaltung von Tragwerken,
- SIA 269/1 Erhaltung von Tragwerken – Einwirkungen,
- SIA 269/3 Erhaltung von Tragwerken – Stahlbau,
- SIA 269/5 Erhaltung von Tragwerken – Holzbau und
- SIA 269/8 Erhaltung von Tragwerken – Erdbeben, Merkblatt SIA Erhaltungswert von Bauwerken.

Die DGNB erkannte diese Lücke und erarbeitete den „Leitfaden für das nachhaltige Sanieren" (DGNB 2024b). Zugleich bleibt die Aufgabe, diese Möglichkeit zu bewerben und vorhandene Bausubstanz vor dem Rückbau zu schützen. Es könnte sein, dass die Normen über das zirkuläre Bauen des CEN TC 350 diese Lücken schließen werden. Das Ziel liegt in der Vermeidung von Rückbauten und Bauabfällen.

2.5.2 Wiederverwendung und Recycling

Die Concular GmbH (Campanella und Schäufele 2025) und die Bauteilbörse Bremen (von Monkiewitsch et al. 2002–heute) entwickelten zunächst Geschäftsmodelle für die Wiederverwendung von Bauprodukten und erkannten den Auditbedarf an Bestandsgebäuden. Inzwischen gibt es die Norm DIN SPEC 91484, welche die Gebäudeerfassung vor Sanierungen oder Rückbauten standardisiert.

- DIN SPEC 91484:2023-09 Verfahren zur Erfassung von Bauprodukten als Grundlage für Bewertungen des Anschlussnutzungspotenzials vor Abbruch- und Renovierungsarbeiten (Pre-Demolition-Audit)

Dabei wird ähnlich wie beim Denkmalschutz vorgegangen. Das Ziel liegt im Gebäude- sowie im Bauteilerhalt. Die Herausforderungen dieses Ziels sind nicht zu unterschätzen, und so fehlt es oftmals an Systematik bei der Bestandserfassung, an Expertise bei der Beurteilung der vorhandenen Bausubstanz und an Kreativität bei der Umgestaltung. Der vorgeschlagene Standard DIN SPEC 91484 füllt diese Lücke und bietet eine wichtige Voraussetzung, um Bauteile für den Sekundärmarkt als verwendbar zu deklarieren. Gerade für die Denkmalsanierung bietet das gute Möglichkeiten, da diverse Baustoffe heute nicht mehr in historischer Form verfügbar sind. Für die Wiederverwendung geeignet sind Produkte, für welche eine harmonisierte Spezifikation als Bauprodukt vorhanden ist. Türen, Fenster und Beschläge sind Beispiele. Weitere Produktbeispiele nennt die Studie „Instrumente zur Wiederverwendung von Bauteilen und hochwertige Verwertung von Baustoffen" (Dechantsreiter et al. 2015), welche im Auftrag des Umweltbundesamtes die hochwertige Form der Altbaustoffverwertung beleuchtet. Die Studie orientiert sich ebenfalls an Produktgruppen, deren Definitionen auch nach heutigem Baurecht Bestand haben. Den aus Rückbauten gewonnenen Bauprodukten fehlt die Leistungserklärung der Hersteller gemäß Bauproduktenverordnung (EU) 2024/3110. Diese Lücke schließen Sachverständige, welche die Wiederverwendbarkeit feststellen und deklarieren. Offen dabei sind die Anforderungen an die Qualifikation der Sachverständigen, an die Qualität der Bauprodukte sowie die Ausweisung der Wiederverwendbarkeit. In vielen Fällen ist jedenfalls Wiederverwendung möglich. Gebrauchtwarenkaufhäuser und -plattformen bieten gebrauchte Holzprodukte an.

Ähnlich verhält es sich mit Bauprodukten aus recyceltem Material. Handelt es sich beispielsweise um Spanplatten, dann bleibt der Umstand, dass rezykliertes Holz eingesetzt wurde, in der Regel unerwähnt. Die Produkte gelten als neue Produkte. Die Erstellung einer Leistungserklärung für die Marktfähigkeit auf dem europäischen Binnenmarkt ist dabei obligatorisch. Vorteilhaft wäre es, wenn Recyclingfähigkeit und Rezyklatanteile ausgewiesen würden. Möglicherweise führen die neuen Normen des CEN TC 350 zur Circular Economy auch dorthin.

2.5.3 Entsorgung gemäß Altholzverordnung

Die Entsorgung von Holz erfolgt in Deutschland gemäß Verordnung über Anforderungen an die Verwertung und Beseitigung von Altholz (Altholzverordnung – AltholzV). Erste Voraussetzung ist, dass Holz getrennt von anderen Abfällen erfasst wird und durch einen eindeutigen Entledigungswillen zu Abfall wird. Das ist in der Regel die Entsorgung auf dem Wertstoffhof. Im Jahr 2022 lag das Altholzaufkommen in bei 1,123 Mio. t. gefährlicher Abfälle und 11,334 Mio. t ungefährlicher Abfälle. In Abb. 2.7 ist der Abfallbilanz

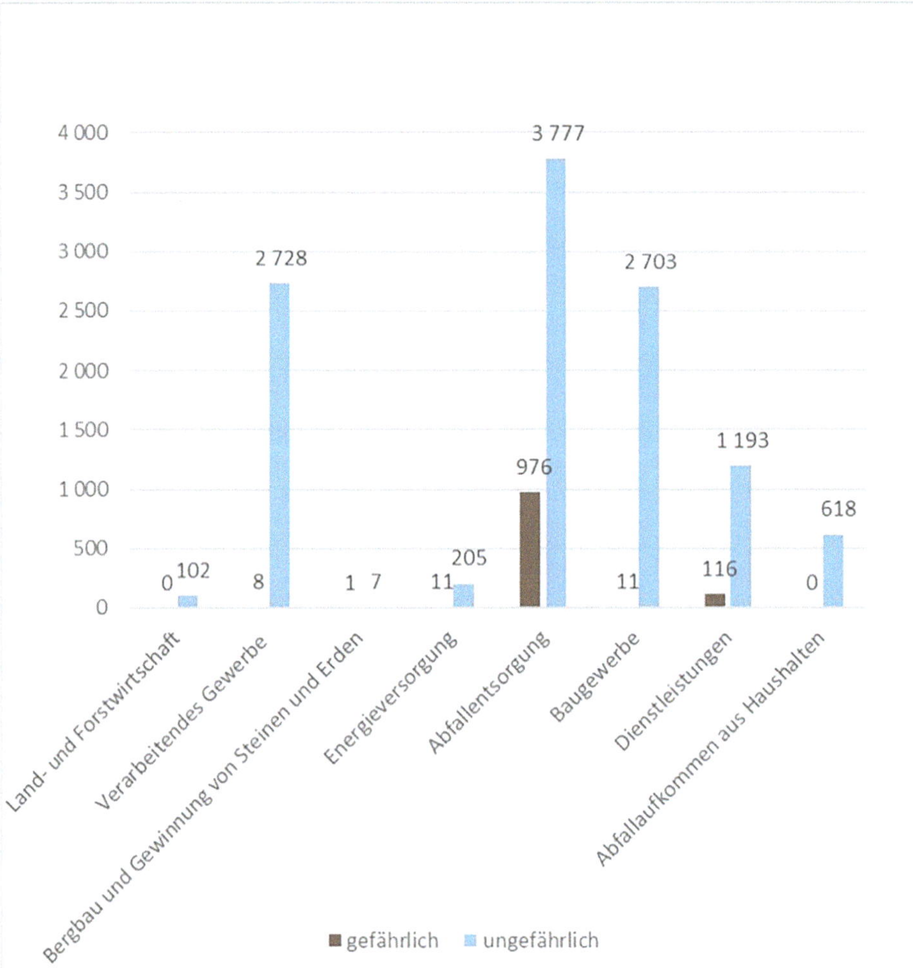

Abb 2.7 Altholzaufkommen nach Wirtschaftszweig im Jahr 2022 in 1000 t (Destatis, Abfallbilanz 2022)

des Statistischen Bundesamtes entsprechend aufgelistet, in welchen Bereichen Holzabfälle im Jahr 2022 entstanden sind. Altholz entsteht vorrangig im verarbeitenden Gewerbe und im Baugewerbe mit jeweils rund 2,7 Mio. t. Weitere Quellen für Altholz sind die privaten Haushalte sowie der Dienstleistungssektor. Sortieranlagen trennen diese Abfälle in gefährliche und ungefährliche Altholzklassen. Das Ergebnis sind 3,7 Mio. t ungefährliches Altholz und 0,9 Mio. t gefährliches Altholz.

Abfallvermeidungsziele könnten nun bei den reinen Abfällen aus dem verarbeitenden Gewerbe ansetzen. Diese Holzabfälle eignen sich zu einem großen Anteil für die Verwendung als Nebenprodukt, beispielsweise für die Herstellung von Spanplatten oder Holzwerkstoffplatten geringer Dichte. Die Nutzung als Einstreu in der Tierzucht oder als

Mulchmaterial im Gartenbau und für Wegebau in der Landwirtschaft kommt ebenfalls in Frage. Altholz aus dem Dienstleistungssektor oder aus privaten Haushalten wird vorrangig Altmöbel sein. In diesem Abfallaufkommen steckt ein hohes Vermeidungspotenzial. Voraussetzung ist, dass die letzten Nutzer die Möbel zur Wiederverwendung zur Verfügung stellen, verschenken oder Gebrauchtwarenhäusern überlassen. Im Dienstleistungssektor kann zudem das Problem auftauchen, dass sporadisch große Mengen bestimmter Abfälle, z. B. Büroeinrichtungen, entstehen, die zu gegebenem Zeitpunkt keinen Abnehmer finden. Der Bereich ist interessant, doch mangelt es erheblich an Organisation, sodass dieses Potenzial der Wiederverwendung derzeit nicht vollständig gehoben wird.

Altholz aus dem Baubereich kann Vollholz (Balken der Dachkonstruktion oder der Holzrahmen), Holzwerkstoffe (Sperrholz, OSB-Platten, Faserplatten), Dämmstoffe oder Holzprodukte (Türen, Fenster, Treppen, Holzfußböden) sein. Wiederverwendung ist dann möglich, wenn die Produkte reparierbar sind oder den Spezifikationen für die erneute Nutzung genügen. Recycling ist gemäß Altholzverordnung möglich. Es betrifft die Altholzklassen I (naturbelassenes Holz, das lediglich mechanisch bearbeitet wurde) und II (verleimtes, gestrichenes, beschichtetes, lackiertes oder anderweitig behandeltes Altholz ohne halogenorganische Verbindungen in der Beschichtung und ohne Holzschutzmittel) gemäß § 2 der Verordnung. Mit Schadstoffen belastetes Holz der Altholzklassen III und IV wird zumeist beseitigt.

Grundsätzlich besteht das Ziel, die Abfallmengen weiter zu reduzieren und schadstofffreies Holz für die Wiederverwendung und das Recycling zur Verfügung zu stellen. Es gibt eine Studie aus dem Jahr 2020, welche die Altholzverordnung evaluiert und welche eine wissenschaftliche Grundlage für die Überarbeitung bieten könnte (Flamme et al. 2020). Auch darin werden die ungenutzten Potenziale der Wiederverwendung beschrieben. Es stellt sich die Frage, ob nur Abfallvermeidungsziele die Überarbeitung des praxisnahen Gesetzes rechtfertigen. Abfallvermeidung ist Teil der Kaskadennutzung, bei welcher eher in Haupt- und Nebenprodukte und weniger in Produkt und Abfall unterschieden wird. Bei Holzabfällen sollte die Mengenstromreduktion das Ziel sein und weniger die Änderung der gesetzlichen Grundlage für die Abfallbehandlung.

Quellenverzeichnis

Al Samarraie A, Gminski R, Ohlmeyer M, Ritter N, Schieweck A, Weinisch K.H (2021) Wohnen und Leben mit Holz – Einfluss von Holzemissionen auf die Wohngesundheit, Fachagentur Nachwachsende Rohstoffe e. V. FNR (Hrsg.) Gülzow-Prüzen. https://mediathek.fnr.de/broschuren/holz/holzemissionen.html

Awadh O (2017) Sustainability and green building rating systems: LEED, BREEAM, GSAS and Estidama critical analysis, Journal of Building Engineering, 11, 25–29. https://doi.org/10.1016/j.jobe.2017.03.010

Benitz-Wildenburg J, Bothe W, Korte H, Krampfer M, Pilz A, Schneider W, Spitzendorfer J (2023) Ausbauen und Gestalten mit nachwachsenden Rohstoffen, Fachagentur Nachwachsende Rohstoffe e. V. FNR (Hrsg.) Gülzow-Prüzen. https://mediathek.fnr.de/broschuren/bauen/ausbauen-und-gestalten-mit-nachwachsenden-rohstoffen.html.

Blauer Engel, das Umweltzeichen (2013) Emissionsarme Bodenbeläge, Paneele und Türen aus Holz und Holzwerkstoffen für Innenräume, DE-UZ 176 Vergabekriterien, Version 9., RAL gGmbH (Hrsg.) Bonn. https://produktinfo.blauer-engel.de/uploads/criteriafile/de/60/DE-UZ%20 176-201301-de-Kriterien-V9.pdf

Blauer Engel, das Umweltzeichen (2022) Emissionsarme Möbel und Lattenroste aus Holz und Holzwerkstoffen, DE-UZ 38 Vergabekriterien, RAL gGmbH (Hrsg.) Bonn. https://produktinfo.blauer-engel.de/uploads/criteriafile/de/DE-UZProzent20038-202201-de-Kriterien-V5.pdf

Bruckner G, Strohmeier P (2020) Produktkettenzertifizierung nach den Kriterien von Holz-von-Hier zur Kennzeichnung von Produkten mit einem Holz-von-Hier-Nachweis, Holz von Hier gemeinnützige GmbH (Hrsg.) Creußen. https://www.holz-von-hier.eu/

Bundesinstitut für Bau, Stadt und Raumforschung BBSR im Bundesamt für Bauwesen und Raumordnung BBR (2019) Leitfaden Nachhaltiges Bauen – Zukunftsfähiges Planen, Bauen und Betreiben von Gebäuden, Bundesministerium des Innern, für Bau und Heimat BMI (Hrsg.) Berlin. https://www.nachhaltigesbauen.de/fileadmin/pdf/Leitfaden_2019/BBSR_LFNB_D_190125.pdf

Bundesinstitut für Bau-, Stadt- und Raumforschung BBSR im Bundesamt für Bauwesen und Raumordnung BBR (2025) Bewertungssystem Nachhaltiges Bauen und Beispiele, Bundesministerium für Wohnen, Stadtentwicklung und Bauwesen (Hrsg.) Berlin. https://www.bnb-nachhaltigesbauen.de/

Buschmann R, Bauer B (2023) Natureplus. Vergaberichtlinien, Internationaler Verein für zukunftsfähiges Bauen und Wohnen – natureplus e.V. (Hrsg.) Neckargemünd. https://www.natureplus-label.org/vergaberichtlinien

Bundesministerium für Ernährung und Landwirtschaft BMEL (2020) Waldstrategie 2050, Nachhaltige Waldbewirtschaftung – Herausforderungen und Chancen für Mensch, Natur und Klima. https://www.bmleh.de/SharedDocs/Downloads/DE/_Wald/Waldstrategie2050.pdf

Campanella D, Schäufele J (2025) Pre-Deconstruction Audit nach DIN SPEC 91484, Concular GmbH, Berlin. https://concular.de/din-spec-91484-pre-demolition-audit/

Dechantsreiter U, Horst P, Mettke A, Asmus S, Schmidt S, Knappe F, Reinhardt J, Theis S, Lau JJ (2015) Instrumente zur Wiederverwendung von Bauteilen und hochwertigen Verwertung von Baustoffen, UBA-Text 93/2015, Umweltbundesamt (Hrsg.) Dessau-Roßlau. https://www.umweltbundesamt.de/publikationen/instrumente-zur-wiederverwendung-von-bauteilen

Deutsche Gesellschaft für Nachhaltiges Bauen DGNB e.V. (2024a) Bewertung und Auszeichnung – Alles zur Auszeichnungslogik der DGNB auf einen Blick, DGNB GmbH (Hrsg.) Stuttgart. https://www.dgnb.de/de/nachhaltiges-bauen/nachhaltigkeitsansatz-der-dgnb

Deutsche Gesellschaft für Nachhaltiges Bauen DGNB e.V. (2024b) Sanierung, DGNB GmbH (Hrsg.) Stuttgart. https://www.dgnb.de/de/zertifizierung/gebaeude/sanierung

Erlass zur Beschaffung von Holzprodukten, Fundstelle: GMBl 2017 Nr. 54/55, S. 1032. https://www.verwaltungsvorschriften-im-internet.de/bsvwvbund_30112017_BI7810640303.html

Fachagentur Nachwachsende Rohstoffe e. V. FNR, Öffentlichkeitsarbeit (2024) Charta für Holz 2.0 Kennzahlenbericht 2022/2023 Forst & Holz, Seite 49, Abbildung 38. Fachagentur Nachwachsende Rohstoffe e. V. (Hrsg), Gülzow-Prüzen. https://www.charta-fuer-holz.de/fileadmin/charta-fuer-holz/dateien/service/mediathek/FNR_Charta-Kennzahlenbericht_2022_23_bf.pdf

Faßnacht K, Götz T, Hafner A, Hitter S, Klar U, Ohnesorge D, Papenfuß U, Pohlmeyer H, Schuster S, Vogel C (2024) Leitfaden Bauvergabe: Öffentliches Bauen & Sanieren mit Holz, Fachagentur Nachwachsende Rohstoffe e. V. FNR (Hrsg.) Gülzow-Prüzen. https://mediathek.fnr.de/broschuren/bauen/leitfaden-bauvergabe.html

Fehrenbach H, Köppen S, Kauertz B, Detzel A, Wellenreuther F, Breitmayer E, Essel R, Carus M, Bienge K, von Geibler J (2017) Biomassekaskaden: Mehr Ressourceneffizienz durch stoffliche Kaskadennutzung von Biomasse – von der Theorie zur Praxis, UBA-Text 53/2017, Umweltbundesamt (Hrgs.) Dessau-Roßlau. https://www.umweltbundesamt.de/publikationen/biomassekaskaden-mehr-ressourceneffizienz-durch

Flamme S, Hams S, Bischoff J, Fricke C (2020) Evaluierung der Altholzverordnung im Hinblick auf eine notwendige Novellierung, UBA-Text 95/2020, Umweltbundesamt (Hrsg.) Dessau-Roßlau. https://www.umweltbundesamt.de/publikationen/evaluierung-der-altholzverordnung-im-hinblick-auf

Florenz L (2020) Sustainability and Green Building Rating Systems: A Critical Analysis to Advance Sustainable Performance, Encyclopedia of Renewable and Sustainable Materials, 4, 211–220. https://doi.org/10.1016/B978-0-12-803581-8.11411-0

Forest Stewardship Council (2018) FSC – Prinzipien und Kriterien, Version 5.2, FSC Deutschland – Verein für verantwortungsvolle Waldwirtschaft e. V. (Hrsg.) Freiburg. https://www.fsc-deutschland.de/wp-content/uploads/fsc-pinzipien-und-kriterien_DEU_2018.pdf

Forest Stewardship Council (2024) Deutscher FSC-Standard Version 3-1, FSC Deutschland – Verein für verantwortungsvolle Waldwirtschaft e. V. (Hrsg.) Freiburg. https://www.fsc-deutschland.de/wp-content/uploads/2020-02-04-Deutscher-FSC-Standard_3-0.pdf

Fuhrhop D (2015) Verbietet das Bauen! Eine Streitschrift. Oekom-Verlag, München. ISBN: 978-3-96238-194-3

Gebauer J, Westermann U, Hoffmann E, Dietsche C, Hobelsberger C, Engelmann T, Kaminski G, Merten T, Lautermann C (2018a) Anforderungen an die Nachhaltigkeitsberichterstattung, Institut für ökologische Wirtschaftsforschung und future e. V. – verantwortung unternehmen (Hrsg.) Berlin. https://www.ranking-nachhaltigkeitsberichte.de/fileadmin/ranking/user_upload/2018/Ranking_Nachhaltigkeitsberichte_2018_Bewertungskriterien_Grossunternehmen.pdf

Gebauer J, Hoffmann E, Lautermann C, Merten T, Westermann U (2018b) Anforderungen an die Nachhaltigkeitsberichterstattung von KMU, Institut für ökologische Wirtschaftsforschung und future e. V. – verantwortung unternehmen (Hrsg.), Berlin. https://www.ranking-nachhaltigkeitsberichte.de/fileadmin/ranking/user_upload/2018/Ranking_Nachhaltigkeitsberichte_2018_Bewertungskriterien_KMU.pdf

Gemeinsamer Leitfaden zum Gemeinsamen Erlass zur Beschaffung von Holzprodukten vom 22. Dezember 2010 („Beschaffungserlass für Holzprodukte“) der am Erlass beteiligten Bundesministerien – Bek. d. BMEL v. 6.10.2017 – 534-62505/0005 – Fundstelle: GMBl 2017 Nr. 41/42, S. 778

Kaden T, Kerz N, Porkert A, Hafner A, Pischetsrieder E, Djahanschah S, Thaler C, Bornefeld S (2023) Dokumentation der Preisträger zum Wettbewerb HolzbauPlus 2022/23, Fachagentur Nachwachsende Rohstoffe e. V. FNR (Hrsg.) Gülzow-Prüzen. https://mediathek.fnr.de/broschuren/bauen/bundeswettbewerb-holzbauplus-2022-23.html

Kaiser C, Niklasch W, Schöpgens H, Spritzendorfer J (2024) Dämmstoffe aus nachwachsenden Rohstoffen, Fachagentur Nachwachsende Rohstoffe e. V. FNR (Hrsg.) Gülzow-Prüzen. https://mediathek.fnr.de/broschuren/bauen/marktubersicht-dammstoffe-aus-nachwachsenden-rohstoffen.html

Kolb B (2024) Altbausanierung mit nachwachsenden Rohstoffen, Fachagentur Nachwachsende Rohstoffe e. V. FNR (Hrsg.) Gülzow-Prüzen. https://mediathek.fnr.de/broschuren/holz/altbausanierung.html

Mantau U (2024) Band 40: Holzrohstoffbilanzierung – Kreislaufwirtschaft und Kaskadennutzung, In: Schriftenreihe Nachwachsende Rohstoffe, Fachagentur für nachwachsende Rohstoffe FNR (Hrsg.), Gülzow-Prüzen. ISBN: 978-3-942-14746-0. https://mediathek.fnr.de/broschuren/holz/band-40-holzrohstoffbilanzierung-kreislaufwirtschaft-und-kaskadennutzung.html

Müller E, Legner V, Sayer U, Malessa U (2009) Gutes Holz Leitfaden für eine verantwortungsvolle Beschaffung, Forest Stewardship Council, Arbeitsgruppe Deutschland e. V. (Hrsg.) Freiburg. https://www.nachhaltige-beschaffung.info/DE/DokumentAnzeigen/dokument-anzeigen.html?idDocument=134&view=knbdownload

Nguyena BK, Altan H (2011) Comparative Review of Five Sustainable Rating Systems, Procedia Engineering, 21, 376–386. https://doi.org/10.1016/j.proeng.2011.11.2029

N.N. (2024) ÖKOBAUDAT Informationsportal Nachhaltiges Bauen, Bundesministerium für Wohnen, Stadtentwicklung und Bauwesen (Hrsg.) Berlin. https://www.oekobaudat.de/

IBU e. V. (2024) EPD-Plattform, Institut für Bauen und Umwelt e.V. (Hrsg.) Berlin. https://ibu-epd.com/nachhaltiges-bauen/

BMWSB (2024) wecobis Ökologisches Baustoffinformationssystem, Bundesministerium für Wohnen, Stadtentwicklung und Bauwesen, Berlin, Bayerische Architektenkammer, München (Hrsg.). https://www.wecobis.de/bauproduktgruppen/bauprodukte-aus-holz.html

Oettel J, Lapin K (2021) Linking forest management and biodiversity indicators to strengthen sustainable forest management in Europe, Ecological Indicators, 122, 107275. https://doi.org/10.1016/j.ecolind.2020.107275

PEFC Deutschland e. V. (2023) PEFC-Standards für nachhaltige Waldbewirtschaftung, Normatives Dokument PEFC D 1002-1:2000, Stuttgart. https://www.pefc.de/media/filer_public/62/42/624211c0-cc13-41c2-89a9-9b3ee959a127/pefc-waldstandards_grafikversion_stand_03-2023.pdf

Produktdatenbank Dämmstoffe, Fachagentur Nachwachsende Rohstoffe e. V. FNR (Hrsg.) Gülzow-Prüzen. https://baustoffe.fnr.de/daemmstoffe/produktdatenbank-daemmstoffe

Reinecke S, Weber A-K, Michaelowa A, Schnepf S, Christensen J (2020) Germany's Contribution to the Forest and Climate Protection Programme REDD+, German Institute for Development Evaluation (DEval), Bonn. ISBN 978-3-96126-109-3.

Steiger R (2021) Erhaltung von Tragwerken. In: Tagungsband: Zustandserfassung und Erhaltung von Holztragwerken, Workshop der Berner Fachhochschule, EMPA, Bundesamt für Umwelt und Lignum (Hrsg.) 6.–8. September 2021, Biel. https://www.bfh.ch/dam/jcr:39f461e9-8a4b-4ad3-b823-8375a9b43395/BFH-AHB%20Tagungsband%20Workshop.pdf

Titus BD, Brown K, Helmisaari H-S, Vanguelova E, Stupak I, Evans A, Clarke N, Guidi C, Bruckman VJ, Varnagiryte-Kabasinskiene I, Armolaitis K, de Vries W, Hirai K, Kaarakka L, Hogg K, Reece P (2021) Sustainable forest biomass: a review of current residue harvesting guidelines, Energy, Sustainability and Society, 11:10. https://doi.org/10.1186/s13705-021-00281-w

United Nations (2017) United Nations strategic plan for forests 2017–2030 and quadrennial programme of work of the United Nations Forum on Forests for the period 2017–2020. Resolution adopted by the General Assembly. https://documents.un.org/doc/undoc/gen/n17/184/62/pdf/n1718462.pdf

United Nations Conference on Sustainable Development (2012) The future we want, Rio de Janeiro. https://www.unep.org/resources/report/rio20-outcome-document-future-we-want

United Nations Department of Economic and Social Affairs, United Nations Forum on Forests Secretariat (2021). The Global Forest Goals Report 2021, ISBN: 978-9-211-30428-2.

United Nations Environment Programme (2023) Pricing Forest Carbon, Nairobi. ISBN: 978-92-807-4013-4

United Nations General Assembly (2015) Transforming our world: The 2030 Agenda for Sustainable Development. https://www.unfpa.org/sites/default/files/resource-pdf/Resolution_A_RES_70_1_EN.pdf

Vis M, Mantau U, Allen B (2016) Study on the optimised cascading use of wood, No 394/PP/ENT/RCH/14/7689, Final Report, Publications Office of the European Union (Hrsg.) Brüssel. ISBN: 978-92-79-57725-3

von Carlowitz HC, (2022) Sylvicultura oeconomica oder Haußwirthliche Nachricht und Naturmäßige Anweisung zur Wilden Baum-Zucht (1713). In: Hamberger J (Hrsg.), Oekom Verlag, München. ISBN: 978-3-96238-356-5.

von Monkiewitsch M, Taschies M, Strohmeier K (2002–heute) bauteilbörse Bremen, Alt-Bauteile Bremen e.V., Bremen. https://www.bauteilboerse-bremen.de/

Weinisch K-H, Krines M, Löfflad H (2023) Baustoffe aus nachwachsenden Rohstoffen, Fachagentur Nachwachsende Rohstoffe e. V. FNR (Hrsg.) Gülzow-Prüzen. https://mediathek.fnr.de/broschuren/holz/baustoffe-nawaro.html

World Commission on Environment and Development (1987) Our Common Future, Oxford University Press, Oxford. https://sustainabledevelopment.un.org/content/documents/5987our-common-future.pdf

Zimmermann RK, Skjelmose O, Jensen KG, Jensen KK, Birgisdottir H (2019) Categorizing Building Certification Systems According to the Definition of Sustainable Building, IOP Conf. Series: Materials Science and Engineering, 471, 092060. https://doi.org/10.1088/1757-899X/471/9/092060

Statistiken über Wald und Holz

3

Inhaltsverzeichnis

Schlüsselwörter

Statistik · Waldflächen · Bundeswaldinventur · Holzeinschlag · Holzwerkstoffproduktion

P. Weißhaupt, *Wald- und Holzbau*, https://doi.org/10.1007/978-3-658-50061-0_3

3.1 Waldwirtschaft

3.1.1 Waldflächen

Deutschland hat eine Fläche von 35,8 Mio. Hektar. Die Gesamtfläche des Waldes beträgt 10,2 Mio. Hektar, sodass 28,5 % des Landes bewaldet sind. Der Wald befindet sich zu einem großen Anteil von 4,4 Mio. Hektar in privater Hand und 2,2 Mio. Hektar sind Körperschaftswald. Die Bundesländer sind im Besitz von insgesamt 3,3 Mio. Hektar Wald und der Bundeswald hat eine Fläche von 306.000 Hektar (Tab. 3.1)

Die Bundesländer sind unterschiedlich stark bewaldet. In Tab. 3.2 sind die jeweiligen Waldflächen genannt. Die größten Waldflächen befinden sich in Baden-Württemberg und Bayern mit mehr als zwei und einer Million Hektar. Große Waldgebiete befinden sich auch in Brandenburg, Hessen und Niedersachsen. Die größten Ressourcen des Bundeswaldes befinden sich in Brandenburg, Mecklenburg-Vorpommern, Sachsen-Anhalt und Niedersachsen mit 183.000 Hektar der insgesamt 306.000 Hektar. Der Anteil der Landeswald-

Tab. 3.1 Waldfläche nach Waldeigentumsarten in Deutschland 2022 (nach Destatis)

Waldeigentumsarten	Waldflächen in Hektar
Bundeswald	306.136,33
Landeswald	3.301.391,54
Körperschaftswald	2.199.260,01
Privatwald	4.375.184,27
Insgesamt	**10.181.972,15**

Tab. 3.2 Waldflächen in Hektar im Jahr 2022 nach Bundesländern und Waldeigentumsarten (nach Destatis)

Bundesland	Bundeswald	Landeswald	Körperschaftswald	Privatwald	Insgesamt
BW	7013,28	333.738,54	544.641,07	466.911,05	1.352.303,94
BY	36.221,42	813.101,09	312.979,23	1.342.409,35	2.504.711,09
B	141,40	29.464,76	-	3440,33	33.046,49
BB	55.892,99	273.140,01	64.895,94	469.493,14	863.422,08
HB	197,76	-	-	183,06	380,82
HH	16,92	4633,60	-	913,13	5563,65
HE	6827,90	340.718,94	302.822,93	197.886,88	848.256,65
MV	44.322,82	222.045,63	43.370,16	146.208,09	455.946,70
Ni	40.544,72	301.946,30	162.624,69	433.947,17	939.062,88
NRW	16.851,17	118.548,82	175.735,62	504.918,60	816.054,21
RP	11.087,09	214.405,70	381.173,42	148.631,44	755.297,65
SL	293,10	38.035,50	28.099,18	14.157,42	80.585,20
SN	25.583,20	205.357,69	43.027,32	180.356,42	454.324,63
ST	42.136,19	156.060,00	24.373,33	206.110,87	428.680,39
SH	2805,06	50.116,40	30.294,55	81.841,32	165.057,33
TH	16.201,31	200.078,56	85.222,57	177.776,00	479.278,44

fläche an der Gesamtwaldfläche ist am höchsten in Hessen, Mecklenburg-Vorpommern, Rheinland-Pfalz, Sachsen, Sachsen-Anhalt und Thüringen. Die Rechtsform des Körperschaftswaldes ist in Hessen, Rheinland-Pfalz und Bayern verbreitet. Körperschaftswald ist in § 3 Absatz 2 des Bundeswaldgesetzes definiert als:

> „Wald im Alleineigentum der Gemeinden, Gemeindeverbände, Zweckverbände sowie sonstiger Körperschaften des öffentlichen Rechts. Ausgenommen ist der Wald von Religionsgemeinschaften und deren Einrichtungen sowie von Realverbänden, Hauberggenossenschaften, Markgenossenschaften, Gehöferschaften und ähnlichen Gemeinschaften (Gemeinschaftsforsten), soweit er nicht nach landesrechtlichen Vorschriften als Körperschaftswald angesehen wird."

Große Privatwaldflächen liegen in Bayern, Brandenburg, Nordrhein-Westfalen und Niedersachsen. Dort sind auch die Holzeinschläge hoch, was in Absch. 3.2.1 erläutert wird. Es liegt die Vermutung nahe, dass Privatwälder intensiver bewirtschaftet werden.

Weitere statistische Kennzahlen liegen in den Waldgrößen pro Forsteinheit in den Privat- und Körperschaftswäldern. Insgesamt geht es dabei um 6,6 Mio. Hektar. Es gibt eine große Anzahl von circa 627.000 Forsteinheiten mit einer Fläche von weniger als fünf Hektar, welche eine Waldfläche von 869.000 Hektar bewirtschaften. Zugleich gibt es 771 Forsteinheiten mit einer Fläche von jeweils mehr als 1000 Hektar. Das sind insgesamt 1,6 Mio. Hektar. Weitere 1,6 Mio. Hektar sind in Forsteinheiten mit Flächen von jeweils 200 bis 1000 Hektar aufgeteilt, sodass fast die Hälfte der Privat- und Körperschaftswaldfläche auf diese großen Forsteinheiten entfällt, aber nur auf etwa 4561 Forsteinheiten. Es gibt also auch innerhalb des Bereichs des Privat- und Körperschaftswaldes sehr unterschiedliche Strukturen (Tab. 3.3). Dies lässt erahnen, dass die Konzepte der Bewirtschaftung voneinander abweichen.

3.1.2 Holzeinschlag

Das Statistische Bundesamt informiert jährlich über den Holzeinschlag nach Holzsorten, Waldeigentumsarten und Bundesländern. Die Holzsorten sind „Eiche und Roteiche", „Buche und Buntlaubholz", „Kiefer und Lärche" sowie „Fichte, Tanne, Douglasie und weiteres Nadelholz" (Abb. 3.1). Von wirtschaftlicher Bedeutung ist die Holzsorte „Fichte, Tanne, Douglasie und sonstiges Nadelholz", von welcher zwischen 2014 und 2024 jährlich 25 bis 62 Mio. Kubikmeter eingeschlagen wurden. Nadelholz findet als Vollholz und Schnittholz Verwendung und ist ein wichtiger Rohstoff für die Bauindustrie. Seit dem Jahr 2018 ist der Einschlag der Holzsorte „Fichte, Tanne, Douglasie und sonstiges Nadelholz" mit mehr als 40 und bis zu 62 Mio. Kubikmetern überdurchschnittlich hoch. Der hohe Einschlag ist das Ergebnis von Insektenbefall. Der Schadholzeinschlag in den Jahren 2021 und 2022 lag bei mehr als 40 Mio. Kubikmetern. Ebenfalls von Bedeutung für die Bauwirtschaft ist die Holzsorte „Kiefer und Lärche". Der jährliche Einschlag liegt bei neun bis zwölf Millionen Kubikmetern. Der Einschlag bei den Laubholzsorten „Eiche und Rot-

Tab. 3.3 Körperschafts- und Privatwälder nach Größenklassen in Deutschland 2022 (nach Destatis)

Waldfläche von … bis unter … Hektar	Forsteinheiten (gesamt) Anzahl	Waldfläche (gesamt) Hektar	Forsteinheiten (Körperschaftswald) Anzahl	Waldfläche (Körperschaftswald) Hektar	Forsteinheiten (Privatwald) Anzahl	Waldfläche (Privatwald) Hektar
unter 1	317.598	144.798,64	1499	738,55	316.099	144.060,09
1 bis 2	146.822	209.190,95	943	1363,52	145.879	207.827,43
2 bis 5	162.494	514.573,33	1560	5078,49	160.934	509.494,84
5 bis 10	74.878	521.980,96	1325	9477,86	73.553	512.503,10
10 bis 20	37.744	517.659,70	1401	19.973,06	36.343	497.686,64
20 bis 30	10.286	248.802,36	830	20.516,16	9456	228.286,20
30 bis 50	7.366	280.341,39	953	37.055,91	6413	243.285,48
50 bis 100	5.434	383.063,02	1345	97.853,16	4089	285.209,86
100 bis 200	3319	468.376,66	1283	184.221,70	2036	284.154,96
200 bis 500	2648	829.583,66	1283	409.187,73	1365	420.395,93
500 bis 1000	1142	804.930,51	614	435.175,24	528	369.755,27
1000 und mehr	771	1.651.143,10	478	978.618,63	293	672.524,47
Insgesamt	**770.502**	**6.574.444,28**	**13.514**	**2.199.260,01**	**756.988**	**4.375.184,27**

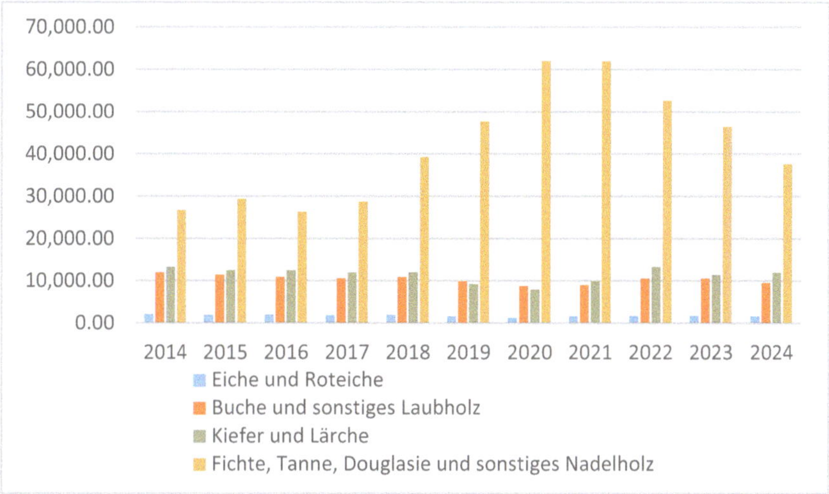

Abb. 3.1 Gesamtholzeinschlag in 1000 Kubikmetern in Deutschland zwischen 2014 und 2024 (nach Destatis)

eiche“ sowie „Buche und Buntlaubholz“ ist deutlich geringer und seit Jahren mit abnehmender Tendenz. Das Einschlagvolumen liegt bei jährlich rund zwei bis zehn Millionen Kubikmetern, wobei „Buche und Buntlaubholz“ stärker genutzt wird als „Eichen und Roteichen“. Nachteilig für die Holzwirtschaft ist der vergleichsweise große Anteil des Kronenholzes im Vergleich zu dem Holz der Stämme.

Die Holzeinschlagsgebiete sind in Deutschland regional unterschiedlich verteilt und sind auch nicht proportional zu den Waldflächen in den Bundesländern. Die größten Lieferanten von Rundholz sind Bayern und Baden-Württemberg. Sie stellten im Jahr 2024 gemeinsam 22,4 Mio. der deutschlandweit 37,7 Mio. Kubikmeter Holz der Sorte „Fichte, Tanne, Douglasie und sonstiges Nadelholz“ bereit. Ein großer Fichtenholzlieferant bei kleiner Landesfläche ist Thüringen mit jährlich 4,9 Mio. Kubikmetern. Die Sorte „Kiefer und Lärche“ wurde im Jahr 2021 zu mehr als 50 % der zehn Millionen Kubikmeter in Brandenburg und Bayern bereitgestellt. Heimisches „Buchen- und Buntlaubholz“ sowie „Eichen und Roteichen“ stammen zumeist aus Baden-Württemberg, Bayern oder Hessen. (Tab. 3.4).

Während Tab. 3.4 den Holzeinschlag im Jahr 2024 nach Herkunft beschreibt, stellen die Abb. 3.2, 3.3, 3.4 und 3.5 den zeitlichen Verlauf der Einschlagmengen und die Nutzung der jeweiligen Holzsorte in den Mittelpunkt. Im Zeitraum 2014 bis 2017 wurden jährlich 25 bis 30 Mio. Kubikmeter der Sorte „Fichte, Tanne, Douglasie und andere Nadelholzarten“ in Deutschland eingeschlagen. Das entsprach 20 Mio. Kubikmetern Rundholz, drei bis vier Millionen Kubikmetern Industrieholz für die Holzwerkstoffindustrie, die Möbel- und Papierindustrie, etwa ebenso viel Energieholz und bis zu einer Million Kubikmetern nicht verwendetem Holz. Da in diesem Zeitraum weder markantes Wetter noch

Tab. 3.4 Holzeinschlag in 1000 m³ (ohne Rinde) in Deutschland im Jahr 2024 (nach Destatis)

Land	Insgesamt	Eiche und Roteiche	Buche und Buntlaubholz	Kiefer und Lärche	Fichte, Tanne, Douglasie, sonstiges Nadelholz
BW	9988,3	215,1	2135,4	363,6	7274,3
BY	20.651,6	379,7	2754,1	2382,2	15.135,6
B	19,4	1,3	0,3	17,2	0,5
BB	4636,1	88,3	197,3	4136,2	214,4
HB	-	-	-	-	-
HH	9,4	0,4	1,3	3,1	4,6
HE	3782,9	207,8	1190,7	531,0	1853,4
MV	2049,9	65,1	329,7	954,2	700,9
NI	3332,7	115,1	664,7	1284,2	1268,7
NRW	3097,7	188,9	643,8	314,3	1950,7
RP	3073,9	185,7	710,7	310,0	1867,6
SL	465,0	28,5	81,9	10,7	344,0
SN	2726,5	63,9	150,5	669,4	1842,6
ST	1161,1	113,4	145,8	793,5	108,4
SH	570,3	27,8	167,9	86,3	288,2
TH	5618,2	43,7	496,8	185,6	4892,2
Deutschland	**61.183,0**	**1724,7**	**9670,9**	**12.041,5**	**37.746,1**

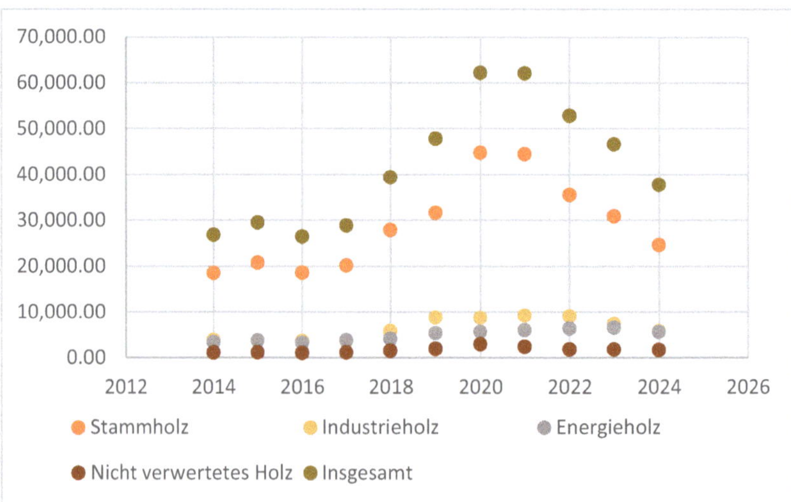

Abb. 3.2 Nutzung der in Deutschland zwischen 2014 und 2024 eingeschlagenen Holzsorte „Fichte, Tanne, Douglasie und andere Nadelholzarten" in 1000 Kubikmetern (nach Destatis)

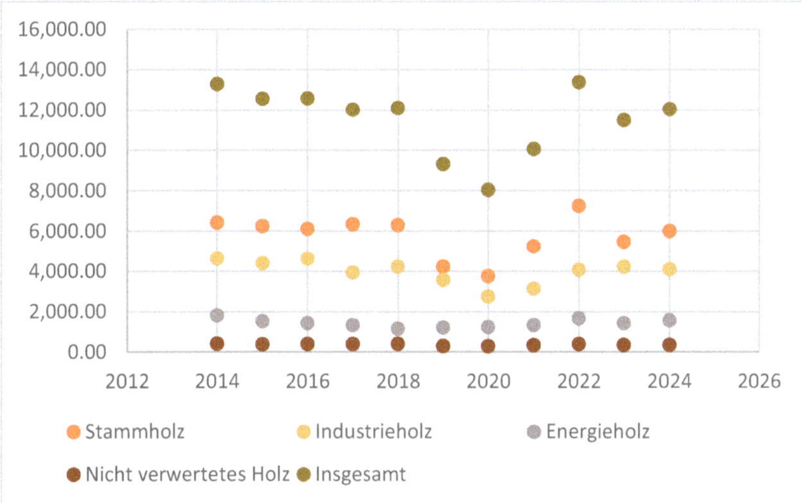

Abb. 3.3 Nutzung der in Deutschland zwischen 2014 und 2024 eingeschlagenen Holzsorte „Kiefer und Lärche" in 1000 Kubikmetern (nach Destatis)

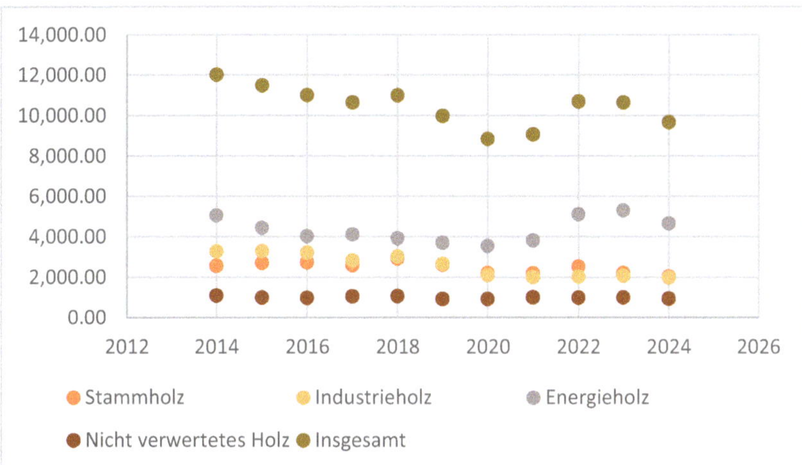

Abb. 3.4 Nutzung der in Deutschland zwischen 2014 und 2024 eingeschlagenen Holzsorte „Buche und sonstiges Laubholz" in 1000 Kubikmetern (nach Destatis)

Schädlingsbefall zu verzeichnen war, entsprechen diese Werte wahrscheinlich dem regulären Bedarf und den Kapazitäten der Holzindustrie in Deutschland.

Seit dem Jahr 2018 stieg das eingeschlagene Holzvolumen jährlich um zehn Millionen Kubikmeter. Die Stammholzmenge stieg auf 45 Mio. Kubikmeter Holz in 2020 und 2024, das Industrieholzvolumen lag in den Jahren 2019 bis 2024 bei zehn Millionen Kubikmetern und das Energieholzvolumen bei rund sieben Millionen Kubikmeter und der Anteil

Abb. 3.5 Nutzung der in Deutschland zwischen 2014 und 2024 eingeschlagenen Holzsorte „Eiche und Roteiche" in 1000 Kubikmetern (nach Destatis)

des ungenutzten Holzes stieg auf zwei Millionen Kubikmeter. Die Zahlen verdeutlichen, dass das Holz des Schadeinschlages stofflich genutzt wurde. Ein überproportionaler Rest- und Energieholzanteil war auch in den Jahren 2020 und 2024 nicht zu verzeichnen (Abb. 3.2).

Zwischen 2014 und 2018 wurden 12 bis 13 Mio. Kubikmeter der Holzsorte „Kiefer und Lärche" eingeschlagen, zwischen 2019 und 2024 sank die gesamte Einschlagmenge auf acht bis zehn Millionen Kubikmeter. Etwa die Hälfte des jährlichen Einschlags war Rundholz genutzt. Das entspricht etwa 6,5 bzw. vier bis fünf Millionen Kubikmetern. Der Industrieholzanteil lag jährlich bei 3 bis 4,8 Mio. Kubikmetern. Der Energieholzanteil reduzierte sich auf einen bis zwei Millionen Kubikmeter. Der Restholzanteil lag unter einer Million Kubikmeter (Abb. 3.3). Der Rückgang der Nachfrage nach Kiefernholz ist ein Resultat der verstärkten Verfügbarkeit von Fichtenholz aus Schadholzeinschlägen.

Im Zeitraum 2014 bis 2024 wurden jährlich neun bis zwölf Millionen Kubikmeter „Buchen- und Buntlaubholz" eingeschlagen. Die Stammholzmenge liegt bei jährlich zwei bis drei Millionen Kubikmetern, der Energieholzanteil hingegen bei vier Millionen Kubikmetern. Der Anteil des nicht verwendeten Holzes liegt bei zehn Prozent und einem Volumen von einer Million Kubikmetern jährlich (Abb. 3.4). Der geringe Stammholzanteil ist auch mit der starken Verästelung von Laubholzbäumen zu begründen. Astholz ist stofflich nicht nutzbar. Weiterhin wird die Trennung von einerseits Holz und andererseits Bast, Borke und Blattwerk eine Herausforderung. Maschinelles Schälen ist oft nicht möglich.

Jährlich werden 1,5 bis 2 Mio. Kubikmeter Eichenholz gefällt, wovon 500.000 bis 700.000 Kubikmeter Rundholz und nochmal die gleiche Menge Energieholz sind. Das Industrieholz beläuft sich auf 500.000 Kubikmeter jährlich. Das nicht verwendete Holz liegt bei gut 200.000 Kubikmetern jährlich (Abb. 3.5).

3.1.3 Schadholzeinschlag

Das Statistische Bundesamt gibt jährlich Auskunft über den Schadholzeinschlag. Die Statistik erfasst die Ursachen Wind/Sturm, Schnee/Duft, Insekten, Trockenheit und sonstige Ursachen. Eine Pressemitteilung des Statistischen Bundesamtes vom 26. Juni 2023 wies auf verstärkten Schadholzeinschlag hin, womit unspezifisch alle Holzarten und Einschlagsursachen erfasst wurden (Statistisches Bundesamt 2023). Hauptsächlich war die Holzart „Fichte, Tanne, Douglasie und anderes Nadelholz" von Schadholzeinschlägen betroffen.

Während der Schadholzeinschlag seit dem Jahr 2014 deutlich unter zehn Millionen Kubikmetern pro Jahr lag, stieg er zwischen 2017 und 2024 auf 55 Mio. Kubikmeter im Jahr 2020 an. Für 40 Mio. Kubikmeter war im Klimax-Jahr 2020 Insektenbefall ursächlich. Seit dem Jahr 2020 sank der Schadholzeinschlag und lag im Jahr 2024 noch bei 21 Mio. Kubikmetern. Davon waren 15 Mio. Kubikmeter dem Insektenbefall zuzuschreiben. Seit dem Jahr 2020 erfasst die Statistik auch Trockenheit als Ursache. 1 bis 1,5 Mio. Kubikmeter Schadholzeinschlag wurden seitdem auf Trockenheit zurückgeführt. Die Schadholzeinschlagentwicklung zwischen 2017 und 2024 hatte zunächst einen ansteigenden, aber seit dem Jahr 2020 abklingenden Verlauf. Die Krise scheint überstanden. Die Schadinsekten waren oftmals Borkenkäfer, welche Nadelwälder befielen. Während im Jahr 2010 und 2011, aber auch 2015 und 2018 und 2020 Sturmschäden dem Wald schadeten, waren die Schäden durch Insekten deutlich einschneidender (Abb. 3.6).

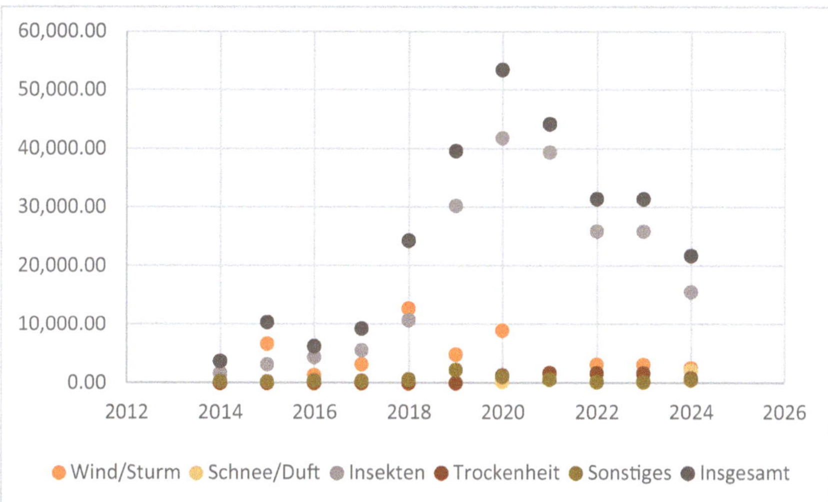

Abb. 3.6 Schadholzeinschlag der Holzsorte *„Fichte, Tanne, Douglasie und anderes Nadelholz"* nach Einschlagsursache sowie Gesamtschadholzeinschlag in Deutschland in 1000 Kubikmetern (nach Destatis)

Auch Waldbrände werden jährlich als Schadereignis erfasst. Nach einer Statistik des BMEL sind es jährlich etwa 400 bis 2300 Brandereignisse, welche eine Fläche von 100 bis 3000 Hektar pro Jahr betreffen. Die Ursachen sind Fahrlässigkeit, Blitzschlag, Brandstiftung oder anderes. Oft bleibt die Ursache ungeklärt. Bei Trockenheit erhöht sich die Anzahl von Brandereignissen, aber nicht unbedingt die beeinträchtigte Fläche. Brände sind in jedem Jahr auftretende Phänomene, welche insgesamt und in Deutschland nur zu einem geringen Anteil zu Waldschäden führen. Es gibt spezielle Brandschutzkonzepte für den Wald, die zumeist in Plänen für Löscharbeiten bestehen. Es gibt Konzepte mit Brandschneisen und Löschteichen und unterschiedliche Überwachungstechniken.

3.1.4 Waldzustandserhebung

Die Waldzustandserhebung findet jährlich statt. Es geht darum, engmaschig Waldschäden zu erfassen. Typischerweise erfolgt ein Vergleich von Kronenverlichtung, Fruktifikation, Altersgruppen und Totholzanteil nach Baumgruppen mit den Erhebungen der Vorjahre (BMEL 2023a). Im Jahr 2023 wiesen nur noch 20 % der Bäume sämtlicher Arten keine Schädigungen auf, was ein Tiefststand seit Beginn der Berichterstattung im Jahr 1984 ist. Damals lag der Anteil gesunder Bäume noch bei 44 %. 36 % des heutigen Baumbestandes weisen sogar deutliche Kronenverlichtung auf. Neben Nadelbäumen sind inzwischen auch Laubbäume von dieser Entwicklung betroffen. Die Fruktifikation zeichnet sich vor allem durch Schwankungen aus. Eine Tendenz ist nicht festzustellen. Der stehende Totholzanteil liegt für gewöhnlich unter 0,5 %. Bei Sturmereignissen kann der liegende Totholzanteil 1 bis 1,5 % betragen. Seit dem Jahr 2020 liegt der stehende Totholzanteil bei 2,5 %. Das bedeutet, dass auch in den nächsten Jahren noch eine verstärkte Holzernte folgen wird.

Das Alter des Waldes beeinflusst die Waldgesundheit. Waldbestände, welche älter als 60 Jahre sind, sind anfällig für Waldschäden, insbesondere wenn Umwelteinflüsse dem Wald zusätzlich schaden (BMEL 2023b). Eine Aufzeichnung der Waldschäden seit 1990 belegt, dass der Flächenanteil mit Schäden der Schadstufen 2 bis 4 bei 40 bis 60 % liegt, wenn der Wald älter als 60 Jahre ist. Ist der Wald jünger, dann liegt der Anteil der Schadstufen 2 bis 4 bei nur 10 bis 20 %. Dies trifft auf sämtliche Baumarten zu, wobei Kiefern- und Lärchenwälder gewisse Resistenz gegen Alterung aufweisen (Abb. 3.7). Das Fazit dieser Betrachtung ist, dass gerade als Nutzwald angelegte Monokulturen eine rechtzeitige Ernte erfordern. Das sind derzeit die um das Jahr 1965 angelegten Wälder.

Der Zustand des Waldes ist besorgniserregend, auch aufgrund der eindeutigen Tendenz über einen längeren Zeitraum. Die Ernte alter Wälder und die Aufforstung sind notwendig und geschehen in zu geringem Umfang. Auch diese Tatsache spricht für Fördermaßnahmen wie die Holzbauinitiative der Bundesregierung (BMWSB 2023). Die Erkenntnisse hinsichtlich der Notwendigkeit der verstärkten Holznutzungen legen nahe, den Ansatz auf andere Anwendungsgebiete als das Bauen auszuweiten.

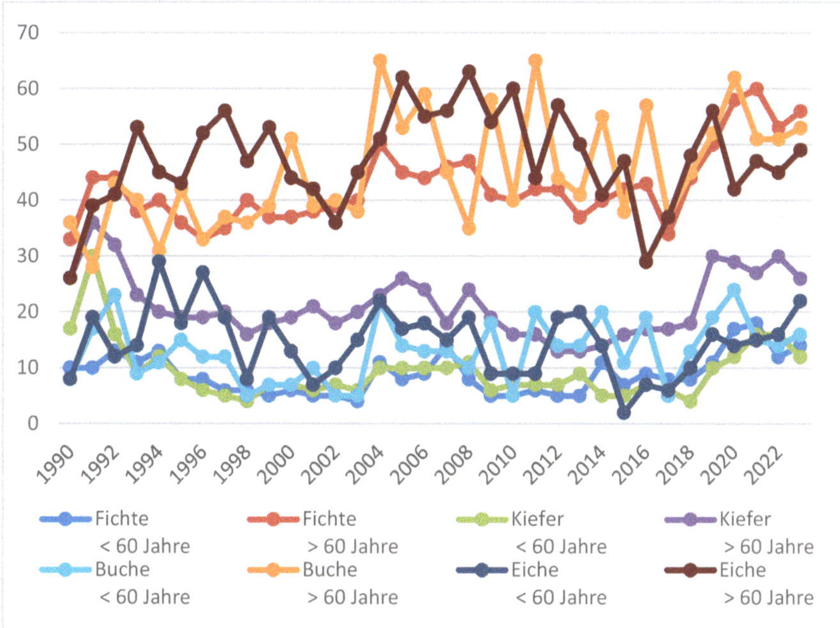

Abb. 3.7 Flächenanteil in Prozent mit Waldschäden der Schadstufen 2 bis 4 nach Holzsorte und -alter (nach Waldzustandserhebung des BMEL)

3.1.5 Bundeswaldinventur

Das Bundeswaldgesetz schreibt in § 41a vor, dass alle zehn Jahre eine Waldinventur stattfinden muss. Die dritte und vierte Bundeswaldinventur fanden in den Jahren 2012 und 2022 statt. Erhoben wurden Waldflächen nach Bundesland und Eigentumsart, Holzvorrat nach Baumartengruppe, Veränderungen, Zuwachs, Nutzung und Totholz (Datenbank der Bundeswaldinventur 2022, https://bwi.info). Interessant ist der Vergleich mit der vorherigen Erhebung. Im Jahr 2022 waren vergleichsweise geringe Veränderungen gegenüber 2012 zu messen, da der Zuwachs durch die Kalamitäten zwischen 2018 und 2022 aufgezehrt wurde. Erkennbar ist der Waldumbau von Monokulturen zu Mischwald, weniger Fichte, mehr Buche und Douglasie.

In Tab. 3.5 werden Fläche und Flächenentwicklung zwischen 2012 und 2022 beschrieben. Unterschieden wird zwischen Holzboden, d. h. Flächen zur Holzgewinnung, und Nichtholzboden, d. h. Waldflächen, bei welchen die Holzgewinnung nicht im Vordergrund steht. Die Zahlen sind nach Bundesländern aufgeschlüsselt. Die Flächen sind vergleichsweise konstant, und es gibt eher Zuwachs an Waldfläche als Verluste. Die Gesamtwaldfläche sowie der Holzboden haben in den letzten zehn Jahren zugenommen. Der Nichtholzboden ist um knapp 10.000 ha geschrumpft. Die Fläche für die Forstwirtschaft ist eher gewachsen, was eine gute Voraussetzung ist. Bemerkenswert ist noch, dass das Statistische

Tab. 3.5 Waldfläche und Waldflächenänderung zwischen 2012 und 2022 in den Bundesländern in Hektar (nach Bundeswaldinventur 2022)

Land	Holz-boden absolut	Holzboden Zuwachs	Nicht holz-boden absolut	Nicht holz-boden Zu-wachs	Wald absolut	Wald Zuwachs
BW	1.338.356	1401	40.117	−700	1.378.473	700
BY	2.545.132	−4208	71.737	1209	2.616.869	−2998
B	17.099	387	489	0	17.588	387
BB	1.099.362	3789	28.618	−3689	1.127.980	100
HE	857.790	400	40.390	0	898.180	400
MV	558.728	2195	23.633	3492	582.361	5688
NI	1.165.179	607	43.327	−199	1.208.506	408
NRW	904.478	7191	48.040	1199	952.519	8390
RP	832.750	4481	21.008	−4779	853.758	−299
SL	98.300	−392	499	0	98.799	−392
SN	517.944	3394	13.275	799	531.219	4193
ST	499.847	1196	21026	−3288	520.874	−2093
SH	177.082	3496	5375	0	182.457	3496
TH	534.416	2786	21.403	−3973	555.819	−1188
HH+HB	12.263	−1187	791	0	13.054	−1187
Deutsch-land	**11.158.726**	**25.357**	**379.729**	**−9931**	**11.538.455**	**16.808**

Bundesamt mit zehn Millionen Hektar eine kleinere Waldfläche ausweist als die Bundeswaldinventur. Die Differenz liegt genau im Nichtholzboden.

Auch der Holzvorrat wurde erhoben (Tab. 3.6). Der Holzvorrat in Deutschland ist mit 3,7 Mrd. Kubikmetern hoch. Er ist um das 45- bis 90-fache höher als der jährliche Einschlag von 40 bis 80 Mio. Kubikmetern. Der Vorrat an Nadelholz ist in Deutschland größer als der Vorrat an Laubholz. Der Vorrat an Laubholz ist zuletzt angestiegen, der Vorrat an Nadelholz ist gesunken. Der Waldumbau zu Mischwald ist in Zahlen erkennbar. Der Zuwachs an Nadelholz war in den vergangenen zehn Jahren negativ, sodass vorhersehbar ist, dass sich Laub- und Nadelholzvorrat in den nächsten Jahren weiter angleichen. Einige Bundesländer verfügen heute schon über größere Laub- als Nadelholzvorräte.

Die Bundeswaldinventur aus dem Jahr 2022 liefert Zahlen über den Bauartenbestand auf den Waldflächen nach unterschiedlichen Eigentumsarten (Tab. 3.6). 2,1 Mrd. Kubikmeter des Vorrates entfallen auf Nadelbäume, 1,6 Mrd. auf Laubbäume. Der Laubholzvorrat ist vergleichsweise hoch. In den vergangenen zehn Jahren war eine Zunahme des Laubholzvorrats und eine Abnahme des Nadelholzvorrats zu verzeichnen. Die Zahlen der Tab. 3.7 verdeutlichen, dass die wirtschaftlich wichtigen Fichten- und Kiefernbestände sowie die Eichen- und Buchenbestände zu fast der Hälfte in Privatwäldern liegen (Tab. 3.7).

Tab. 3.6 Holzvorrat im Jahr 2022 und Zuwachs seit 2012 jeweils in 1000 Kubikmetern nach Baumarten und Bundesländern gemäß Bundeswaldinventur 2022

	Alle Laubbäume		Alle Nadelbäume		Alle Baumarten	
Land	**Vorrat**	**Zuwachs**	**Vorrat**	**Zuwachs**	**Vorrat**	**Zuwachs**
BW	193.920	6137	301.584	−7473	495.504	−1336
BY	301.573	35.389	709.427	−2777	1.011.000	32.612
B	2.399	149	2578	−322	4977	−174
BB	81.344	5907	244.337	13.672	325.681	19.579
HE	169.277	9167	96.731	−34.243	266.008	−25.076
MV	89.455	6880	94.405	5597	183.861	12.476
NI	171.060	15.672	169.594	−13.369	340.654	2303
NRW	158.563	15.456	79.950	−47.785	238.513	−32.329
RP	148.351	14.895	104.849	−11.334	253.200	3451
SL	21.479	2061	9050	−1044	30.528	1018
SN	49.806	5745	112.582	−3767	162.388	1978
ST	54.984	2160	70.489	−12.742	125.473	−10.582
SH	41.042	5135	20.618	−299	61.660	4837
TH	74.171	3044	97.061	−11.842	171.232	−8798
HH+HB	3226	271	809	−99	4035	172
Deutsch-land	**1.560.651**	**128.068**	**2.114.064**	**−127.826**	**3.674.714**	**242**

Tab. 3.7 Holzvorrat nach Eigentumsart und Baumgruppenart in 1000 Kubikmetern nach Bundeswaldinventur 2022

Baumarten	Bundeswald	Landeswald	Körperschaftswald	Privatwald	Insgesamt
Eiche	8152	99.876	103.756	195.509	407.293
Buche	8666	235.801	177.436	261.591	683.495
Esche	643	11.941	16.128	35.490	64.202
Ahorn	1926	18.396	21.506	35.392	77.220
Andere Laubbaumarten mit hoher Lebensdauer	2307	17.683	23.021	38.876	81.888
Birke	4250	19.656	11.203	43.907	79.017
Erle	1415	17.941	16.493	55.523	91.372
Andere Laubbaumarten mit geringer Lebensdauer	3363	11.703	19.454	41.644	76.164
Fichte	9818	293.798	145.921	565.764	1.015.301
Tanne	54	27.356	22.432	56.288	106.121
Douglasie	466	34.735	30.883	28.124	94.208
Kiefer	38.798	199.341	87.651	467.989	793.779
Lärche	1701	38.990	22.776	41.189	104.655
Laubbäume zusammen	**30.723**	**432.996**	**389.000**	**707.932**	**1.560.651**
Nadelbäume zusammen	**50.837**	**594.219**	**309.654**	**1.159.353**	**2.114.064**
Baumarten insgesamt	**81.560**	**1.027.215**	**698.653**	**1.867.285**	**3.674.714**

3.1.6 Waldentwicklungs- und Holzaufkommensmodellierung

Die Zahlen der Bundeswaldinventur fließen in die Waldentwicklungs- und Holzaufkommensmodellierung (WEHAM) ein. Die Vorausrechnung wagt auf der Grundlage des Bestandes und des Zuwachses in der vorherigen Dekade einen Blick in die Zukunft von 40 Jahren. Somit liegen seit der letzten Bundeswaldinventur im Jahr 2022 Prognosen bis zum Jahr 2062 vor (Dunger et al. 2025). Das WEHAM-Szenario geht von einer konstanten Holzbodenfläche von 10,7 Mio. Hektar aus. Fichte und Kiefer werden an Holzboden verlieren, Eiche und Buche sowie Tanne und Douglasie werden hinzugewinnen. Der Gesamtvorrat an Holz bleibt mit 3,6 Mrd. Kubikmetern konstant. Das Durchschnittsalter des Baumbestandes wird von 82 auf 86 Jahre steigen. Das Rohholzaufkommen beträgt jährlich 80,6 Mio. Erntefestmeter. Die Vorräte sind in den nächsten 40 Jahren voraussichtlich auskömmlich.

Ein genauerer Blick auf die Baumarten und damit den Mischwaldbestand zeigt, dass derzeit noch Fichten- und Kiefernbestände mit 2,2 und 2,3 Mio. Hektar vorherrschen. Der Buchenbestand liegt bei 1,4 Mio. Hektar. In der Zukunft sinken die Nadelholzbestände und die Laubholzbestände steigen. Erst Mitte der 2040er-Jahre werden die mit Buchen und Fichten bestockten Flächen mit jeweils zwei Millionen Hektar gleich groß sein. Erst in den 2060er-Jahren übertreffen die Buchen die Fichten. Und selbst dann werden die Fichten- und Kiefernbestände bei jeweils 1,4 Mio. Hektar liegen. Versorgungssicherheit mit Nadelholz dürfte trotz Waldumbau bis 2062 bestehen. Für die Dauer des betrachteten Zeitraums werden Eiche, Buche, Fichte und Kiefer die wichtigsten Holzsorten bleiben.

Für die vier Hauptbaumarten gelten folgende Prognosen. Die Fichte ist nach der Kiefer die zweithäufigste Baumart. Sie hat ein Rohholzpotenzial von 32,9 Mio. Kubikmetern pro Jahr. Sie wird auch in den nächsten 40 Jahren 41 % des Rohholzaufkommens liefern und dabei nur 26 % der Waldfläche einnehmen. Die Ertragskraft ist groß. Zu der Baumartengruppe gehören auch Tanne und Douglasie. Die Holzartengruppe Buche hat einen Flächenanteil von 37 %, das Holzpotenzial liegt bei 24,8 Mio. Kubikmetern pro Jahr und sie hat einen Anteil von 31 % am Rohholzpotenzial. Die Baumartengruppe ist jedoch äußerst heterogen. Nur etwa die Hälfte der Kennzahlen ist tatsächlich der *Fagus spp.* zuzuschreiben. In die Baumartengruppe fallen auch Esche, Ahorn, sonstiges Laubholz mit langer Lebensdauer, Birke, Erle und sonstiges Laubholz mit kurzer Lebensdauer. Die WEHAM-Studie weist explizit auf die Eignung von Buchenholz für die Herstellung von Messerfurnieren und die Nutzung im Möbelbau hin. Sie beschreibt, dass die großen Baumkronen zumeist zu Brennholz verarbeitet werden. Eine gefällte Buche liefert gleichzeitig mehrere Produkte, die nicht unbedingt klassisches Schnittholz sind. Die stoffliche Nutzung von Buchenholz kann und sollte durchaus noch intensiviert werden. Die Baumartengruppe Kiefer und Lärche hat einen Rundholzpotenzialanteil von 20 % und beansprucht 25 % der Fläche. Sie wird in den nächsten 40 Jahren jährlich 16 Mio. Kubikmeter Holz liefern. Die Eiche hat neun Prozent am Rohholzpotenzial, nimmt jedoch zwölf Prozent der Fläche ein. Sie wird jährlich 6,5 Mio. Kubikmeter Holz liefern. Ihre Ertragskraft ist vergleichsweise gering.

Der Umbau der Wälder zu mehr Mischwäldern mit hoher Klimaresilienz und Artenvielfalt wird fortschreiten und zugleich werden ausreichende Holzvorräte vorhanden sein. Es bestehen forstwirtschaftliche Konzepte, die sowohl der Klimaveränderung als auch dem Bauholzbedarf gerecht werden. Während heute große und geeignete Holzreserven aus Fichten- und Kiefernmonokulturen neben weiteren Alternativen zur Verfügung stehen, lässt sich der Holzbedarf in 40 Jahren und der heutige Aufforstungsbedarf schätzen. Der Maßstab ist der heutige Bedarf. Wenn das Bauen mit Holz jedoch an Bedeutung gewinnt, wird auch der Holzbedarf steigen. Im Zuge der Dekarbonisierung könnte der Holzbedarf deutlich ansteigen. Die Vision der dekarbonisierten Wirtschaft bedeutet Chancen für die Holz- und Forstwirtschaft, aber auch Ungewissheit hinsichtlich der tatsächlichen Bedarfsentwicklung.

3.1.7 Treibhausgasinventar

Fünf Jahre nach dem Zeitpunkt der Bundeswaldinventur findet die Kohlenstoffinventur statt, die wiederum die Grundlage für das Treibhausgasinventar ist. Das Treibhausgasinventar dient der Klimaberichterstattung. Die letzte Erhebung fand im Jahr 2017 statt. Ein Ergebnis ist das absorbierte Kohlenstoffdioxid nach Baumartengruppen und Eigentumsarten (Tab. 3.8).

In dem Erhebungszeitraum von 2012 bis 2017 wurde Kohlenstoffdioxid vom Wald absorbiert. Insgesamt waren es 226,6 Mio. Tonnen Kohlenstoffdioxid in fünf Jahren. Beinahe die Hälfte davon, 114,8 Mio. Tonnen Kohlenstoffdioxid, wurde vom Privatwald absorbiert. Bezüglich der Baumarten haben Eiche, Buche und Fichte am meisten Kohlenstoffdioxid absorbiert. Der Umstand der Bewirtschaftung wirkt sich nicht negativ auf die Treibhausgasbilanz aus. Treibhausgasminderung erfordert nicht unbedingt naturbelassenen Wald. Ein Fünftel der Gesamtadsorption im Fünf-Jahres-Zeitraum entspricht

Tab. 3.8 Veränderung des absorbierten Kohlenstoffdioxids in Millionen Tonnen im Zeitraum von 2012 bis 2017 nach Baumartengruppe und Eigentumsart nach Kohlenstoffinventur

Eigentumsart	Bundeswald	Landeswald	Körperschaftswald	Privatwald	Gesamt
Eiche	1,3	12,2	8,9	19,5	41,9
Buche	−0,09	21,8	6,8	17,5	46,1
Laubbäume mit hoher Lebensdauer	0,5	4,1	6,7	8,6	20,0
Laubbäume mit geringer Lebensdauer	0,07	4,5	2,9	8,9	16,6
Fichte	1,6	13,8	7,0	30,6	53,0
Tanne	0,1	2,9	3,2	5,0	11,3
Douglasie	0,1	6,7	3,2	6,0	16,1
Kiefer	3,0	1,6	−2,1	14,4	16,9
Lärche	−0,6	0,5	0,4	4,2	4,5
gesamt	**6,0**	**68,3**	**37,4**	**114,8**	**226,6**

45,32 Mio. Tonnen Kohlenstoffdioxid pro Jahr. Dieser Wert kann als Richtwert für die jährliche Kohlenstoffdioxidabsorption im Erhebungszeitraum angenommen werden.

3.1.8 Klimaberichterstattung

Der Anstieg der Jahresdurchschnittstemperatur soll unter 2 Grad im Vergleich zur vorindustriellen Zeit bleiben. Zudem sollen Anstrengungen unternommen werden, auch 1,5 Grad zu unterschreiten. Dazu bekannten sich die Vereinten Nationen im Übereinkommen von Paris im Dezember 2015. Deutschland veröffentlichte das Übereinkommen am 28 September 2016 mit Zustimmung im Bundesgesetzblatt. Demnach müssen die Emissionen klimaschädigender Gase, Kohlenstoffdioxid, Methan, Lachgas und fluorierte Gase, gesenkt werden. Zur Überprüfung erfolgt eine Berichterstattung. Auf dieser Grundlage legte die Europäische Union Einsparziele fest. Die Verordnung (EU) 2023/857 zur Festlegung verbindlicher nationaler Jahresziele für die Reduzierung der Treibhausgasemissionen im Zeitraum 2021 bis 2030 als Beitrag zu Klimaschutzmaßnahmen zwecks Erfüllung der Verpflichtungen aus dem Übereinkommen von Paris bestimmte, dass Deutschland bis zum Jahr 2030 50 % seiner Emissionen zum Referenzjahr 2005 einsparen muss. Im Jahr 2023 lag die Einsparung noch bei circa 27 % (eigene Berechnung nach Zahlen der Umweltdatenbank https://datacube.uba.de/). Obwohl die Treibhausgasemissionen gesunken sind, erfordert das Ziel weitere Anstrengungen. Sämtliche Sektoren, das sind Energiewirtschaft, Industrie, Gebäude, Verkehr, Landwirtschaft, Abfallwirtschaft und schließlich der LULUCF-Sektor, müssen Emissionen einsparen.

Für die Forstwirtschaft ist der Bereich Landnutzung, Landnutzungsänderung und Forstwirtschaft (land-use, land-use-change and forestry, LULUCF) maßgebend. Dieser Sektor wird besonders behandelt, da Wald aufgrund der Photosynthese Kohlenstoffdioxid absorbiert. Das Instrument ist zum Schutz der absorbierenden Flächen ausgelegt. Die Ziele für diesen Sektor legt die Verordnung (EU) 2023/839 hinsichtlich des Geltungsbereichs, der Vereinfachung der Berichterstattungs- und Compliance-Vorschriften und der Festlegung der Zielvorgaben der Mitgliedstaaten für 2030 fest, welche im Jahr 2023 die LULUCF-Verordnung (EU) 2018/841 änderte. Demnach muss im Jahr 2030 die Kohlenstoffdioxidaufnahme in Deutschland bei jährlich 30,8 Mio. Tonnen Kohlenstoffdioxid liegen. Der Durchschnittswert der Jahre 2016, 2017 und 2018 lag laut Verordnung bei einer Aufnahme von 27,1 Mio. Tonnen Kohlenstoffdioxid. Es fehlen demnach noch jährliche Einsparungen in Höhe von 3,8 Mio. Tonnen bis 2030. Nach 2018 änderte sich die Situation allerdings drastisch. Infolge des Kalamitäteneinschlags wurde der Wald zu einem Nettoemittenten von Kohlenstoffdioxid. Ein alarmierendes Ergebnis für Klimaforscher und Waldökologen. Das deutsche Klimaschutzgesetz legt ebenfalls ein Ziel für den LULUCF-Sektor fest. Dort heißt es in § 3a:

> *„Der Beitrag des Sektors Landnutzung, Landnutzungsänderung und Forstwirtschaft zum Klimaschutz soll gestärkt werden. Dem Beitrag dieses Sektors wird eine besondere Bedeutung*

eingeräumt. Der Mittelwert der jährlichen Emissionsbilanzen des jeweiligen Zieljahres und der drei vorhergehenden Kalenderjahre des Sektors Landnutzung, Landnutzungsänderung und Forstwirtschaft soll wie folgt verbessert werden:

1. *auf mindestens minus 25 Millionen Tonnen Kohlendioxidäquivalent bis zum Jahr 2030,*
2. *auf mindestens minus 35 Millionen Tonnen Kohlendioxidäquivalent bis zum Jahr 2040,*
3. *auf mindestens minus 40 Millionen Tonnen Kohlendioxidäquivalent bis zum Jahr 2045.*“

Die zuletzt angepasste europäische Verordnung ist bezogen auf das Ziel für 2030 strenger. Beide Zielsetzungen werden derzeit nicht erreicht.

Die Ergebnisse des Treibhausgasinventars fließen in die Berichterstattung über die Treibhausgasemissionen ein. Das Umweltbundesamt veröffentlicht die Bilanzen der Treibhausgasemissionen jährlich (https://datacube.uba.de/). Die Ergebnisse für den LULUCF-Sektor, die Wälder und die Holznutzung zwischen 2016 und 2022 sind Inhalt der Tab. 3.9. Die aufsummierten Emissionen im Sektor Landnutzung, Landnutzungsänderung und Forstwirtschaft in den Jahren 2017 und 2017 führten zu keiner Kohlenstoffdioxidaufnahme, obwohl die Wälder noch Kohlenstoffdioxid absorbierten. Es wurden bis dato Emissionen in Höhe von plus drei bis zehn Millionen Tonnen Kohlenstoffdioxidäquivalent freigesetzt. Das in der LULUCF-Verordnung festgeschriebene Sektorziel liegt bei jährlich minus 30,8 Mio. Tonnen Kohlenstoffdioxidäquivalent bis zum Jahr 2030. Es wird seit 2016 deutlich verfehlt und über den Zeitraum von zehn Jahren ist auch keine Tendenz in die gewünschte Richtung erkennbar. Vielmehr bestimmen die Kalamitäten seit 2018 das Ergebnis. Seither steigen die Emissionen auf plus 63 bis 83 Mio. Tonnen Kohlenstoff-

Tab. 3.9 Treibhausgasemissionen Sektors 4. LULUCF, 4.A Wald und 4 D Holzprodukte in 1000 Tonnen Kohlenstoffdioxidäquivalent (nach datacube.uba.de)

Jahr	2016	2017	2018	2019	2020	2021	2022
Landnutzung, Landnutzungsänderung und Forstwirtschaft	8877	3987	83.197	72.121	76.656	63.087	75.603
4 A, Wälder	−47.801	−44.300	23.044	18.307	24.202	15.945	18.751
4 A 1, Waldbestand	−47.377	−43.936	23.386	18.606	24.456	16.473	19.285
4 A 2, Zu Wald umgenutztes Land	−424	−364	−343	−299	−254	−528	−534
4 A 2 a, Ackerland umgenutzt als Wald	−91	−91	−91	−91	−91	−88	−85
4 A 2 b, Grünland umgenutzt als Wald	−7	16	−2	6	11	−247	−271
4 A 2 c, Feuchtgebiete umgenutzt als Wald	76	74	74	72	72	58	55
4 A 2 d, Siedlungen umgenutzt als Wald	−297	−264	−230	−198	−164	−179	−169
4 A 2 e, Weiteres Land umgenutzt als Wald	−105	−99	−93	−88	−82	−73	−64
4 D Holzprodukte	−1830	−2492	−4622	−5637	−7464	−7590	−4282

dioxidäquivalent jährlich. Waldflächen nehmen in gesunden Waldjahren Kohlenstoffdioxid auf. Minus 44 bis minus 53 Mio. Tonnen Kohlenstoffdioxid waren es zwischen 2015 und 2017. Als Ergebnis der Kalamitäten setzt Wald seit 2018 Kohlenstoffdioxid frei. Das Maximum der Freisetzung lag im Jahr 2020 bei 24 Mio. Tonnen Kohlenstoffdioxid. Die nächsten Jahre werden zeigen, ob der Effekt der Kalamitäten abklingt oder ob von nun an dauerhaft mit jährlich neuen Waldschäden zu rechnen ist.

Zugleich zeigen die Zahlen des Umweltbundesamtes, dass die Waldfläche in Deutschland über den Erhebungszeitraum weitgehend konstant war. Nur wenige Flächen wurden zusätzlich in Wald umgewandelt. Wenn dies geschah, dann führte das zu einer Aufnahme von Kohlenstoffdioxidäquivalenten, erkennbar an dem jeweiligen Minus. Die einzige Ausnahme sind Feuchtgebiete, die zu Wald wurden. Das führte zu einer Freisetzung von Kohlenstoffdioxid. Feuchtgebiete adsorbieren Kohlenstoffdioxid also noch besser als Wald. Die Zahlen der Klimaberichterstattung beschreiben auch den Effekt von Holzprodukten. Die stoffliche Nutzung entspricht einer Aufnahme von Kohlenstoffdioxid. In Zahlen sind das jährlich minus 1,6 bis 7,6 Mio. Tonnen Kohlenstoffdioxid. Die stoffliche Nutzung von Holz wirkt sich positiv auf das LULUCF-Sektorziel aus. Aktive Waldwirtschaft mit stofflicher Nutzung des Holzes ist also förderlich für den Klimaschutz. Die Berechnung der Kohlenstoffdioxidbindung durch Holznutzung gemäß IPCC 2019 (Rüter et al. 2019) ist kompliziert. Sie beinhaltet mehrere Annahmen über Derbholzanteile, den Kohlenstoffanteil, über die Lebensdauer und die Art der Nutzung. Die Berechnungen ziehen statistische Erhebungen über Schnittholz, Holzwerkstoffe und Papierprodukte heran. Auch Import und Export werden berücksichtigt. Die Annahmen sind konservativ, sodass die stoffliche Nutzung von Holz derzeit noch vergleichsweise schlecht in der Bilanz bewertet wird.

Warum liegt der gesamte LULUCF-Sektor aber so deutlich hinter den Erwartungen, wenn doch der Wald Kohlenstoffdioxid in von Kalamitäten freien Jahren nahezu in gewünschtem Umfang bindet? Die Antwort liegt in der Aufsummierung von Wald, Ackerland, Grünland, Feuchtgebieten und Siedlungen (Tab. 3.10).

Tab. 3.10 Kohlenstoffdioxidemissionen des LULUCF-Sektors in Kilotonnen Kohlenstoffdioxidäquivalent (nach datacube.uba.de)

Jahr	2016	2017	2018	2019	2020	2021	2022	2023
Landnutzung, Landnutzungs-änderung und Forstwirtschaft	8877	3987	83.197	72.121	76.656	63.087	75.603	68.653
4 A, Wälder	−47.801	−44.300	23.044	18.307	24.202	15.945	18.751	20.926
4 B, Ackerland	22.482	21.018	23.154	22.476	22.461	21.420	22.052	20.055
4 C, Grünland	27.996	22.864	31.771	28.262	28.116	24.455	28.815	23.704
4 D, Feuchtgebiete	9776	8739	10.770	10.016	10.240	9616	10.529	8767
4 E, Siedlungen	−1745	−1842	−919	−1303	−898	−758	−262	−195
4 G, Holz-produkte	−1830	−2492	−4622	−5637	−7464	−7590	−4282	−4604

Ackerland und Grünland emittieren jährlich jeweils um die 20 bis 30 Mio. Tonnen Kohlenstoffdioxid, und auch an diesen Zahlen ist keine Verringerung zu erkennen. Die Berichterstattung weist eher Schwankungen auf. Feuchtgebiete emittieren rund zehn Millionen Tonnen jährlich, ebenfalls ohne Tendenz. Kohlenstoffdioxid, welches der Wald bindet, wird in demselbem Umfang von Grünland und Ackerfläche freigesetzt. Obschon auf diesen Flächen Photosynthese stattfindet, sind diese Flächen Netto-Emittenten von Kohlenstoffdioxid. Um das Sektorziel zu erreichen, muss nicht nur der Wald gesund und erhalten bleiben, sondern auch die landwirtschaftliche Praxis verbessert werden. Derzeit deuten die Zahlen stark darauf hin, dass kein Spielraum mehr bleibt, um Emissionen aus anderen Sektoren zu kompensieren. In Tab. 3.10 wird der gesamte LULUCF-Sektor betrachtet. Bis zum Jahr 2017 waren die Wälder Senken für Kohlenstoffdioxid. Dann war ein Kipppunkt erreicht und seit dem Jahr 2018 emittiert der Wald jährlich 15 bis 24 Mio. Tonnen Kohlenstoffdioxidäquivalent. Das Ergebnis ist besorgniserregend. Es hebt die gesamten Emissionen des LULUCF-Sektors auf 63 bis 83 Mio. Tonnen Kohlenstoffdioxid. Da die natürliche Senke auszufallen droht, ist auch das Netto-Null-Ergebnis der gesamten Kohlenstoffdioxidbilanz im Jahr 2050 in Gefahr.

Das von Thünen-Institut beschreibt die Situation ähnlich (Gensior et al. 2025). Seit 1990 emittiert Ackerland konstant jährlich 14 bis 23 Mio. Tonnen Kohlenstoffdioxidäquivalente. Die Emissionen von Grünland schwanken zwischen 20 und 33 Mio. Tonnen. Feuchtgebiete emittieren 9 bis 10,5 Mio. Tonnen Kohlenstoffdioxidäquivalente. Die wichtige Senkenfunktion des Waldes variiert stark und war zuletzt eine Quelle. Die tiefste Senke lag im Jahr 1993 bei 85 Mio. Tonnen Kohlenstoffdioxid. In den folgenden 20 Jahren variierte die Senke zwischen 38 und 60 Mio. Tonnen Kohlenstoffdioxidäquivalenten. Seit dem Jahr 2018 setzt der Wald Kohlenstoffdioxid frei. Es gelingt nicht, natürliche Kohlenstoffdioxidsenken zu stabilisieren. Dazu müssten die Waldflächen ohne Schäden erhalten bleiben, intensiver bewirtschaftet und möglicherweise ausgeweitet werden. Zudem muss Holz in Produkte fließen. In der Zukunft wird es Entwicklungen den LULUCF-Sektor betreffend geben müssen. Nachhaltige Waldentwicklung ist ein mittelfristiges Ziel, bei dem der Zeitraum von fünf Jahren bis zum Jahr 2030 verschwindend gering ist. Stabilisierungsmaßnahmen müssten bald folgen.

Die Verordnung (EU) 2024/1991 über die Wiederherstellung der Natur und das Nationale Aktionsprogramm Klimaschutz tragen zum Schutz des Klimas bei (BMUV 2023). Die Holzbauinitiative des Bundes sowie mehrerer Bundesländer unterstützen die Strategie (BMWSB und BMEL 2023). Das Einsparkonzept hinsichtlich Kohlenstoffdioxid des Klimaschutzgesetzes ist nicht automatisch ein Hebel für die Forstwirtschaft. Förderung ist nötig. Der Aktionsplan Klimaschutz wendet für den Zeitraum von 2024 bis 2028 rund 3,5 Mrd. € aus dem Klimatransformationsfonds auf, um geschädigte Flächen zu renaturieren und geschützte Habitate zu schaffen (BMUV 2023). Neben der Renaturierung sind die Vernässung von Auen und Mooren, Maßnahmen gegen den Torfabbau und Gewässer-, Meeres- und Küstenschutz inbegriffen. Im Sinne des Klimaschutzgesetzes liegt das Ziel in der Stabilisierung der Senke für Kohlenstoffdioxid. Die Evaluation des Programms wird im Jahr 2027 erfolgen. Langfristig muss es auch darum gehen, die Emissionen aus Ackerland, Grünland und Feuchtgebieten zu reduzieren. Mögliche Maßnahmen sind die Ausweitung von Agroforst, klimafreundliche Fruchtfolgen und eine deutliche Reduktion des Torfabbaus. Auch Siedlungsflächen werden zunehmend zu Orten der Klimaanpassung. Stadtbegrünung, Entsiegelung und Schwammstadt sind nur einige Schlagworte für Strategien der Klimaanpassung.

3.2 Holzwirtschaft

3.2.1 Rundholz

Nach Zahlen von Eurostat liegt die europaweite Rundholzproduktion bei 420 und 509 Mio. Kubikmetern jährlich mit tendenziellem Anstieg über die letzte Dekade. In Deutschland wurden zwischen 2013 und 2016 jährlich 52 bis 55 Mio. Kubikmeter Rundholz dem Wald entnommen. Zwischen 2017 und 2023 waren es 65 bis 85 Mio. Kubikmeter pro Jahr. Seit dem Jahr 2018 ist Deutschland der größte Rundholzproduzent in Europa. Es folgen Schweden und Finnland, deren Rundholzproduktion vor 2017 die deutsche Produktion noch übertraf (Eurostat). Jährlich 18 bis 30 Mio. Kubikmeter Nadelrundholz wurden dem deutschen Privatwald entnommen, 8 bis 20 Mio. Kubikmeter dem Körperschaftswald und 0,7 bis 18 Mio. Kubikmeter dem Staatswald. Seit 2017 stiegen vor allem die Entnahmen aus den Landes- und Bundesforsten. Die Laubrundholzproduktion lag in den letzten zehn Jahren jährlich zwischen 4,2 und 9,9 Mio. Kubikmetern aus dem Privatwald, 2 und 9,4 Mio. Kubikmetern aus dem Körperschaftswald und 0,2 und 6,4 Mio. Kubikmetern aus dem Staatswald. Der Selbstversorgungsgrad Deutschlands für den Zeitraum von 2018 bis 2021 ist nach Zahlen von Eurostat positiv. Ergänzend zur inländischen Produktion werden jährlich 4 bis 8,5 Mio. Kubikmeter eingeführt, drei bis zwölf Millionen Kubikmeter ausgeführt. 52 bis 62 Mio. Kubikmeter werden inländisch verwendet. Es wird mehr Holz ausgeführt als eingeführt. (Tab. 3.11). Im Zeitraum von 2013 bis 2017 lag der Export in das europäische Ausland noch bei 3,4 bis 4,3 Mio. Kubikmetern Rundholz. Parallel zum verstärkten Einschlag stieg das Exportvolumen. Die erhöhte Verfügbarkeit führte nicht zu

Tab. 3.11 Versorgungsbilanz für Rundholz (Nadelholz) in 1000 Kubikmetern in Deutschland nach Eurostat, Selbstversorgungsgrad in Prozent

Bilanzjahr	Erzeugung	Einfuhr	Ausfuhr	+Einfuhr--Ausfuhr-Bilanz	Inlandsverwendung	Selbstversorgungsgrad
2018	55.243	8504	3989	4515	59758	92
2019	57.337	6970	7605	−635	56.702	101
2020	63.063	5785	12.207	−6422	56.641	111
2021	64.534	5969	11.049	−5080	59.454	108
2022	65.154	5293	9653	−4360	60.794	107
2023	55.785	4188	7768	−3580	52.205	106

einer verstärkten Inlandsnachfrage. Zugleich blieb der Import auf geringfügigem Niveau unverändert.

Der Selbstversorgungsgrad mit Laubrundholz liegt seit 2018 ebenfalls über 100 % (Tab. 3.12). Die Erzeugung liegt bei 15 bis 20 Mio. Kubikmetern, die Einfuhr bei 0,5 bis 0,8 Mio. Kubikmetern, die Ausfuhr bei 0,9 bis 1,5 Mio. Kubikmetern und die Inlandsverwertung bei 16,8 bis 19,7 Mio. Kubikmetern. Der Handel mit Laubrundholz steht dem Nadelholzhandel nach, obwohl die Holzvorräte im Wald bereits ähnlich hoch sind.

Gemessen am Eigenbedarf sind Estland, Lettland, Litauen, Polen, die Tschechische Republik, die Slowakei, Slowenien und Frankreich große Exporteure von Rundholz. Der Selbstversorgungsgrad dieser Länder lag im Zeitraum von 2018 bis 2021 deutlich über 100 %, teilweise bei 150 bis 200 %. Das Ausfuhrvolumen der Tschechischen Republik, Polens, Lettlands, der Slowakei, Sloweniens und Frankreichs ist hoch. Der Selbstversorgungsgrad ist in Litauen und Slowenien am höchsten. Nettoholzimporteure mit negativem Selbstversorgungsgrad sind Belgien, Österreich, Italien, Finnland und Schweden (Eurostat und BMEL 2023c).

Die Nadelrundholzproduktion der EU-28 liegt insgesamt bei jährlich circa 300 Mio. Kubikmetern (BMEL 2023c). Die fünf größten Produzenten von Nadelrundholz innerhalb Europas sind Schweden, Finnland, Deutschland, Polen und Frankreich (Tab. 3.13).

Die Jahresproduktion an Laubrundholz der EU-28 liegt bei 80 bis 85 Mio. Kubikmetern. Die Laubrundholzproduzenten innerhalb von Europa sind Frankreich, Finnland, Portugal, Polen und Deutschland, gefolgt von Spanien (Tab. 3.14).

Tab. 3.12 Versorgungsbilanz für Rundholz (Laubholz) in 1000 Kubikmetern in Deutschland nach Eurostat, Selbstversorgungsgrad in Prozent

Bilanzjahr	Erzeugung	Einfuhr	Ausfuhr	+Einfuhr- -Ausfuhr- Bilanz	Inlandsverwendung	Selbstversorgungsgrad
2018	19.989	836	1516	−680	19.309	104
2019	20.483	672	1451	−779	19.704	104
2020	15.610	545	1109	−564	15.046	104
2021	17.877	566	1108	−542	17.335	103
2022	19.563	618	945	−327	19.236	101
2023	17.319	457	956	−499	16.820	103

Tab. 3.13 Produktion der fünf Länder mit der größten Rundholzproduktion in Europa in 1000 m^3 bezüglich Nadelholz nach Eurostat

Jahr	2017	2018	2019	2020	2021	2022	2023
Schweden	65.550	63.900	65.150	66.393	69.083	69.031	64.450
Finnland	50.206	54.179	49.899	47.233	52.926	52.029	50.400
Deutschland	45.738	55.143	57.338	63.064	64.534	65.154	55.786
Polen	34.917	35.897	33.079	30.906	33.320	35.568	33.414
Frankreich	19.030	19.342	19.352	18.655	20.944	20.141	k.a.

Tab. 3.14 Produktion der fünf Länder mit größten Rundholzproduktion in Europa in 1000 Kubikmetern bezüglich Laubholz nach Eurostat

Jahr	2017	2018	2019	2020	2021	2022	2023
Frankreich	29.469	30.526	30.279	28.732	31.971	30.079	k.a.
Finnland	13.073	14.109	13.768	12.895	13.788	13.608	13.408
Portugal	9582	9041	8969	9605	10.303	10.602	20.323
Polen	10.395	10.823	10.189	9666	9787	10.125	9.371
Deutschland	19.978	19.989	20.483	15.610	17.877	19.563	17.319

Große Bestände an Korkeichenwäldern (*Quercus suber)* inklusive einer aktiven Bewirtschaftung liegen in Portugal, Spanien und Frankreich. Die auf Kork basierende Warenproduktion gibt es in Deutschland kaum. Sie reduziert sich auf Korkbodenbeläge, Flaschenkorken und Pinnwände mit einem hohen Importanteil. In Portugal hingegen findet Kork in sehr vielen Bedarfsgegenständen, Textilien und in Möbeln Einsatz. Der Rohstoff ist die Rinde der in Mitteleuropa nicht heimischen Korkeiche (*Quercus suber* oder *Quercus faginea*). Die in ganz Europa verbreitete Traubeneiche ist botanisch *Quercus petraea.*

Der Holzhandel mit Ländern außerhalb Europas ist nachrangig. Zwischen 2013 und 2022 lagen die Importe bei 0,6 bis 1,5 Mio. Kubikmetern und die Exporte ins außereuropäische Ausland bei 0,6 bis 6,7 Mio. Kubikmetern Holz. Die hohe Holzverfügbarkeit ab dem Jahr 2018 führte zu verstärktem Export und lag vorher bei jährlich unter 1,0 Mio. Kubikmetern.

3.2.2 Schnittholz

Aus Rundholz wird in Sägewerken Schnittholz erzeugt. Insgesamt liefern deutsche Sägewerke 21 bis 27 Mio. Kubikmeter Schnittholz jährlich. 20 bis 25 Mio. Kubikmeter sind Nadelholz und ungefähr eine Million Kubikmeter Laubholz. In Deutschland wird auch Rundholz aus den Tropen zu Schnittholz verarbeitet, jedoch in begrenztem Umfang von 200 bis 7000 Kubikmetern (Tab. 3.15).

Schnittholzimporte sind mit vier bis sechs Millionen Kubikmeter vergleichsweise gering, während sechs bis zwölf Millionen Kubikmeter Schnittholz in das europäische Ausland exportiert werden. Das entspricht 30 bis 40 %. Damit ist Deutschland der zweitgrößte Schnittholzexporteur in Europa. Nur Schweden exportierte 2022 mit 13,8 Mio. Kubikmetern mehr Schnittholz als Deutschland. Aufgrund des deutlichen Exportüberschusses könnte Deutschland die Holzbauquote steigern, ohne den Einschlag zu erhöhen.

3.2.3 Holzspäne, -mehl und -reste

Das Aufkommen von Holzspänen, Holzmehl und Holzresten wird statistisch erfasst. Es ist das Koppelprodukt von Schnittholz und der Rohstoff für unterschiedliche Holzwerkstoffe. Weitere Anwendungsgebiete sind Gartenbau, Landwirtschaft, Tierzucht oder die Pelletherstellung. Jährlich werden 13 bis 17 Mio. Kubikmeter Holzspäne, Holzmehl und Holzreste erzeugt. Im Handel mit Ländern innerhalb der EU werden eins bis vier Millionen Kubikmeter importiert und 2 bis 3,5 Mio. Kubikmeter exportiert. Der Handel außerhalb der EU beläuft sich auf Importe bis zu 380.000 Kubikmetern und Exporte zwischen 280.000 und 400.000 Kubikmetern (Tab. 3.16). Der Schadholzeinschlag seit dem Jahr 2018 hat zu mehr Holzspänen, -mehl und -resten geführt und die Importe reduziert. Die Exporte erhöhten sich nicht.

Tab. 3.15 Schnittholzproduktion in Deutschland und Außenhandel mit Schnittholz in 1000 Kubikmetern (nach Eurostat)

Bilanzjahr	Schnittholz gesamt	Schnittholz Nadelholz	Schnittholz, Laubholz	Schnittholz, Tropenholz	Schnittholz Importe	Schnittholz Exporte
2013	21.459,07	20.428,37	1030,70	7,35	4503,72	6912,21
2014	21.771,80	20.756,90	1014,90	4,03	4622,39	7393,38
2015	21.489,85	20.433,48	1056,37	2,96	4814,23	6989,94
2016	22.197,25	21.109,03	1088,21	0,21	5167,71	7772,51
2017	23.167,68	22.050,26	1117,43	0,21	5235,82	8348,44
2018	23.769,46	22.609,72	1159,73	0,97	5553,89	9043,02
2019	24.573,35	23.306,98	1266,37	1,60	5280,87	9656,88
2020	26.219,42	25.217,07	1002,35	1,42	5450,95	10.379,10
2021	26.438,30	25.335,41	1102,88	2,03	5819,32	11.333,81
2022	25.341,59	24.314,05	1027,54	3,58	4182,69	11.502,47

Tab. 3.16 Bereitstellung und Außenhandel von Holzspänen, Holzmehl und Holzresten in 1000 Kubikmetern (nach Eurostat)

Bilanzjahr	Erzeugung	Importe innerhalb der EU	Exporte Innerhalb der EU	Importe außerhalb der EU	Exporte außerhalb der EU
2013	13.483,22	3382,39	2709,63	358,94	287,45
2014	13.635,85	3899,34	3134,23	382,35	346,69
2015	13.833,72	4067,31	2908,92	369,52	356,46
2016	13.611,73	1786,47	2580,43	33,31	307,52
2017	14.230,43	2156,49	2558,37	60,50	299,19
2018	14.941,34	2093,55	2738,65	30,48	328,26
2019	14.890,12	1499,69	2761,95	45,45	264,05
2020	16.114,99	1153,30	2939,61	37,91	247,63
2021	16.703,19	1108,45	2550,63	42,01	268,50
2022	16.292,08	2697,99	3570,56	206,63	406,73

3.2.4 Holzwerkstoffe

Jährlich werden 12 bis 13 Mio. Kubikmeter Holzwerkstoffe in Deutschland hergestellt. Den größten Anteil machen OSB-Platten mit fast sieben Millionen Kubikmetern aus, gefolgt von Faserplatten mit fast sechs Millionen Kubikmetern. Furnier und Sperrholz werden in Deutschland in deutlich geringerem Umfang von jeweils etwa 100.000 Kubikmetern produziert (Tab. 3.17). Zugleich importiert Deutschland jährlich fünf bis sechs Millionen Kubikmeter Holzwerkstoffe. OSB-Platten und Sperrholz sind oft Importware, MDF- und HDF-Platten hingegen seltener. Furnier wird im Umfang des Bedarfs importiert (Tab. 3.18).

Deutschland exportiert Holzwerkstoffe in einem ähnlichen Volumen, wie es sie importiert, nämlich fünf bis sechs Millionen Kubikmeter. Vorrangig werden OSB-Platten und Faserplatten exportiert, darunter auch MDF- und HDF-Platten. Furnier und Sperrholz werden kaum exportiert (Tab. 3.19).

Aus Produktion, Import und Export lässt sich der Bedarf an Holzwerkstoffen errechnen (Tab. 3.20). Dieser war in den letzten zehn Jahren recht konstant und lag bei jährlich zwölf

Tab. 3.17 Produktion von Holzwerkstoffen in Deutschland in 1000 Kubikmetern (nach Destatis)

Jahr	Holzwerkstoff gesamt	Furnier	Sperrholz	OSB-Platten	Faserplatten insgesamt	davon MDF- und HDF-Platten
2013	12.059,82	103,58	134,56	6806,00	5119,26	1453,80
2014	12.168,55	97,70	147,99	6808,00	5212,56	1503,16
2015	12.140,77	89,60	116,52	6736,60	5287,65	1507,55
2016	12.530,00	86,91	114,49	7016,10	5399,41	1501,62
2017	13.055,54	88,85	99,85	7211,12	5744,57	1509,67
2018	12.780,01	88,25	117,79	6987,62	5674,61	3803,10
2019	12.515,56	97,74	111,16	6877,73	5526,67	4505,05
2020	12.690,85	99,93	99,83	6790,23	5800,79	4599,69
2021	13.525,39	115,94	103,01	7317,81	6104,57	4692,62
2022	11.968,00	110,05	84,60	6689,89	5193,52	3791,55

Tab. 3.18 Importe von Holzwerkstoffen nach Deutschland in 1000 Kubikmetern (nach Destatis)

Jahr	Holzwerkstoff gesamt	Furnier	Sperrholz	OSB-Platten	Faserplatten insgesamt	davon MDF- und HDF
2013	5142,93	105,37	1338,30	2502,25	1197,01	391,91
2014	5164,92	102,63	1369,43	2773,39	1022,11	414,56
2015	5404,35	112,39	1411,66	2904,01	1088,68	432,66
2016	5585,20	124,57	1458,12	2927,32	1199,76	479,09
2017	5744,76	116,98	1527,99	2937,79	1278,97	492
2018	5994,72	111,87	1619,92	2967,27	1407,53	517,48
2019	5781,13	106,34	1486,32	2787,20	1507,61	495,43
2020	6056,18	105,73	1437,00	2804,50	1814,68	603,27
2021	6467,37	113,92	1482,90	2958,75	2025,73	653,58
2022	5557,80	98,77	1318,71	2649,17	1589,92	424,18

Tab. 3.19 Exporte von Holzwerkstoffen aus Deutschland in 1000 Kubikmetern (nach Destatis)

Jahr	Holzwerkstoff gesamt	Furnier	Sperrholz	OSB-Platten	Faserplatten insgesamt	Davon MDF- und HDF
2013	5767,32	57,43	296,69	2263,74	3149,45	1311,41
2014	5636,42	55,78	309,97	2188,81	3137,64	1375,39
2015	5995,89	63,78	333,73	2206,79	3455,38	1536,55
2016	6074,66	64	349,25	2270,88	3454,53	1604,52
2017	6360,24	63,5	318,32	2408,96	3596,97	1544,95
2018	6145,17	62,56	392,9	2432,90	3319,37	1557,82
2019	6019,85	58,14	375,91	2349,22	3294,72	2877,84
2020	6053,53	58,28	372,89	2190,68	3489,95	2879,61
2021	6786,39	62,04	387,87	2744,78	3653,75	2936,09
2022	5772,91	51,89	330,13	2450,24	2992,54	2345,49

Tab. 3.20 Bedarf an Holzwerkstoffen in Deutschland in 1000 Kubikmetern (nach Destatis)

Jahr	Holzwerkstoff gesamt	Furnier	Sperrholz	OSB-Platten	Faserplatten insgesamt	davon MDF- und HDF-Platten
2013	11.435,43	151,52	1176,17	7044,51	3166,82	534,3
2014	11.697,05	144,55	1.207,45	7392,58	3097,03	542,33
2015	11.549,23	138,21	194,45	7433,82	2920,95	403,66
2016	12.040,54	147,48	1223,36	7672,54	3144,64	376,19
2017	12.440,06	142,33	1309,52	7739,95	3426,57	456,72
2018	12.629,56	137,56	1344,81	7521,99	3762,77	2762,76
2019	12.276,84	145,94	1221,57	7315,71	3739,56	2122,64
2020	12.693,5	147,38	1163,94	7404,05	4125,52	2323,35
2021	13.206,37	167,82	1198,04	7531,78	4476,55	2410,11
2022	11.752,89	156,93	1073,18	6888,82	3790,9	1870,24

Millionen Kubikmetern. Davon sind mehr als sieben Millionen Kubikmeter OSB-Platten, drei Millionen Kubikmeter Faserplatten, eine Million Kubikmeter Sperrholz und 150 Tausend Kubikmeter Furnier. Auffällig ist die Bedarfssteigerung an MDF- und HDF-Platten um das Fünffache seit dem Jahr 2018. Eine enorme Produktionssteigerung bei einem offensichtlich noch nicht gesättigten Markt war möglich.

Der höchste Holzwerkstoffbedarf besteht an OSB-Platten. Sie sind wesentlicher Bestandteil von Holzrahmenbauten und Fertighäusern. OSB-Platten werden in Deutschland ungefähr in dem gleichen Maße wie der Bedarf hergestellt. Zusätzlich werden sie in deutlich geringerem, aber etwa gleichem Umfang importiert und exportiert.

Die hochwertigen mittel- und hochdichten Faserplatten werden in Deutschland vorrangig gefertigt und auch exportiert, hingegen kaum importiert. Ein Standortvorteil für die Herstellung hochwertiger Holzwerkstoffe ist die hoch entwickelte Chemieindustrie, welche hochwertige und leistungsfähige Bindemittel und Harze bereitstellt.

Sperrholz wird in Deutschland größtenteils importiert. Der Bedarf ist mit einer Million Kubikmetern ungefähr so hoch wie der Bedarf an MDF- und HDF-Platten. Oftmals ist

Laubholz wie Birkenholz der Rohstoff für Sperrholz, dessen forstwirtschaftliche Bereitstellung in Deutschland nicht systematisch erfasst wird. Das ist aufgrund der starken Verbreitung möglicherweise ein Nachteil.

Der Bedarf an Furnier ist in Deutschland gering. Die Produktion ist gering und die Importe sind relativ hoch. Das ist durchaus ein technologischer Nachteil, da Furnier vielseitig ist. Es sind hochfeste, flächige Werkstoffe, welche aber auch zu Formen wie Halbschalen verarbeitet werden können. Im Furnier liegt nicht nur ein ungehobenes quantitatives, sondern auch ein qualitatives Potenzial.

Quellenverzeichnis

Bundesministerium für Ernährung und Landwirtschaft BMEL (2023a) Ergebnisse der Waldzustandserhebung 2023, Bonn. https://www.bmel.de/SharedDocs/Downloads/DE/Broschueren/waldzustandserhebung-2023.pdf

Bundesministerium für Ernährung und Landwirtschaft BMEL (2023b) Forst- und Holzwirtschaft, Waldschäden und Waldbrände, Fläche neuartiger Waldschäden, Bonn. https://www.bmel-statistik.de/forst-holz/tabellen-zu-forst-und-holzwirtschaft/

Bundesministerium für Ernährung und Landwirtschaft BMEL (2023c) Tabellen zur Forst- und Holzwirtschaft, Holzwirtschaft in den Mitgliedsstaaten der EU, Versorgungsbilanz von Rundholz, www.bmel-statistik.de/forst-holz/tabellen-zu-forst-und-holzwirtschaft/

Bundesministerium für Umwelt, Naturschutz, nukleare Sicherheit und Verbraucherschutz BMUV (2023) Aktionsprogramm Natürlicher Klimaschutz, Kabinettsbeschluss vom 29. März 2023, https://www.bundesumweltministerium.de/publikation/aktionsprogramm-natuerlicher-klimaschutz

Bundesministerium für Wohnen, Stadtentwicklung und Bauwesen BMWSB, Bundesministerium für Ernährung und Landwirtschaft BMEL (2023) Holzbauinitiative: Strategie der Bundesregierung zur Stärkung des Holzbaus als ein wichtiger Beitrag für ein klimagerechtes und ressourceneffizientes Bauen. https://www.bmleh.de/SharedDocs/Downloads/DE/Broschueren/holzbau-initiative.html

Datenbank der Bundeswaldinventur (2022), Johann Heinrich von Thünen-Institut, Bundesforschungsinstitut für Ländliche Räume, Wald und Fischerei (Hrsg.) Braunschweig. https://bwi.info/

Dunger K, Schad T, Rock J, Rüter S (2025) Waldentwicklung und Rohholzaufkommen, Modellierung für die Jahre 2023 bis 2062, Bundesministerium für Landwirtschaft, Ernährung und Heimat BMLEH (Hrsg.) Bonn. https://www.publikationen-bundesregierung.de/pp-de/publikationssuche/waldentwicklung-2361778

Eurostat (fortlaufend) Roundwood removals by type of wood and assortment, DOI:10.2908/for_remov, https://ec.europa.eu/eurostat/databrowser/view/for_remov/default/table?lang=en

Gensior A, Drexler S, Fuß R, Stümer W, Rüter S (2025) Treibhausgasemissionen durch Landnutzung, Landnutzungsänderung und Forstwirtschaft (LULUCF), Johann Heinrich von Thünen-Institut, Bundesforschungsinstitut für Ländliche Räume, Wald und Fischerei, Braunschweig. https://www.thuenen.de/de/themenfelder/klima-und-luft/emissionsinventare-buchhaltung-fuer-den-klimaschutz/treibhausgas-emissionen-lulucf

Rüter S, Matthews WR, Lundblad M, Sato A, Hassan RA (2019) Refinement to the 2006 IPCC Guidelines for National Greenhouse Gas Inventories Volume 4: Agriculture, Forestry and Other Land Use, https://www.ipcc-nggip.iges.or.jp/public/2019rf/pdf/4_Volume4/19R_V4_Ch12_HarvestedWoodProducts.pdf

Statistisches Bundesamt (2023) Trockenheit als Stressfaktor für den Wald: Insektenschäden für 59,5 Prozent des Schadholzeinschlags verantwortlich, Pressemitteilung vom 27.06.2023. https://www.destatis.de/DE/Presse/Pressemitteilungen/Zahl-der-Woche/2023/PD23_26_p002.html

Holz für das Bauen

4

Inhaltsverzeichnis

Schlüsselwörter

Normierung · Bauholz · Qualität · Bauprodukte · Laubholznutzung

P. Weißhaupt, *Wald- und Holzbau*, https://doi.org/10.1007/978-3-658-50061-0_4

4.1 Rund- und Schnittholz

4.1.1 Qualität

Zwischen dem Baum im Wald und dem Brett in der Werkstatt liegt die Sägeindustrie. Die Expertise ist eine hoch entwickelte Zerkleinerungstechnik. Das Standardlehrwerk der Sparte ist das 226 Seiten starke Buch mit dem Titel „*Zerspanung von Holz und Holzwerkstoffen. Grundlagen, Systematik, Modellierung, Prozessgestaltung*“ von Christian Gottlöber (2023). Wer sich also fragt, wie aus einem Baum ein Grobspan für die OSB-Platte wird, dem sei dieses Buch empfohlen. Die Lektüre wird sich lohnen, denn in Deutschland ist die Sägeindustrie ein lukratives und hoch technisiertes Geschäft. Nach Angaben des Hauptverbands der Deutschen Holzindustrie und Kunststoffe verarbeitenden Industrie und verwandter Industrie- und Wirtschaftszweige e. V., Berlin, erwirtschaftet die deutsche Holzindustrie jährlich 45,3 Mrd. € (HDH 2023). Etwa 8,8 Mrd. € davon werden jährlich in Sägewerken erwirtschaftet. Damit ist die Sägeindustrie der wirtschaftlich zweitstärkste Bereich der Holzindustrie. Er wird nur von der Holzmöbelindustrie mit 18,8 Mrd. € Jahresumsatz übertroffen. Der Umsatz mit Holzprodukten für das Bauen ist geringer. Er liegt bei acht Milliarden Euro für Bauprodukte und 6,3 Mrd. € für Holzwerkstoffe

Im Kontext der Laubholznutzung ist zu erwähnen, dass die Verarbeitung von Laubholz andere Sägetechnologie und abweichende Prozesse erfordert als die Verarbeitung von Nadelholz (Abb. 4.1). Sägewerke, welche auf die Verarbeitung von Nadelholz spezialisiert sind, können ihre Prozesse nicht auf Laubholz umstellen. Zugleich gibt es in Deutschland trotz vieler Sägewerke einen Mangel an Kapazitäten für die Laubholzverarbeitung. Das betrifft die quantitativen Kapazitäten ebenso wie die regionale Verfügbarkeit. Um das mit

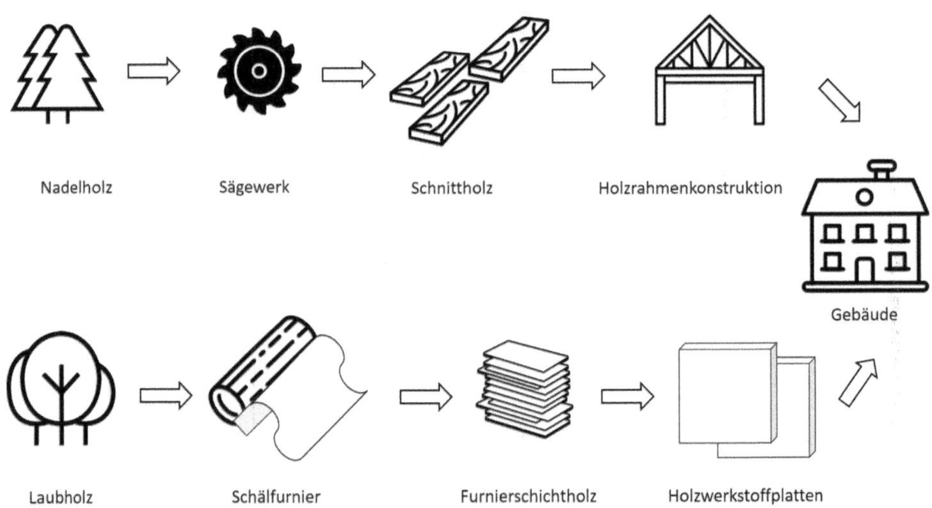

Abb. 4.1 Getrennte Wertschöpfungsketten für Nadel- und Laubholz, eigene Abbildung

fortschreitendem ökologischem Waldumbau wachsende Laubholzpotenzial zu erschließen, gibt es die Laubholzinitiative „Laubholz+“ des Deutschen Säge- und Holzindustrie Bundesverbands e. V. (DeSH 2025). Die Sägekapazitäten müssen als Flaschenhals für die Laubholznutzung verstanden und aufgebaut werden. Ohne Sägekapazitäten wird es trotz guter Materialeigenschaften von Eiche, Buche, Ahorn, Kastanie und Robinie beim Status quo der Energieholzgewinnung bleiben.

Dem Wald entnommenes und geschältes Holz wird als Rundholz oder Stammholz bezeichnet. Rundholz ist das Produkt der Forstwirtschaft und der in Sägewerken verarbeitete Rohstoff.

Rundholz für bauliche Zwecke muss gewisse Qualitätsanforderungen erfüllen. Dazu gibt es eine Qualitätsnorm:

- EN 14251:2003 Rundholz für bauliche Zwecke – Prüfverfahren

Die Norm legt Prüfverfahren zur Bestimmung der Biegefestigkeit, des Biege-Elastizitätsmoduls, der Druckfestigkeit in Faserrichtung und des Elastizitätsmoduls bei Druckbeanspruchung in Faserrichtung fest. Es folgen weitere Qualitätsstandards für die Sortierung von Rundholz. Sie dienen beispielsweise der Kommunikation zwischen Forstwirten und Sägewerken. Es liegen Normen für die Verarbeitung von Fichte, Tanne, Kiefer, Lärche, Douglasie, Eiche, Buche und Pappel vor.

- EN 1315:2010 Dimensions-Sortierung von Rundholz
- EN 1927-1:2008 Qualitäts-Sortierung von Nadel-Rundholz – Teil 1: Fichten und Tannen
- EN 1927-2:2008/AC:2009 Qualitäts-Sortierung von Nadel-Rundholz – Teil 2: Kiefern
- EN 1927-3:2008 Qualitäts-Sortierung von Nadel-Rundholz – Teil 3: Lärchen und Douglasie
- EN 1316-1:2012 Laub-Rundholz – Qualitäts-Sortierung – Teil 1: Eiche und Buche
- EN 1316-2:2012 Laub-Rundholz – Qualitäts-Sortierung – Teil 2: Pappel

Weiterhin gibt es Normen, die für Rund- und für Schnittholz gelten und vorrangig Maße festlegen.

- EN 844:2019 Rund- und Schnittholz – Terminologie
- EN 13556:2003 Rund- und Schnittholz – Nomenklatur der in Europa verwendeten Handelshölzer
- EN 1309-1:1997 Rund- und Schnittholz – Verfahren zur Messung der Maße – Teil 1: Schnittholz
- EN 1309-2:2006 Rund- und Schnittholz – Verfahren zur Messung der Maße – Teil 2: Rundholz, Anforderungen an die Messung und Regeln zur Volumenberechnung
- EN 1309-3:2018 Rund- und Schnittholz – Messmethoden – Teil 3: Merkmale und biologische Schädigungen
- EN 1312:1997 Rund- und Schnittholz – Bestimmung des Losvolumens von Schnittholz

- EN 1313-1:2010 Rund- und Schnittholz – Zulässige Abweichungen und Vorzugsmaße – Teil 1: Nadelschnitthol
- EN 1313-2:1998 Rund- und Schnittholz – Zulässige Abweichungen und Vorzugsmaße – Teil 2: Laubschnittholz

Schließlich gibt es Normen zur Bestimmung der Feuchte von Schnittholz. Die Feuchte von Holz ist von Bedeutung, da sie das Kriechverhalten und die Besiedelbarkeit mit Mikroorganismen beeinflusst.

- EN 14298:2017 Schnittholz – Ermittlung der Trocknungsqualität
- EN 13183-1:2002 Feuchtegehalt eines Stückes Schnittholz – Teil 1: Bestimmung durch Darrverfahren
- EN 13183-2:2002 Feuchtegehalt eines Stückes Schnittholz – Teil 2: Schätzung durch elektrisches Widerstands-Messverfahren

Der Fasersättigungsbereich variiert je nach Holzart. Er liegt bei Nadelholzarten bei 30 %, bei Laubholz bei 26 bis 28 %. Bauholz soll eine Feuchte von 15 ± 3 % haben. Holz, welches feuchter ist, wird nachtrocknen und dabei möglicherweise schwinden. Trockeneres Holz wird Feuchte aus der Umgebung aufnehmen und könnte dabei aufquellen.

Weiterhin gibt es Regeln für die visuelle Begutachtung von Nadel- und Laubholz.

- EN 1611-1:1999 Schnittholz – Sortierung nach dem Aussehen von Nadelholz – Teil 1: Europäische Fichten, Tannen, Kiefern und Douglasie
- EN 975-1:2009/AC:2010 Schnittholz – Sortierung nach dem Aussehen von Laubholz – Teil 1: Eiche und Buche
- EN 975-2:2004 Schnittholz – Sortierung nach dem Aussehen von Laubholz – Teil 2: Pappel
- CEN/TS 12169:2008 Kriterien zur Konformitätsprüfung eines Loses Schnittholz
- CEN/TS 14464:2010 Schnittholz – Verfahren zur Ermittlung der Verschalung

Bestimmte Holzfehler werden visuell beurteilt. Die Grundlage für die Erkennung von Holzfehlern sind genannte Normen. Typische Holzfehler sind Wuchsfehler, Klimaschäden, technische Schäden sowie Schädigungen durch Organismen. Im Detail sind es Abholzigkeit, Krummwüchsigkeit, Unrundheit, Zwiesel, Wustholzbildung, Ästigkeit, Faserabweichungen, unregelmäßige ringförmige Zonen, Kernverlagerungen, Drehwuchs, Farbfehler, Risse durch Wuchsspannungen, Schwindrisse, Ringrisse, Frostrisse, Blitzrisse, Kernrisse, Stammfäule, Verstockungen, holzschädigende Pilze und Insekten, Weißfäule und Rotfäule sowie Holzfeuchten über 30 % (Rug und Mönck 2020). Die Beurteilung biologischer Holzschäden erfolgt nach der zuvor genannten DIN EN 1309-3:2018-09. Die Norm ist obligatorisch für alle Anwendungsgebiete von Holz anzuwenden.

Es gibt europäische Normen, welche sich auf die Verordnung (EU) Nr. 2024/3110 zur Festlegung harmonisierter Bedingungen für die Vermarktung von Bauprodukten beziehen und Vollholz, Brettschichtholz, Balkenschichtholz innerhalb der EU zu marktfähigen Produkten machen. Diese mandatierten und harmonisierten Normen sind die folgenden.

- DIN EN 14081:2019:10 Holzbauwerke – Nach Festigkeit sortiertes Bauholz für tragende Zwecke mit rechteckigem Querschnitt – Teil 1: Allgemeine Anforderungen
- DIN EN 14080:2013-09 Holzbauwerke – Brettschichtholz und Balkenschichtholz – Anforderungen
- EN 15497:2014 Keilgezinktes Vollholz für tragende Zwecke – Leistungsanforderungen und Mindestanforderungen an die Herstellung

Massivholz wird unterschieden in Bauholz (auch Bauschnittholz, Vollholz VH oder Nadelschnittholz NH), Brettschichtholz und Balkenschichtholz. Bauholz gemäß DIN EN 14081 ist für gewöhnlich verfügbar als

- Latte: Dicke < 40 mm, Breite < 80 mm,
- Brett: Dicke < 40 mm, Breite > 80 mm,
- Bohle: Dicke > 40 mm, Breite > 3 * Dicke oder
- Kantholz: Breite < Höhe < 3 * Breite, Breite > 40 mm.

Weiterhin ist durch den Bund Deutscher Zimmermeister des Zentralverbands des Deutschen Baugewerbes e. V., Berlin, und die Vereinigung der deutschen Sägewerksverbände ein Branchenstandard für Konstruktionsvollholz geschaffen worden. Es handelt sich um Kantholz gemäß DIN EN 14081 mit zusätzlichen Qualitätsanforderungen, wie der Festigkeitsklasse C 24, einer Feuchte von 15 ± 3 %, hoher Maßhaltigkeit sowie auch keilgezinktes Holz. Die Hersteller führen regelmäßige Eigen- und Fremdüberwachung ihrer Produktion durch.

Neben Bauholz sind auch Brettschichtholz und Balkenschichtholz gemäß DIN EN 14080 für tragende Zwecke geeignet. Brettschichtholz (BSH) besteht aus mindestens zwei verleimten Lamellen aus Bauholz, welche in gleicher Faserrichtung angeordnet sind. Die Gesamtdicke kann sechs bis 45 mm betragen. Dabei können bis zu zwei Bretter nebeneinander angeordnet sein. Balkenschichtholz (BASH) besteht aus zwei bis fünf verleimten Lamellen aus Bauholz derselben Festigkeitsklasse, welche in gleicher Faserrichtung angeordnet sind. Die Gesamtdicke beträgt 45 bis 85 mm. Der Querschnitt beträgt maximal 280 mm.

Ein gesondertes Vollholzprodukt sind Wand- und Deckenbekleidungen nach harmonisierter europäischer Norm. Die Produkte sind nicht tragend und für den geschützten Innenausbau geeignet.

- EN 14915:2013 Wand- und Deckenbekleidungen aus Massivholz – Eigenschaften, Bewertung der Konformität und Kennzeichnung

Die Sortierung von Bauholz ist eine wichtige Verbindung zwischen Forst- und Holzwirtschaft, denn es geht dabei vorrangig um die Feststellung einer für das Bauen geeigneten Qualität. So ist es möglich, dass ein artenreicher Laub- und Mischwald zwar große Mengen an Holz hervorbringt, die Qualität des Holzes aber nicht den Ansprüchen der Bauwirtschaft genügt. Zugleich sind die verfügbaren Wald- und Baumbestände nicht mit der Verfügbarkeit von Bauholz gleichzusetzen. Normen sind das entscheidende Instrument zur Qualitätssicherung. Von keiner Norm erfasste Holzqualitäten sind für das Bauen ungeeignet.

4.1.2 Festigkeit

Für die Nachweise der Tragfähigkeit und Gebrauchstauglichkeit wird Holz hinsichtlich der Festigkeit charakterisiert und in Klassen eingeteilt. Aufgrund der Ansiotropie von Holz ist entscheidend, ob die Kräfte parallel oder orthogonal zur Faser wirken. Im Allgemeinen können Kräfte parallel zur Faser besser abgefedert werden als Kräfte im rechten Winkel zur Faser. Die Längsdruckfestigkeit parallel zur Faser ist deutlich höher als die Querdruckfestigkeit und abhängig von Rohdichte, Feuchte, Faserverlauf, Holzart, Spätholzanteil, Ästigkeit und Belastungsdauer. Anschauliche Beispiele sind Holzpflaster im Gegensatz zu Dielenböden. Auf der Oberfläche von Holzpflaster sind typischerweise die Jahresringe zu sehen. Die schwersten Belastungen auf diese Fußböden folgen stets parallel zur Faser, wie auf den aufgerichteten Baumstamm. Bei nur wenig belasteten Dielenböden für Wohnzwecke trifft die Belastung quer zur Faser auf den Boden. Der Baumstamm liegt als Nutzschicht auf der Fußbodenkonstruktion und trägt die einwirkenden Lasten nicht. Folgende Festigkeiten werden für Holz bestimmt.

- Druckfestigkeit (engl. compressive strength)

„Die Druckfestigkeit σ_{DII} ist die auf den Anfangsquerschnitt A der Probe bezogene Höchstkraft F_{max} bei Druckbeanspruchung.“ (Definition der Druckfestigkeit nach DIN 52185:1975 Prüfung von Holz; Bestimmung der Druckfestigkeit parallel zur Faser). Druckfestigkeit nimmt mit wachsender Holzfeuchte ab. Holz ist warnfähig: Bei Erreichen der Belastungsgrenze knistert es.

- Zugfestigkeit (engl. tensile strength)

„Die Zugfestigkeit β_Z ist die auf den Anfangsquerschnitt A der Probe bezogene Höchstkraft F_{max} bei Zugbeanspruchung.“ (Definition der Zugfestigkeit nach DIN 52188:1979: Prüfung von Holz; Bestimmung der Zugfestigkeit parallel zur Faser). Zugfestigkeit kann erheblich durch Ästigkeit und Wuchsfehler beeinträchtigt werden, Feuchte hat geringfügigen Einfluss auf die Zugfestigkeit. Weiterhin reißt Früh- vor Spätholz, was bedeutet, dass im Herbst geerntetes Holz eine etwas höhere Zugfestigkeit aufweist.

- Biegefestigkeit unter Normalkraft Druck

Biegung unter Druck entspricht der Druckfestigkeit orthogonal zur Faser. Im Fall einer Biegung werden die äußeren Fasern gestreckt und die inneren Fasern des Bauteils gestaucht. Das Ergebnis ist sowohl eine Zug- als auch eine Druckspannung über den Querschnitt des Bauteils. Biegespannungen werden mit σ bezeichnet. Die Biegefestigkeit wird nach DIN 52186:1978-06 Prüfung von Holz, in einem Biegeversuch bestimmt.

- Biegefestigkeit unter Normalkraft Zug

Biegung unter Normalkraft Zug entspricht der Zugfestigkeit quer zur Faser. Auch in diesem Fall werden die äußeren Fasern des Bauteils teils gedehnt und teils gestaucht. Das Ergebnis sind Zug- und Druckspannungen im Querschnitt des Bauteils.

- Schubspannung

Schubspannung entsteht parallel zu einem Bauteil, wenn Kräfte zu einer Verschiebung oder zu einer Verformung des Bauteils führen. Die Schubspannung berechnet sich als $\tau = F/A$, mit der Kraft F und der Querschnittsfläche A. Schubspannung wird auch als Scher- oder Tangentialspannung bezeichnet. Es gilt aber auch $\tau = G * \tan \alpha$ mit dem Gleitwinkel α und dem Schubmodul G. Das Schubmodul G berechnet sich zu $G = E / (2*(1 + \upsilon))$ mit dem E-Modul E und der Poissonzahl υ. Schubspannung ist entweder das Ergebnis einer Querkraft oder einer Torsion. Schubspannungen treten beispielsweise bei Bolzenverbindungen auf. Die Scherfestigkeit von Holz wird gemäß DIN 52187:1979-05 Prüfung von Holz; Bestimmung der Scherfestigkeit in Faserrichtung, bestimmt.

- Elastizitätsmodul

Das Hookesche Gesetz besagt, dass sich Spannung und Dehnung in elastischen Körpern proportional zueinander verhalten. Der Quotient aus Spannung und Dehnung ist eine Konstante und wird als E-Modul bezeichnet. Ein hohes E-Modul beschreibt einen hohen Widerstand gegen plastische Verformung.

- Zug oder Druck mit Torsion

Torsion ist das Verdrehen eines Bauteils um die Achse des Bauteils. Torsion taucht nie alleine auf und oft in Kombination mit Zug- oder Druckkräften in Richtung der Bauteilachse.

Die Sortierung von Schnittholz für die Verwendung als Bauholz kann visuell erfolgen nach

- DIN 4074-1:2012-06 Sortierung von Holz nach der Tragfähigkeit – Teil 1: Nadelschnittholz
- DIN 4074-5:2008-12: Sortierung von Holz nach der Tragfähigkeit – Teil 5: Laubschnittholz

Der deutsche Standard umfasst folgende Klassen für Nadelholz:

- Kanthölzer und hochkant biegebeanspruchte Bretter und Bohlen: S7/S7K, S10/S10K, S13/S13K
- Latten: S10, S13
- Bretter und Bohlen: S7, S10, S13

Laubholzklassen werden nach demselben Schema mit LS bezeichnet. Die Zahlen stehen für die Biegefestigkeit in Newton pro Quadratmillimeter. S13 steht also für eine hohe Biegefestigkeit von 13 N pro Quadratmillimeter, die Festigkeit von als S7 bezeichnetem Holz beträgt sieben Newton pro Quadratmillimeter.

Nach europäischen Regeln erfolgt Festigkeitssortierung in die Klassen der DIN EN 338 auf der Grundlage der Bestimmung des Biege-E-Moduls und der Rohdichte (DIN EN 384 oder DIN 52182).

- DIN EN 338:2016-07 Bauholz für tragende Zwecke – Festigkeitsklassen
- DIN EN 384:2022-08: Bauholz für tragende Zwecke – Bestimmung charakteristischer Werte für mechanische Eigenschaften und Rohdichte
- DIN 52182:1976-09: Prüfung von Holz; Bestimmung der Rohdichte

Die Regeln für die maschinelle Sortierung wurden in DIN EN 14081-1 bis -3 auf europäischer Ebene harmonisiert und führen zu einer Sortierung nach Festigkeitsklassen nach DIN EN 338.

- DIN EN 14081-1:2019-10: Holzbauwerke – Nach Festigkeit sortiertes Bauholz für tragende Zwecke mit rechteckigem Querschnitt – Teil 1: Allgemeine Anforderungen;
- DIN EN 14081-2:2022-08 Teil 2: Maschinelle Sortierung; zusätzliche Anforderungen an die Erstprüfung
- DIN EN 14081-3:2022-06 Teil 3: Maschinelle Sortierung, zusätzliche Anforderungen an die werkseigene Produktionskontrolle

Die Norm DIN EN 338 beinhaltet Tabellen der Festigkeiten von Nadel- und Laubholz. Sie unterscheidet Nadel- und Laubholz mit dem Kennbuchstaben C für Nadelholz und D für Laubholz. Die neben den Buchstaben namensgebende Zahl orientiert sich direkt an der Biegefestigkeit in Newton pro Quadratmillimeter. Die Festigkeitsklassen sind letztendlich Qualitätsstufen.

Nadelholz ist nach EN 338 in zwölf Klassen von C 14 bis C 50 eingeteilt. Fichtenholz fällt zumeist in die Klasse C 24. Laubholz ist in 14 Klassen von D 18 bis D 80 verfügbar. Buchenholz genügt oft der Klasse D 40. Festigkeitswerte müssen für sämtliches Holz und sämtliche Holzwerkstoffe vorliegen, welche für tragende Zwecke eingesetzt werden sollen. Somit gibt es auch Festigkeitswerte für Brettschichtholz und für Furnierschichtholz. Die Studiengemeinschaft Holzleimbau e. V. unterscheidet aus Nadelholz gefertigtes Brettschichtholz in GL 24c, GL 28c und GL 30c. GL steht für glulam (engl. glued laminated timber, Brettschichtholz) und c für coniferous (Nadelholz). Brettschichtholz aus Laubholz ist ein Produkt einzelner Hersteller, welche die Festigkeiten in Produktdatenblättern zur Verfügung stellen. Ähnlich verhält es sich bei Furnierschichtholz. Die Studiengemeinschaft Holzleimbau e. V. unterscheidet fünf Klassen LVL-P von 32 bis 80 ohne Querfurniere und weitere sechs Klassen LVL-C von 22 bis 75 mit Querfurnieren. LVL steht für laminated veneer lumber, den englischen Begriff für Furnierschichtholz. Nadelholzfurnier wird oft als LVL 48 P angeboten. Buchenholzfurnier ist ebenfalls ein Produkt weniger Hersteller, welche die Klasse LVL 80 P bereitstellen.

Tab. 4.1 stellt Festigkeitswerte von Fichten- und Buchenholz als Vollholz, Brettschichtholz und Furnierschichtholz gegenüber. Laubholz kann deutlich höhere Festigkeiten als Nadelholz haben, was theoretisch Vorteile für das Bauen bieten kann. In der Praxis steht Laubschnittholz aber nicht in ausreichender und konstanter Qualität zur Verfügung. Laubholzverarbeitung erfordert eine Spezialisierung, zu welcher derzeit noch kein Anlass besteht. Mit Brettschichtholz und Furnierschichtholz werden deutlich höhere Festigkeiten als mit Vollholz erzielt. Und auch diese können unter Verwendung von Laubholz übertroffen werden.

Die Werte der Festigkeiten der Tab. 4.1 sind die Grundlage für die statischen Berechnungen nach DIN EN 1995-1-1 (Eurocode 5) Holzbau. Die Werte erlauben die Berechnungen der Grenzzustände der Tragfähigkeit, der Tragfähigkeit im Brandfall, der Gebrauchstauglichkeit und der Stabilität bei der Auslegung von Tragwerken. Diese Berechnungen sind Gegenstand des fünften Kapitels. Der schlichte Vergleich der Festigkeitswerte verdeutlicht bereits Folgendes:

- Anisotropie des Holzes. Höhere Festigkeit in Faserrichtung als quer zur Faser und höhere Elastizität in Faserrichtung als quer zur Faser.
- Höhere Druckfestigkeit als Zugfestigkeit sowohl parallel als auch quer zur Faser.
- Die geringe Dichte und das gute Festigkeits-zu-Dichte-Verhältnis erlauben große Spannweiten bei geringem Eigengewicht.
- Höhere Festigkeiten von Laubholz. Das bedeutet, dass unter Verwendung von Laubholz möglicherweise mit kleineren Querschnitten gearbeitet werden kann.
- Die Festigkeiten von Brettschichtholz und einmal mehr von Furnierschichtholz sind größer als die Festigkeiten von Vollholz. Auch das kann unter Umständen kleinere Bauteilquerschnitte ermöglichen.
- Die höchsten Festigkeiten werden mit Furnierschichtholz erzielt.

Tab. 4.1 Charakteristische Festigkeitswerte in Newton pro Quadratmillimeter und Rohdichten in Kilogramm pro Kubikmeter nach DIN EN 338, Merkblättern der Studiengemeinschaft Holzleimbau e. V. sowie einem Produktdatenblatt der Pollmeier Massivholz GmbH & Co. KG, Creuzburg

	Vollholz		Brettschichtholz		Furnierschichtholz	
Holzart	Fichte	Buche	Fichte	Buche	Fichte	Buche
Quelle	DIN EN 338 sowie Merkblatt zu ansetzbaren Rechenwerten (Studiengemeinschaft Holzleimbau e.V. 2018)		BS-Holz-Merkbatt (Studiengemeinschaft Holzleimbau e. V. 2022)	Produktblatt der Fa. Pollmeier (2022)	Furnierschichtholzmerkblatt (Studiengemeinschaft Holzleimbau e.V. 2020) sowie Produktblatt der Fa. Pollmeier (2022)	
Festigkeitsklasse	C24	D40	GL 24c	GL 75	LVL 48 P	LVL 80 P (BauBuche S)
Sortier-Klasse nach DIN 4074	S10	LS10	-	-	-	-
Biegung $f_{m,k}$	24	40	24	75	44 (hochkant) 48 (flachkant)	75 (hochkant) 80 (flachkant)
Zug in Faserrichtung $f_{t,0,k}$	14,5	24	17	60	35	60
Zug rechtwinklig zur Faser $f_{t,90,k}$	0,4	0,6	0,5	0,6	0,8	1,5
Druck in Faserrichtung $f_{c,0,k}$	21	27	21,5	59,4 (NKL 1) 49,5 (NLK 2)	35 (NKL 1) 29 (NKL 2)	57,5
Druck rechtwinklig zur Faser $f_{c,90,k}$	2,5	5,5	2,5	14,8 (NKL 1) 12,3 (NKL2)	2,2	14
Schub $f_{v,k}$	4,0	4,2	3,5	4,5	4,2 (hochkant) 2,3 (flachkant)	8

Mittelwert des Elastizitätsmoduls in Faserrichtung $E_{m,0,\mathrm{mean}}$	11000	13000	11000	16800	13800	16800
5 %-Quantil des Elastizitätsmoduls in Faserrichtung $E_{\mathrm{m,0,k}}$	7400	10900	9167	15300	11600	14900
Mittelwert des Elastizitätsmoduls rechtwinklig zur Faserrichtung $E_{m,90,\mathrm{mean}}$	370	870	300	470	430	470
Mittelwert des Schubmoduls G_{mean}	690	810	650	850	600 (hochkant) 380 (flachkant)	760 (hochkant) 850 (flachkant)
Rohdichte ρ_k	350	550	365	730	480	730
Mittelwert der Rohdichte ρ_{mean}	420	660	-	800	510	800

4.1.3 Dauerhaftigkeit

Für die unterschiedlichen Holzarten gibt es neben den Trivialnamen und den botanischen Bezeichnungen Kurzbezeichnungen nach DIN 4074 und DIN EN 13556. Diese werden für einige Holzarten in Tab. 4.2 genannt. Die Rohdichten von Holz unterscheiden sich je nach Holzart. Sie sind in DIN 350 als Wert mit Toleranzbereich angegeben.

Tab. 4.2 Kurzbezeichnung, Rohdichte mit Toleranzbereich und Schwindmaß von in Deutschland häufig verwendeten Holzarten

	Kurzzeichen		Rohdichte nach DIN EN 350 in Kilogramm pro Kubikmeter bei 12 % Holzfeuchte		Dauerhaftigkeitsklasse gegen Pilze nach DIN EN 350	Schwindmaß in Prozent nach Grosser und Zimmer (2000) sowie DIN 68100:2010-07		
Holzart	DIN 4074	DIN EN 13556	Wert	Toleranz		tangential	radial	longitudinal
Fichte *Picea abies*	FI	PCAB	460	440–470	4	7,8	3,6	0,3
Tanne *Abies alba*	TA	ABAL	460	440–480	4	7,6	3,8	0,1
Kiefer *Pinus sylvestris*	KI	PNSY	520	500–540	3–4	7,7	4,0	0,4
Lärche *Larix decidua*	LA	LADC	600	470–650	3–4	7,8	3,3	0,3
Douglasie *Pseudotsuga menziesii*	DG	PSMN	510	470–520	3–4	7,4	4,2	0,3
Eiche *Quercus petraea*	EI	QCXE	710	650–760	2–4	7,8–10	4,4–4,6	0,4–0,42
Buche *Fagus sylvatica*	BU	FASY	710	690–750	5	11,8	5,8	0,3
Esche *Fraxinus excelsior*	ES	FXEX	700	680–750	5	8,0	8,0	0,2
Robinie *Robinia pseudoacacia*	ROB	ROPS	740	720–800	1–2	6,9	4,4	0,1
Birke *Betula pubescens*	-	BTXX	660	640–670	5	7,8	5,3	0,6
Bangkirai *Shorea laevis*	-	SHBL	930	700–1150	2	9,3–10,2	4,2–6,8	-

- DIN EN 350:2016-12: Dauerhaftigkeit von Holz und Holzprodukten – Prüfung und Klassifizierung der Dauerhaftigkeit von Holz und Holzprodukten gegen biologischen Angriff

Der Toleranzbereich umfasst Frischholz, getrocknetes Holz und darrgetrocknetes Holz. Die Rohdichten der Nadelholzarten liegen bei 460 bis 600 kg pro Kubikmeter, was geringer ist als die Rohdichten der Laubholzarten mit 590 bis 740 kg pro Kubikmeter (Tab. 4.2).

Holz hat weitgehend reproduzierbare Eigenschaften. Abweichungen vom Normverhalten können bei Feuchte auftreten. Die Feuchte von Holz variiert entsprechend der Holzart, der Jahreszeit des Fällens und der Rohdichte. Für die stoffliche Nutzung ist hinreichende Trocknung wichtig, denn hohe Restfeuchte begünstigt Formveränderungen. Nach Zahlen der Tab. 4.2 schwinden sämtliche Holzarten in ähnlichem Maß, Eiche und Buche geringfügig mehr als Fichte und Tanne. Wichtig ist die Feststellung, dass alle Holzarten am meisten tangential zur Faserrichtung schwinden, das heißt, parallele Fasern ziehen sich zusammen. Das tangentiale Schwinden kann bis zu zwölf Prozent betragen. In Faserrichtung schwindet Holz nicht. Das Schwindmaß liegt deutlich unter einem Prozent. Das radiale Schwinden beträgt drei bis acht Prozent. Neben dem Schwinden von Holz ist das Kriechen unter Belastung zu berücksichtigen. Gerade Hölzer mit geringer Rohdichte neigen zu dauerhafter Verformung. Splintholz kriecht stärker als Kernholz, Frühholz stärker als Spätholz. Der Wechsel von Feuchte und Trocknung begünstigt das Kriechen.

Die Dauerhaftigkeit von Holz gegenüber Schadorganismen ist ebenfalls von der Feuchte des Holzes abhängig. Für das Bauen mit Holz in Mitteleuropa ist die Beständigkeit gegen Basidiomyceten und Moderfäulepilze von Bedeutung. Die fünf Dauerhaftigkeitsklassen nach DIN EN 350 unterscheiden sehr dauerhaft, dauerhaft, mäßig dauerhaft, wenig dauerhaft und nicht dauerhaft. Fichte und Tanne sind wenig dauerhaft gegen holzzerstörende Pilze. Kiefer, Lärche und Douglasie gelten als mäßig bis wenig dauerhaft. Eibenholz gilt als dauerhaft. Unter den Laubhölzern sind Esche, Ahorn, Erle und Buche nicht dauerhaft gegen holzzerstörende Pilze. Kastanie, Eiche und Robinie gelten als dauerhaft. Weiterhin gibt es Unterschiede hinsichtlich der Beständigkeit gegenüber den Insekten *Hylotrupes* (Hausbock) und *Anobium* (Nagekäfer, Larven auch als Holzwurm bezeichnet) sowie gegenüber Termiten in Südeuropa. Holz, das im Schiffsbau eingesetzt wird, wird oftmals auf Beständigkeit gegen die Bohrmuschel getestet. Das bezieht sich allerdings nur auf Schiffe für den Verkehr auf dem Meer. Mitteleuropäische Binnengewässer beheimaten diese Schadorganismen nicht. Aus biologischer Sicht dürfte klar sein, dass es für jeden Organismus auch abbauende Mikroorganismen gibt, die Totholz zersetzen. Dieser Abbau schreitet langsam voran und kann bei Trockenheit und ohne Erd- und Wasserkontakt auch nochmals deutlich langsamer verlaufen.

Die Norm

- DIN EN 335:2013-06: Dauerhaftigkeit von Holz und Holzprodukten – Gebrauchsklassen: Definitionen, Anwendung bei Vollholz und Holzprodukten
- legt zusätzlich fünf Gebrauchsklassen fest. Das sind

1. Innen verbautes und ständig trockenes Holz,
2. Holz ohne Erdkontakt, das nicht der Witterung ausgesetzt ist,
3. Holz, welches Befeuchtung ausgesetzt ist,
4. Holz im Erdkontakt und
5. Holz im Salzwasserkontakt.

An den Gebrauchsklassen orientiert sich die vorbeugende Ausstattung mit Holzzschutzmitteln gemäß DIN 68 800-3. Diese Norm gehört zur vierteiligen nationalen Norm DIN 68 800 über den Holzschutz.

- DIN 68800-1: 2019-06 Holzschutz – Teil 1: Allgemeines
- DIN 68800-2: 2022-02 Holzschutz – Teil 2: Vorbeugende bauliche Maßnahmen im Hochbau
- DIN 68800-3: 2020-03 Holzschutz – Teil 3: Vorbeugender Schutz von Holz mit Holzschutzmitteln
- DIN 68800-4: 2020-12 Holzschutz – Teil 4: Bekämpfungsmaßnahmen gegen Holz zerstörende Pilze und Insekten und Sanierungsmaßnahmen

Das Ziel der DIN 68 800 ist es, so wenig Holzschutzmittel wie möglich und so viel wie nötig einzusetzen. Teil 2 beschäftigt sich daher mit konstruktiven Maßnahmen des Holzschutzes, welche eine Schnittmenge mit den Eurocodes 5, Teil 1 und Teil 3, haben. In Anlehnung an die Gebrauchsklassen legt die DIN 68 800-3 Maßnahmen zum vorbeugenden Schutz mit Holzschutzmitteln fest. Teil 4 der Norm findet nur dann Anwendung, wenn ein mit Pilzen und Insekten befallenes Gebäude saniert werden muss (Abb. 4.2).

Abb. 4.2 Das feine Myzel des holzzerstörenden braunen Kellerschwamms (*Coniophora puteana*). Die Bekämpfung gemäß DIN 68 800, Teil 4, im Jahr 2021 war erfolgreich. Eigene Abbildung

4.2 Bauprodukte

4.2.1 Holzmaste

Ein Produkt, welches Holz wenig verarbeitet und zerkleinert, sind Holzmaste gemäß

- DIN EN 14229:2010 Holzbauwerke – Holzmaste für Freileitungen.

Die europäische Norm bezieht sich auf die Verordnung (EU) 2024/3110 zur Festlegung harmonisierter Bedingungen für die Vermarktung von Bauprodukten. Holzmasten finden Einsatz im Bereich der Mittelspannungs- und Niederspannungsfreileitungen (12/20 kV bzw. 0,4 kV) sowie der Telefonleitungen. Höchst- und Hochspannungsfreileitungen sind hingegen immer an Stahlgittertürmen befestigt. Etwa 20 % der Mittelspannungsleitungen und ein Prozent der Niederspannungsleitungen sind Freileitungen mit einem kontinuierlichen Bedarf an Masten (EnergieNetz Mitte 2018). Man schätzt, dass in Deutschland zwei Millionen Rundholzmaste und 1,5 Mio. Stahl-Beton-Maste im Freileitungsnetz der Energieversorger im Einsatz sind. Jährlich müssen etwa 1 bis 1,5 % der Maste nach einer Lebensdauer von 30 bis 50 Jahren ausgetauscht werden. Es besteht also ein jährlicher Bedarf von 20 bis 25 Tausend Masten. Das Telefonnetz umfasst drei Millionen Rundholzmaste. Hinzu kommt ein geringerer und nicht quantifizierter Bedarf an Laternenmasten, Fahnenmasten sowie etwa 1,5 Mio. Hopfenstangen. Der Deutsche Holzmastenverband e. V. verweist auf die Klimaneutralität des Rohstoffs Holz (Deutscher Holzmastenverband e. V. 2020). In einem Freileitungsmast sind ungefähr 350 kg Kohlenstoffdioxid gebunden. Im Zuge der nachhaltigen Infrastrukturentwicklung bieten Holzmaste ein noch nicht erschöpftes Potenzial. Die Anforderungen an Holzmasten sind hoch. Ausschließlich Holz der Holzarten Kiefer, Lärche, Fichte, Tanne und Douglasie ist für die Herstellung geeignet. Wuchsfehler werden nur in geringem Maße akzeptiert und die Maste müssen qualitätskontrolliert getränkt werden. Die Bereitstellung wirksamer und zugleich gesundheitlich unbedenklicher Tränkmittel ist auch heute noch Forschungsgegenstand. Die Tränkung mit Teerölen, Quecksilber und Metallsalzen ist längst verboten. Heute werden organische Kupferverbindungen eingesetzt.

Es gibt eine abgeschlossene Forschungsstudie, in der Holzmaste aus Furnierschichtholz (LVL, laminated veneer lumber) auf Basis von Buchenholz hergestellt und geprüft wurden. Das ist ein höchst interessanter Ansatz, da so Buchenholz in diesem dem Nadelholz vorbehaltenen Produkt eingesetzt werden könnte (Georg-August-Universität Göttingen 2020). Die Studie ist ein Meilenstein im Kontext der Laubholzstrategie. Die Ergebnisse überzeugen, denn Furnierschichtholz verfügt zuverlässig über die nötige Festigkeit und Tragfähigkeit. Die Maste sind besser tränkbar als Rundholzmaste. Das Tränkmittel durchtränkt den gesamten Mast und nicht nur eine hinreichend tiefe Schicht, die zudem in jedem Einzelfall überprüft werden muss. Für die Schälfurniere kann Holz schlechterer Qualität genutzt werden. Die aufwendige Sortierung entfällt. Risse tauchen nicht auf, sodass auch kein schädigendes Wasser eindringen kann. Würden Holzmaste aus Buchen-Furnierschichtholz gefertigt, dann würde das Holz der Buche hochwertig stofflich verwertet und mehr Nadelholz stünde für die Herstellung von Schnittholz zur Verfügung.

4.2.2 Holzwerkstoffe

Für die unterschiedlichen Holzwerkstoffe gibt es normativ festgelegte Bezeichnungen und Qualitäten. Tab. 4.3 gibt einen Überblick (nach Colling 2021). Die harmonisierten Produktnormen, welche sich auf die Verordnung (EU) 2024/3110 beziehen, sind

- EN 13986:2015-06 Holzwerkstoffe zur Verwendung im Bauwesen – Eigenschaften, Bewertung der Konformität und Kennzeichnung und
- EN 14374:2004 Holzbauwerke – Furnierschichtholz für tragende Zwecke – Anforderungen.

Tab. 4.3 Holzwerkstoffe nach Colling (2021)

Holzwerkstoff	Beschreibung	Produktnormen
Holz-Mehrschicht-Platten (SWP), Massivholzplatten	Flächiger Werkstoff aus verleimtem Vollholz. Es gibt die Qualitäten SWP 1, SWP 2 und SWP 3.	Definition in DIN EN 12775 und Produkt nach DIN EN 13986. Klassifizierung nach DIN EN 13353.
Brettsperrholz (BSPH)	Flächiger Werkstoff aus mindestens drei Lagen rechtwinklig zueinander verklebtem Vollholz.	Definition in EN 1995-1-1 und Produkt nach DIN EN 13986.
Sperrholz	Verbund verklebter Hölzer, bei welchem die Faserrichtungen der Lagen rechtwinklig zueinander ausgerichtet sind.	Definition in DIN EN 313-2. Klassifizierung nach DIN EN 636.
Furnier	Dünnes Blatt aus Holz, dünner als 7 mm	Definition in DIN EN 313-2
Furnierschichtholz (LVL, FSH)	Verbund aus Furnieren, bei welchem die Faserrichtungen der Lagen parallel zueinander ausgerichtet sind. Es gibt unterschiedliche Qualitäten aus Nadel- oder Laubholz und ohne oder mit einzelnen Querlamellen.	Definition in DIN EN 14374 und Produkt nach DIN EN 13986.
Furniersperrholz (BFU)	Verbund aus Furnieren, bei welchem die Faserrichtungen der Lagen rechtwinklig zueinander ausgerichtet sind.	Definition in DIN EN 313-2 und DIN EN 68792. Klassifizierung nach DIN EN 636.

(Fortsetzung)

Tab. 4.3 (Fortsetzung)

Holzwerkstoff	Beschreibung	Produktnormen
Spanplatten (P)	Flächiger Werkstoff, der durch Verpressen von Holzspänen mit einem polymeren Klebstoff hergestellt wird. Es gibt die einfachen Qualitäten P1, P2, P3.	Definition in DIN EN 309. Klassifizierung nach DIN EN 312.
Kunstharzgebundene Spanplatte	Flächiger Werkstoff, der durch Verpressen von Holzspänen mit einem polymeren Klebstoff hergestellt wird. Es gibt die Qualitäten P4, P5, P6 und P7.	Definition in DIN EN 309 und Produkt nach DIN EN 13986. Klassifizierung nach DIN EN 312.
Zementgebundene Spanplatte (ZSP)	Flächiger Werkstoff, der durch Verpressen von Holzspänen und Zement hergestellt wird.	Definition in DIN EN 309 und Produkt nach DIN EN 13986.
OSB-Platte (engl. oriented strand bzw structural board)	Flächiger Werkstoff, der aus langen, flachen, ausgerichteten Holzspänen (Strands) und einem Bindemittel hergestellt wird. Es gibt die Qualitäten OSB 2, OSB 3 und OSB 4.	Definition und Klassifizierung in DIN EN 300 und Produkt nach DIN EN 13986.
Holzfaserplatte	Flächiger Werkstoff aus Holzfasern mit einer Dicke von mehr als 1,5 mm.	Definition nach DIN EN 316.
Harte Holzfaserplatte (HB)	Faserplatte mit einer Rohdichte von mehr als 900 kg pro Kubikmeter, hergestellt nach dem Nassverfahren. Es gibt die Qualitäten HB, HB.E, HB.H, HB LA, HB LA1 und HB LA2	Definition in DIN EN 316 und Produkt nach DIN EN 13986. Klassifizierung nach DIN EN 622-2
Mittelharte Holzfaserplatte (MHB)	Faserplatte mit einer Rohdichte größer als 400 und kleiner als 900 kg pro Kubikmeter, hergestellt nach dem Nassverfahren. Man unterscheidet zudem mittelharte Faserplatten geringer Dichte und mittelharte Faserplatten hoher Dichte. Es gibt die Qualitäten MBH.HLS1, MBH. HLS2, MBH.LA1, MBH.LA2, MBL, MBH, MBL.E, MBH.E, MBL.H und MBH.H	Definition in DIN EN 316 und Produkt nach DIN EN 13986. Klassifizierung nach DIN EN 622-3.
Poröse Faserplatte	Faserplatte mit einer Rohdichte kleiner als 400 kg pro Kubikmeter, hergestellt nach dem Nassverfahren. Es gibt die Qualitäten SB, SB.E, SB.H, SB.HL und SB.L	Definition in DIN EN 316 und Produkt nach DIN EN 13986. Klassifizierung nach DIN EN 622-4.
Mitteldichte Holzfaserplatten (MDF)	Faserplatte hergestellt nach dem Trockenverfahren unter Verwendung eines Bindemittels. Es gibt die Qualitäten MDF, MDF.H, MDF. LA, MDF.HLS und MDF.RWH.	Definition in DIN EN 316 und Produkt nach EN 13986. Klassifizierung nach DIN EN 622-5.

Die weiteren in Tab. 4.3 genannten Normen, sind Normen, die den Werkstoff unabhängig vom Bereich des Bauens für sämtliche Einsatzbereiche definieren oder den Werkstoff für unterschiedliche Bereiche des Bauens klassifizieren.

Der Vorteil von Holzwerkstoffen besteht in ihrer Flächigkeit. Holzwerkstoffe sind in unterschiedlichen Qualitäten verfügbar. Sie dienen der Beplankung von Wänden und als abgehängte Decken. Weiterhin sind es Abdeckplatten in unterschiedlichen Dach-, Decken- und Fußbodenkonstruktionen und dienen zur Abdeckung von Dämmstoffschichten. Für tragende Zwecke sind in DIN EN 1995-1-1 (Eurocode 5) drei Nutzungsklassen definiert. NKL 1 gilt für beheizte Innenräume, NKL 2 gilt für überdachte, offene Tragwerke und NKL 3 gilt für frei der Witterung ausgesetzte Bauteile. Welche Qualität in welcher Nutzungsklasse zu allgemeinen oder zu tragenden Zwecken eingesetzt werden darf, beschreiben die genannten Klassifizierungsnormen sowie DIN EN 1995-1-1, wenn zu tragenden Zwecken statische Berechnungen durchgeführt werden müssen.

Das Angebot an Holzwerkstoffen ist groß und könnte, wenn die Chancen von Furnieren ausgeschöpft würden, noch größer sein. Die Außenhandelsstatistiken belegen, dass Deutschland seit Jahren Nettoexporteur von hochwertigen Holzfaserplatten ist, während eher einfache Spanplatten eher Importware sind. Mit Blick auf Holzfaserplatten gibt es im internationalen Wettbewerb einen Technologievorsprung.

Ergänzend zu Holzwerkstoffen gibt es Hochdruck-Schichtpressstoffplatten auf Basis von laminiertem Papier. Für diese dekorativen Wand- und Deckenbekleidungen für Innen- und Außenanwendungen gibt es eine harmonisierte Norm.

- EN 438-7:2005 Dekorative Hochdruck-Schichtpressstoffplatten (HPL) – Platten auf Basis härtbarer Harze (Schichtpressstoffe) – Teil 7: Kompaktplatten und HPL-Mehrschicht-Verbundplatten für Wand- und Deckenbekleidungen für Innen- und Außenanwendung

HPL-Platten sind Verbundmaterialien aus Papier und Kunstharz. Es sind keine Holzwerkstoffe, jedoch holzbasierte Produkte.

4.2.3 Dämmstoffe: Holzwolle und Holzfasern

Holz hat sehr gute Dämmeigenschaften. Der Grund liegt in dem hohen Anteil der in den Poren des Holzes eingeschlossenen Luft. Entsprechend gibt es unterschiedliche Holzprodukte aus Spänen und Fasern, welche als Dämmmaterial geeignet sind. Die Produktnormen sind

- EN 13168:2012+A1:2015 Wärmedämmstoffe für Gebäude – Werkmäßig hergestellte Produkte aus Holzwolle (WW) – Spezifikation und
- EN 13171:2012+A1:2015 Wärmedämmstoffe für Gebäude – Werksmäßig hergestellte Produkte aus Holzfasern (WF) – Spezifikation.

Die Produktvielfalt ist groß, sodass die Fachagentur für nachwachsende Rohstoffe ein Produktportal einrichtete (FNR, Produktdatenbank Dämmstoffe). Die Datenbank umfasst mehr als 170 Produkte. Die Anwendungsbereiche sind Wände und Dächer innen sowie außen, aber auch Böden und Decken im Innenbereich. Die Lieferformen sind Platten, Matten, Bausteine, Schüttungen und Einblasdämmungen. Holzdämmstoffe finden typischerweise in Holzhäusern Einsatz, wobei die Kombination mit konventionellen Bauten möglich ist. Bei der Dämmung von Holzhäusern ist zu gewährleisten, dass der gesamte Wandaufbau diffusionsoffen bleibt und ein Feuchteaustausch von innen nach außen stattfinden kann. Der Bedarf an Dämmstoffen liegt in Deutschland bei insgesamt 38,5 Mio. Kubikmetern pro Jahr, wobei neun Prozent auf nachwachsende Rohstoffe entfallen. Die Produkte haben gemäß Kaiser et al. 2024 die folgenden physikalischen Kennwerte (Tab. 4.4) (Kaiser et al. 2024).

Die *Wärmeleitzahl λ in* Watt pro Meter mal Kelvin *(= W/mK)* ist die Wärmemenge, welche durch einen Würfel mit einer Kantenlänge von einem Meter bei einer Temperaturdifferenz von einem Kelvin in einer Sekunde hindurchfließt. Holz hat eine geringe Wärmeleitfähigkeit und somit gute Dämmeigenschaften. Die Wärmeleitfähigkeiten unterscheiden sich je nach Holzart nur wenig und liegen zwischen 0,1 und 0,17 W pro Meter und pro Kelvin. Die Wärmeleitfähigkeit steigt mit zunehmender Holzfeuchte und Rohdichte. Parallel zur Faser ist sie doppelt so hoch wie quer zur Faser (Niemz 2007). Die Wärmeleitfähigkeit von Holzfasern und -spänen liegt bei 0,038 bis 0,045 W pro Meter und Kelvin. Die Wärmeleitfähigkeit von expandiertem Polystyrol liegt bei 0,035 bis 0,04 W pro Meter und Kelvin. Die Wärmeleitfähigkeit von Glas beträgt 0,76 W pro Meter und Kelvin. Aerogele haben die geringsten Wärmeleitfähigkeiten mit 0,02 W pro Meter und Kelvin. Holz ist ein gutes Dämmmaterial mit einem guten Preis-Leistungs-Verhältnis.

Die spezifische Wärmekapazität c in Kilojoule pro Kilogramm und Kelvin ist die Wärmemenge, die erforderlich ist, um ein Kilogramm dieses Stoffes um ein Grad Kelvin zu erwärmen. Sie beträgt bei Holz etwa 1,3 Kilojoule pro Kilogramm und Kelvin,

Tab. 4.4 Physikalische Kennwerte von Holzdämmstoffen nach Kaiser et al. (2024)

Dämmstoff	Wärmeleitfähigkeit λ in Watt pro Meter mal Kelvin	Roh-dichte ρ in Kilogramm pro Kubikmeter	Wasserdampf-Diffusionswiderstand μ	Wärmekapazität c in Joule pro Kilogramm mal Kelvin	Brandverhalten nach DIN EN 13501-1
Holzfaser (lose)	0,040	30–45	1–2	2100	E
Holzfasermatten	0,038	40–55	1–3	2100	E
Holzfaserplatten	0,040	110–270	2–5	2100	E
Holzspäne	0,045	90–360	2	k. A.	E
Holzwolleplatten	0,090	330–500	2–5	2100	B, s1, d0

unabhängig von der Holzart, steigt aber mit zunehmender Holzfeuchte an auf bis zu 2,8 Kilojoule pro Kilogramm und Kelvin. Die Wärmekapazität von Holzdämmstoffen liegt bei 2,1 Kilojoule pro Kilogramm und Kelvin. Wärme und Feuchte werden von Holz und Holzdämmstoffen gespeichert und nur langsam abgegeben. Das wirkt sowohl der Nachtauskühlung als auch der Tageshitze entgegen. Die Temperaturschwankungen in einem Holzgebäude oder einem mit Holzfasern gedämmten Gebäude sind also gering. Heizenergie wird eingespart. Die Dämmeigenschaft von Holz trägt zur Resilienz von Gebäuden bei.

Mit der Wärme speichern Holzdämmstoffe Feuchte, sodass mehrschichtige Wand- und Deckenaufbauten unbedingt diffusionsoffen bleiben müssen. Die Diffusion von Feuchte nach außen darf keinesfalls durch Dampfsperren beeinträchtigt sein. Anderenfalls droht Schimmel. Dieser Konstruktionsfehler war zu Beginn des Holzrahmenbaus mit gleichzeitig wachsender Aufmerksamkeit für Gebäudedämmung aufgrund der Ölkrise der späten 1970er-Jahre nicht selten. Die meisten dieser Gebäude gibt es heute nicht mehr. Die Problematik ist heutzutage bekannt, gut vermeidbar und taucht nicht mehr auf.

Der dimensionslose Wasserdampfdiffusionswiderstand, auch Dampfsperrwert genannt, beschreibt, wie stark ein Baustoff die Diffusion von Wasserdampf hindert. Er wird als Wasserdampfdiffusionswiderstandszahl μ ausgedrückt. Holz hat Wasserdampfdiffusionswiderstandszahlen von 20 bis 100. Die Kennwerte sind in DIN EN ISO 10456 und der DIN 4108-4 gelistet.

4.2.4 Fenster und Türen

Fenster und Türen sind Produkte nach harmonisierter europäischer Norm.

- EN 14351-1:2006+A2:2016 Fenster und Türen – Produktnorm, Leistungseigenschaften – Teil 1: Fenster und Außentüren und
- DIN EN 14351-2:2019-01 Fenster und Türen – Produktnorm, Leistungseigenschaften – Teil 2: Innentüren.

Zu unterscheiden sind Fenster und Türen dieser Norm von Fenstern und Türen, welche Brandabschnitte voneinander trennen. In diesem Fall gilt die Norm EN 16034.

- EN 16034:2014 Türen, Tore und Fenster – Produktnorm, Leistungseigenschaften – Feuer- und/oder Rauchschutzeigenschaften

Holz ist ein verbreitetes Material für sämtliche Arten von Fenstern und Türen. Selbst Brandschutztüren aus Vollholz sind verfügbar. Im Jahr 2021 lag die Zahl der verkauften Fenstereinheiten bei rund 15,5 Mio., davon 10,2 Mio. Fenstereinheiten im Wohnungsbau und 5,1 Mio. im Nichtwohnungsbau. Der Anteil von Fenstern mit Holzrahmen betrug 15 %. In den vergangenen Jahren lagen die Verkaufszahlen von Außentüren bei jährlich

Abb. 4.3 Hier musste nach mehr als 130 Jahren ein Fenster samt Sturz ausgetauscht werden. Eigene Abbildung

1,5 Mio. Davon waren 25,5 % aus Holz (GFF 2021). Der jährliche Bedarf an Zimmertüren liegt bei 5,9 Mio. Stück mit einem ebenfalls großen Holzanteil.

Im Fenster- und Türenbau sind die Holzarten Lärche, Eiche, Buche, Fichte und Kiefer verbreitet. Die Holzvielfalt ist wesentlich größer als etwa bei Bauholz. Da Fenster und Türen Bauprodukte sind, die im Rahmen von Sanierungsvorhaben ausgetauscht werden, kann die Sanierungsförderung ein wirksames Instrument zur Steigerung des Holzanteils sein (Abb. 4.3). Als Qualitätsmerkmale gelten die Nachhaltigkeitszertifikate nach FSC, PEFC und Holz-von-hier. Für die Herstellung von Fenstern und Türen aus Holz sind die folgenden Normen maßgebend:

- EN 942:2007 Holz in Tischlerarbeiten – Allgemeine Anforderungen,
- EN 13307-1:2006 Holzkanteln und Halbfertigprofile für nicht tragende Anwendungen – Teil 1: Anforderungen,
- CEN/TS 13307-2:2009 Holzkanteln und Halbfertigprofile für nicht tragende Anwendungen – Teil 2: Produktionskontrolle,
- EN 14220:2006 Holz und Holzwerkstoffe in Außenfenstern, Außentüren und Außentürzargen – Anforderungen und Spezifikationen und
- EN 14221:2006 Holz und Holzwerkstoffe in Innenfenstern, Innentüren und Innentürzargen – Anforderungen und Spezifikationen.

Für Fenster und Haustüren (RAL 2024) und die Montage von Fenstern und Haustüren (Gütegemeinschaft Fenster, Fassaden und Haustüren e. V. 2024) gibt es die RAL-Güterichtlinien mit besonderen Ausführungen für die Beschaffenheit von Holzfenstern und -türen.

Moderne Fenster sind deutlich dichter als noch vor 20 Jahren. Dreifachverglasung mit Argon oder Krypton als Isolierglas entspricht dem Standard, sodass der U-Wert der Fenster unter 0,95 $W/(m^2*K)$ liegt. Das Gebäudeenergiegesetz (GEG) sieht vor, dass der Wert unter 1,3 liegt (Anlage 7, GEG). Ein Fenstertausch im Altbau kann dazu führen, dass der Wärmedurchgangskoeffizient des Fensters geringer ist als derjenige des Fensterrahmens und der Wand. Dann könnte die Kondensation von Innenraumfeuchte die Schimmelbildung begünstigen. Eine Dämmung der Laibung sowie eine Innendämmung der Wand wirken dem entgegen. Zudem ist ein Lüftungskonzept nach Norm DIN 1946-6 zweckmäßig.

- DIN 1946-6:2019-12 Raumlufttechnik – Teil 6: Lüftung von Wohnungen – Allgemeine Anforderungen, Anforderungen an die Auslegung, Ausführung, Inbetriebnahme und Übergabe sowie Instandhaltung

Fenster und Türen unterliegen Anforderungen des Schallschutzes nach DIN 4109-1.

- DIN 4109-1:2018-01 Schallschutz im Hochbau – Teil 1: Mindestanforderungen

Wohnungseingangstüren gewährleisten den Wert R'_w von 27 Dezibel, Türen in Schulen den Wert R'_w von 27 Dezibel und Türen in Krankenhäusern den Wert R'_w von 37 Dezibel (Hessinger und Saß 2024). Gewöhnliche dreifachverglaste Fenster haben einen R'_w-Wert von 32 Dezibel. Für den Schallschutz aufgerüstete Fenster können einen R'_w-Wert von 52 Dezibel haben. Sämtliche Qualitäten sind in Holzbauart verfügbar.

4.2.5 Parkett, Holzfußböden und Holzpflaster

Das Potenzial ist groß, der Parkettmarkt ist klein. 500 Mio. Quadratmeter Bodenbelag werden jährlich in Deutschland verlegt. Nur drei Prozent davon sind Parkette und Holzfußböden. Dagegen boomt der Markt der Laminate mit 18 %. Die Margen von Teppichen (35 %) und Fliesen (24 %) sind nicht zu erreichen. 22 % entfallen auf elastische Bodenbeläge (Knauf und Frühwald 2020). Eine Verzehnfachung des Parkettanteils wäre bei höherer Investitionsbereitschaft ein realistisches Potenzial. Die Holzressourcen wären vorhanden, Kapazitäten im Handwerk könnten zeitweilig und regional fehlen.

Produkte nach der Norm

- EN 14342:2013 Holzfußböden und Parkett – Eigenschaften, Bewertung der Konformität und Kennzeichnung

sind auf dem europäischen Binnenmarkt handelbare Produkte und darüber hinaus hochwertige und nahezu uneingeschränkt empfehlenswerte Bodenbeläge. Kleinteilig gemustertes Tafelparkett ist das Edelste, was die Bodenbelagsbranche bieten kann. Holzpflaster hält hingegen dem Fahrverkehr in Werkshallen stand. Sämtliche Qualitäten dazwischen bedient die Holzfußbodenbranche ebenfalls, und das für sämtliche Bereiche des Bauens. Die Vielfalt ist groß und geht auf eine Erfahrung bis in das 13. Jahrhundert zurück. Experten unterscheiden in Massivparkett, Stabparkett, Mosaikparkett, Hochkant-

Abb. 4.4 Wohnraum mit Parkett im französischen Fischgrätverband. Eigene Abbildung

lamellenparkett, Lamparkett, Parkettdiele, Massivdiele, Tafelparkett sowie Ein-, Zwei- und Dreischichtparkett als Fertigparkett. Als Verlegemuster sind Schiffsboden-Verband, Englischer Verband, Oxfort-Verband, Altdeutscher Verband, Flechtboden, Würfel-Verband, Fischgrät (Abb. 4.4) und Leiterboden verbreitet, wobei der Kreativität keine Grenzen gesetzt sind. Mit der Wahl der Holzart ergeben sich unendlich viele Kombinationen in unterschiedlichen Qualitäten. Die Kombinatorik geht so weit, dass Parkettierung als Flächenabdeckung mit unterschiedlichen Elementen eine mathematische Disziplin ist.

Der Normenausschuss des DIN nutzt den Begriff „Holzfußböden" für Vollholzböden, die direkt auf dem Unterboden installiert werden. Dielen sind ein Beispiel für Holzfußböden. Parkette sind Böden, welche eine Nutzfläche aus Massivholz haben und mindestens 2,5 mm dick sind, Parkette können aus mehreren Holzschichten bestehen. Holzpflaster ist ein weiterer Holzfußboden, bei welchem die Hirnholzoberfläche als Nutzfläche dient. Die Norm DIN EN 13756 diese drei Begriffe.

Das Buch „*Schäden an Holzfußböden*" von Rapp und Sudhoff (2020) aus der Serie „*Schadenfreies Bauen*" ist nicht nur eine Anleitung zur Schadensfeststellung und Handlungsanleitung für Restauratoren oder aktive Parkettleger, sondern auch ein Werk, das unterschiedliche Holzbodenbeläge systematisch beschreibt. Auch wenn eine Deckenkonstruktion aus massiver Bauart besteht, besteht die Möglichkeit, dass als wohnlicher und warmer Bodenbelag Holz verwendet wird. Holzfußböden sind ausdrücklich nicht gleichzusetzen mit Holzbalkendecken und Holzböden. Parkett als Fußbodenbelag ist kein lasttragendes Bauelement. Relevant sind daher weniger statische Eigenschaften als Eigenschaften des Brandverhaltens, der Nutzungssicherheit (beispielsweise Rutschsicherheit), des Schallschutzes und ggf. des Wärmeschutzes. Auf der Grundlage heimischer Holzressourcen kann in sämtlichen Gebäuden Parkett eingesetzt werden.

Für den Einsatz von Holz als Bodenbelag ist die Kenntnis der Anisotropie hilfreich. Holz ist der Stamm eines Baumes. Die Funktion eines Baumstamms liegt darin, Wasser und Nährstoffe aus dem Boden durch Kapillarkräfte in das Blattwerk zu bringen und zugleich von den grünen Nadeln und Blättern durch Photosynthese fixiertes Kohlenstoffdioxid im Baumstamm zu speichern. Bäume wachsen nicht nur in die Höhe, sondern auch der Stammumfang wächst. In einem lebenden Baum findet der Transport hauptsächlich im Bast statt, während die Borke vor Witterung schützt und der Stamm die ausgedienten Transportbahnen der vergangenen Jahre speichert. Während Jahresringe visuell erkennbar das Alter eines Baumes verraten, sind die Kanäle des Holzes nur unter dem Mikroskop sichtbar. Physikalische Untersuchungen des Holzes belegen gänzlich unterschiedliche Eigenschaften bei der Belastung in longitudinaler, tangentialer und radialer Richtung. Das Verhältnis von longitudinaler zu radialer zu tangentialer Quellung und Schwindung verhält sich wie 1:10:20. Mit Quellung und Schwindung ist die Fähigkeit der Wasseraufnahme gemeint. Da Böden oftmals Feuchte ausgesetzt sind, müssen Quellung und Schwindung berücksichtigt werden. Als Massivholzparkett liegt die Faser immer parallel zum Boden. Im Fall von Holzpflaster wird quer zur Faser eingeschnittenes Holz verwendet, die Holzfaser steht senkrecht zum Boden. Von oben betrachtet lässt Holzpflaster daher die Jahresringe eines Baumstamms erkennen. Rapp und Sudhoff (2020) beschreiben, dass die meisten Schäden an Parkett durch Quellen und Schwinden entstehen. Wasserschäden in Innenräumen sind nicht selten, sie entstehen durch Reinigung, Kondensation oder undichte Wasserleitungen. Die Quellen bleiben oftmals zu lange unbemerkt, bis ein Parkettschaden sichtbar wird.

Eine weitere wichtige Eigenschaft ist die Rohdichte von Holz, die je nach Holzart zwischen 0,1 und 1,2 g/cm^3 liegen kann. Parketthölzer haben zumeist eine mittlere Rohdichte. Damit weisen sie die nötige Härte für die Nutzung auf, bleiben jedoch gut verarbeitbar. Die Wärmeleitfähigkeit von Holz ist geringer als diejenige von Fliesen, sodass sich der Holzfußboden warm anfühlt. Sie ist dennoch hoch genug, dass Parkett mit Fußbodenheizungen kombinierbar ist. Letzteres ist eine wichtige Eigenschaft für die Energiewende und das stark befürwortete Heizen mit der Wärmepumpe, geringen Vorlauftemperaturen und großflächigen Heizflächen.

Hersteller geben in ihren Leistungserklärungen nach DIN EN 14342 folgende wesentliche Merkmale an:

- Brandverhalten,
- Formaldehydabgabe und Gehalt von Pentachlorphenol,
- Bruchfestigkeit,
- Rutschverhalten,
- Wärmeleitfähigkeit und
- Dauerhaftigkeit (biologisch) in Gebrauchsklasse.

In Wohngebäuden wird zumeist die Baustoffklasse E_{fl} (normalentflammbar) gefordert. In öffentlich genutzten Nichtwohngebäuden gelten erhöhte Anforderungen an die Brandsicherheit. Es wird die Baustoffklasse C_{fl}-s1 gefordert. Die Klassifizierung erfolgt nach EN 13501-1 Klassifizierung von Bauprodukten und Bauarten zu ihrem Brandverhalten.

In Aufenthaltsräumen ist ein hohes gesundheitliches Schutzniveau einzuhalten, da Menschen in Gebäuden eventuellen Schadstoffen dauerhaft ausgesetzt sein können. Der Ausschuss zur gesundheitlichen Bewertung von Bauprodukten (AgBB) beschreibt in einem Grundlagenpapier die Anforderungen an die Innenraumluftqualität in Gebäuden: gesundheitliche Bewertung der Emissionen von flüchtigen organischen Verbindungen (VVOC, VOC und SVOC) aus Bauprodukten (AgBB 2024). In Orientierung daran und unter Berücksichtigung der DIN EN 16516 sollen Bodenbeläge als Erstprüfung und als Überwachungsprüfung am Neuprodukt auf die Freisetzung von Schadstoffen geprüft werden. Die Messung erfolgt nach 3 und 28 Tagen mittels Gaschromatografie. Die Messung ist qualitativ und quantitativ. Auf der Grundlage der so genannten NIK-Werte wird der R-Wert errechnet ($R_i = C_i / NIK_i$), welcher als Summe sämtlicher gemessener Werte und ihrer NIK-Werte kleiner als eins sein muss, damit eine Prüfung als bestanden gilt. „Bestanden“ bedeutet nach dem Grundgedanken des AgBB-Schemas, dass das minimale Schutzniveau erreicht ist. Diese zusätzliche Regel der Markteinführung auf nationaler Ebene gilt seit dem Urteil C-100/13 des Europäischen Gerichtshofs als unzulässig. Dabei wurde aber weniger das zu prüfende Schutzniveau in Frage gestellt als das nationale Instrument. Vielmehr war gewünscht, dass die Regeln in die europäischen Normen, in diesem Fall die EN 13432, integriert werden. Dazu fehlt es wiederum an europäischer Harmonisierung. Nachteilig ist auch, dass der Zustand „nicht bestanden“ und „nicht marktfähig“ nicht zulässig ist. Die Bewertung müsse in Stufen und Klassen erfolgen. Holz ist nicht immer frei von Emissionen. Nadelholz kann Terpene freisetzen und generell kann Essigsäure emittiert werden. Hinzu kommen die Emissionseigenschaften von Klebstoffen. Die Auszeichnung mit dem Blauen Engel belegt derzeit die Schadstofffreiheit.

4.2.6 Holztreppen

Kaum ein Gebäude kommt ohne Treppen aus. Obschon sie der Barrierefreiheit entgegenstehen, sind sie unverzichtbar und können nicht durch Fahrstühle oder Rampen ersetzt werden. Für Treppen gibt es detailtiefe Normen und doch ist die Vielfalt unendlich. In manch einem denkmalgeschützten Haus ist das Holztreppenhaus der wertvollste Gebäudeteil (Abb. 4.5). Sind die Treppen heutzutage eher schlicht, bisweilen aus Sichtbeton, waren sie zur Gründerzeit das Aushängeschild eines Stadthauses.

Johannes Kottje beschreibt in gleich zwei Büchern die Vielfalt von Treppen und versteht sie nicht nur als Verbindung zwischen Ebenen, sondern als architektonisches Element (Kottjé 2014, Kottje 2010).

Für Treppen ist die Norm DIN 18065 maßgeblich.

- DIN 18065:2020-08 Gebäudetreppen – Begriffe, Messregeln, Hauptmaße

Treppen sind mindestens 80 cm breit, Treppen der Flucht- und Rettungswege zumeist 100 cm. Die Treppensteigung beträgt 14–20 cm, der Auftritt 23–37 cm. Alle 18 Stufen ist

Abb. 4.5 Holztreppe eines denkmalgeschützten Stadthauses aus der Gründerzeit in Aachen, eigene Abbildung

ein Podest vorzusehen, das Geländer muss mindestens 90 cm hoch sein. Es gibt offene Treppen ohne vertikale Verbindung der Stufen und geschlossene Treppen mit vertikaler Verbindung der Stufen. Treppen dürfen in vielen Fällen aus Holz gefertigt sein.

In der Gebäudeklasse 3 dürfen die tragenden Teile einer notwendigen Treppe aus Holz sein, in den Gebäudeklassen 4 und 5 dürfen sie nicht aus Holz sein. Nicht-notwendige Treppen dürfen aus Holz sein. Treppen sind teils konstruierte Bauarten und teils werkseitig vorgefertigte Produkte. Für Holztreppen gibt es mehrere Normen:

- DIN EN 14076 Holztreppen – Terminologie,
- DIN EN 15644 Traditionell konstruierte, vorgefertigte Treppen aus Massivholz,
- DIN EN 16481 Holztreppen – Bauplanung, Berechnungsmethoden,
- DIN EN 14975 Bodentreppen – Anforderungen, Kennzeichnung und Prüfung,
- DIN 68368 Laubschnittholz für Treppenbau – Gütebedingungen und
- CEN/TS 15680:2007 Vorgefertigte Holztreppen – Mechanische Prüfverfahren.

Neben diesen speziellen Normen gibt es allgemeine Normen, die den Treppenbau betreffen.

- DIN 4102 Brandverhalten von Baustoffen und Bauteilen
- DIN 4109 Schallschutz im Hochbau, Anforderungen und Nachweise
- DIN 18040-1 bis -3 über barrierefreies Bauen

Gewöhnliche Treppen können aus Laubholz gefertigt sein. Das helle Holz des Ahorns bietet sich an. Treppen können Fertigelemente sein oder für ein Gebäude angefertigt werden.

4.2.7 Holzziegel

Neben Holzrahmenbauweisen aus Vollholz und OSB-Platten, Wänden aus Vollholz und seriell vorgefertigten Wandelementen gibt es Holzbausteine, die sich ähnlich wie Mauersteine zum Aufbau von Wänden eignen. Es sind keine standardisierten Produkte, sondern Erfindungen einzelner Unternehmen mit individuellen bauaufsichtlichen Zulassungen. Es folgen einige Beispiele.

- Steko-Modular-Bausystem der Walo Holz GmbH, Hannover (www.steko-nord.de/system)
- Triqbriq der Triqbrig AG, Tübingen (www.triqbriq.de)
- S.W.B. Solid Wood Bricks e. U., Lölling Graben, Österreich (www.solidwoodbricks.at)
- Homebrick, Luxhome GmbH, Grafendorf b. Hartberg, Österreich (www.luxhome.at)
- Normstabil-HolzZiegel, i-build, Schörfling am Attersee, Österreich (www.i-build.at)

Der Vorteil der Holzbausteine ist, dass auch Holz geringerer Qualität, Laubholz und rezykliertes Holz geeignet sind. Die Ziegel werden werkseitig hergestellt und baustellenseitig zusammengesetzt. Kleben oder weitere Verbindungselemente sind oft unnötig. Entsprechend sind die Gebäude leicht, teilweise oder vollständig rückbaubar sowie auch erweiterbar. Weiterhin können die Bauzeiten kurz sein. Nachteilig ist, dass es sich um Nischenprodukte einzelner Unternehmen handelt. Das Gebäude muss für den Einsatz der jeweiligen Holzziegel konzipiert werden, was eine frühe Zusammenarbeit mit den Ziegelherstellern erfordert. Anders als bei einem Fertighaus bleibt die Konstruktionsaufgabe dennoch bei den Bauherren. Es ist nicht möglich, das Gebäude aus einem Katalog auszuwählen, und dennoch ist das Konzept der Hersteller bindend. Das hemmt vermutlich die Marktdurchdringung dieser pragmatischen Idee.

4.3 Laubholz

4.3.1 Das Laubholzdilemma

Die Zahlen des Statistischen Bundesamtes in den Abb. 4 bis 7 verdeutlichen, dass Laubholz verglichen mit Nadelholz seltener stofflich verwendet wird. Dafür gibt es unterschiedliche Gründe. Laubholz wächst langsam und wurde in der Vergangenheit selten für die Holzwirtschaft angepflanzt. Das ist bedauernswert, denn Laubholz hat viele gute und teilweise bessere Eigenschaften als Nadelholz. So liegt die Querdruckeigenschaft von Nadelholz C24 nur bei $f_{c,90,k} = 2,5$ N pro Millimeter und bei Laubholz D40 bei $f_{c,90,k} = 8,3$ N pro Millimeter dreimal so hoch (DIN EN 338). Doch das Gedankenexperiment auf der Grundlage einfacher Zahlen genügt nicht. Die gesamte Prozesskette vom Wald bis hin zu einem Produkt oder einem Tragwerk ist zu betrachten. Die Abläufe sind für die Festigkeitsparameter von Nadelholz optimiert. Auch Architekten und Bauingenieure sowie Dachdecker haben ihr Handeln Fichtenqualitäten angepasst und können oder wollen die Transferleistung der Planung mit anderen Hölzern nicht immer leisten. Deshalb ist der marktbeherrschende Teil der Branche eher verhalten, wenn es um den Einsatz von Laubholz geht. Ein weiterer Grund für die seltene Nutzung von Laubholz liegt in forstwirtschaftlich gut zu bewirtschaftenden Fichten- und Kiefermonokulturen. Laub- und Mischwälder sind deutlich artenreicher, aber auch unwegsamer und dichter aufgrund der unteren Stockwerke der Vegetation. Holzernte ist schwieriger. Zugleich sind die Bäume stark verastet, was das Schälen und Sägen aufwendiger macht. Das Holz hat eine abweichende Rohdichte, was die weiteren Schritte der Bearbeitung beeinflusst. So gibt es für die Bearbeitung von Laubholz spezielle Sägewerke. Das heißt, das Holz kommt nicht nur aus einem anderen Wald, es geht auch in ein anderes Sägewerk und von dort aus zu anderen Produktherstellern und Holzverarbeitern. Es sind parallele Prozess- und Lieferketten aufzubauen. Somit ist zur Hebung des Laubholzpotenzials festzustellen, wo geeignete Schnittstellen sein könnten und welche Produktentwicklungen erfolgversprechend sind. In Deutschland gibt es inzwischen eine gute Laubholzverfügbarkeit. Seit den 90er-Jahren verdoppelte sie sich. Die wichtigste Laubholzbaumart ist Buche, gefolgt von Eiche. Weitere Baumarten könnten Birke, Esche, Pappel und Ahorn sein, da diese immer stärker in den Mischwald aufgenommen werden. Die Buchenholzverfügbarkeit wird von 11 auf 13 Mio. Kubikmeter jährlich steigen. Der Hintergrund für diese Entwicklungen ist, dass seit den 60er-Jahren der Waldumbau zu Laub- und Mischwald stattgefunden hat. Die in den 60er-Jahren angelegten Mischwälder können bereits beerntet werden.

Als Konsequenz des Waldumbaus möchte das Bundesministerium für Ernährung und Landwirtschaft das Bauen mit Laubholz fördern und hat daher die Broschüre „*Laubholz – Über die Nutzung und Verwendung einheimischer Laubhölzer*“ herausgegeben (BMEL 2022). Sie fasst ein Forschungsvorhaben zusammen. Zu den behandelten Laubhölzern gehören vorrangig die Sorten Buche und Eiche, aber auch Birke, Ahorn, Erle, Esche, Kirschbaum, Linde, Pappel, Robinie und Walnuss. Das Ergebnis der Bewirtschaftung von Laub- und Mischwald ist derzeit ein hoher Energieholzanteil. Aus ökologischer Sicht ist dies zu kritisieren. Ahron- und Lindenholz sind ausgezeichnete Rohstoffe für Musikinstrumente und Bedarfsgegenstände. Birkenholz ist ein seit der Steinzeit für unterschiedliche Zwecke eingesetzter Rohstoff, der heutzutage beispielsweise für den Innenausbau genutzt wird. Buchenholz eignet sich als Bauholz, für Bahnschwellen und für den Möbelbau, ebenso Eichenholz als Bauholz, für Weichenschwellen, Brücken, Türen, Tore, Decken, Fenster, Treppen sowie Möbel. Erlenholz eignet sich als weicheres und leichter zu bearbeitendes

Holz für Möbel, Bedarfsgegenstände und Spielzeug. Kirschbaum- und Walnussbaumholz sind aufgrund ihrer rötlichbraunen bzw. dunkelbraunen Färbung für Möbel und Kunstobjekte sowie den Innenausbau, Parkett, Fenster und Treppen geeignet. Ein weiteres Potenzial für den Einsatz von Laubholz liegt bei Bodenbelägen. Von jährlich 500 Mio. Quadratmetern sind nur drei Prozent Parkett und 0,3 % Massivholzparkett. Das Potenzial ist immens. Knauf und Frühwald (2020) gehen in einem weiteren Übersichtsbeitrag über die Laubholznutzung verstärkt auf Bauprodukte ein. Das sind Fenster und Türen. Der Anteil von Holz am Fenstermarkt ist in den vergangenen Jahren zugunsten von Kunststoff und Aluminium gesunken. Das Potenzial von Laubholz liegt zudem in der Substitution von Nadelholz und tropischem Laubholz. Der öffentliche Bau könne die Entwicklungen stützen, wenn der Schutz des ökologischen Laub- und Mischwaldes als Kriterium herangezogen würde. Ein ökologisch sinnvolles Ziel liegt in der Substitution von derzeit noch verbreitetem Bangkirai und Teak durch Eiche, Thermoesche oder Robinie (Knauf und Frühwald 2020). Ein weiteres großes Potenzial liegt im Außenbereich mit einem Holzeinsatz von zwei Millionen Quadratmetern Bodenbelag (Mantau et al. 2013). Hinzu kommen Fassadenbekleidungen, Geländer, Sichtschutz, Zäune, Nebengebäude, Hochbeete, Fässer und viele andere Produkte, die aus Holz gefertigt sein können. Die unspezifischen Anforderungen auf diesem Gebiet bieten ein Potenzial für kleine Chargen Holz unterschiedlicher Baumarten und schwankender Qualität.

Der Deutsche Säge- und Holzindustrie-Bundesverband e. V. betreibt die Förderinitiative „Laubholz+“. Die Motivation liegt im fortschreitenden Waldumbau und den Ressourcen, welche aus Laub- und Mischwäldern zu erwarten sind. „Laubholz+“ beschreibt die Situation als Laubholzdilemma. Es besteht ein hoher und stetiger Bedarf an Nadelholz, die Wälder werden hingegen fortschreitend zu Laub- und Mischwäldern umgebaut. Forst- und Holzwirtschaft divergieren. Die Holzwirtschaft nahm dem forstwirtschaftlichen Trend entsprechend noch keine Umstellungen vor, obschon Laubholz schon zur Verfügung steht. Wirtschaftlich ist Laubholznutzung dann, wenn der Variantenreichtum vorerst kleingehalten wird und mittelfristig geeignete Produkte mit begrenztem Herstellungsaufwand und sicherem Absatz bereitgestellt werden. Das könnten OSB-Platten, Brettschichtholz und Bahnschwellen sein. Es geht um die Stabilisierung der neuen Wertschöpfungsketten bei begrenztem Aufwand für ihren Aufbau und mit dem Ziel einer stabilen und kontinuierlichen Nachfrage.

4.3.2 Holzwerkstoffe

Ein Einsatzbereich für Laubholz sind Holzwerkstoffe. „Zur Herstellung von Holzwerkstoffen wurden im Jahr 2015 circa 16 Mio. Kubikmeter Holz eingesetzt, davon 2,2 Mio. Kubikmeter Laubholz. Mit einem Laubholzeinsatz von 1,3 Mio. Kubikmetern ist die Herstellung von Faserplatten (MDF/HDF) nach der Schnittholzherstellung die zweitwichtigste stoffliche Verwendung für Laubholz“, so Knauf und Frühwald (2020). Man schätzt, dass Laubholz 70 % des Rohstoffbedarfs der Holzwerkstoffindustrie decken könnte. Dann läge der Laubholzverbrauch in diesem Segment bei 11,2 Mio. Kubikmetern, was ungefähr dem jährlichen Buche- und Buntlaubholzeinschlag entspricht. Die Prozessführung der Holzwerkstoffplattenherstellung wird laut Experteneinschätzung durch die Umstellung eher schwieriger. Laubholz ist jedoch besser und günstiger verfügbar, insbesondere dann, wenn es nicht eingeschnitten werden muss und auch das Astwerk nutzbar ist. Weiterhin sei die Freisetzung flüchtiger organischer Verbindungen nachweislich gering. Teilweise sei Essigsäure nachweisbar, aber nicht Terpene und Aldehyde. Es ist sinnvoll, die Laubholzart festzulegen, da die qualitätsbestimmenden Rohdichten je nach Baumart variieren. Holzwerkstoffe sind Produkte aus zu unterschiedlichem Grad zerkleinertem und verleimtem Holz. Die Wertschöpfungskette besteht aus mehreren Zerkleinerungsstufen und auf das Holz abgestimmten Press- und Klebeverfahren. Für den systematischen Aufbau der stofflichen Nutzung von Laubholz könnten OSB-Platten das Produkt der Wahl sein. Da auf dem Gebiet ein großer Erfahrungsschatz besteht, Zielwerte der mechanischen Festigkeit bekannt sind und mit wenigen Arbeitsschritten Produkte mit hinreichend großen und expansionsfähigen Absatzmärkten geschaffen werden können, eignen sich diese Produkte für den verstärkten Laubholzeinsatz. Da Eichen- und Buchenholz hohe Dichten haben, sind sogar OSB-Platten-Qualitäten mit erhöhter Festigkeit herstellbar. Die Produkte sind im Holzrahmenbau einsetzbar, für das serielle Sanieren und für Fertigbaukonzepte. Der Bedarf an OSB-Platten in Deutschland ist mit sieben Millionen Kubikmetern hoch. Es könnte erforderlich sein, dass OSB-Platten aus Laubholz auf anderen Produktionslinien und mit abweichenden Klebstoffrezepturen hergestellt werden müssen. Weiterhin wird die Restfeuchte im Holz ein kritischer Faktor sein und möglicherweise Trocknungsprozesse erfordern. Es gibt Forschungsergebnisse über den Einsatz von Buchen- und Pappelholz in OSB-Platten. Demnach ist es möglich, OSB-Platten aus Buchenholz und auch aus Gemischen von Buchen- und Pappelholz herzustellen. OSB-Platten aus Buchenholz haben laut einer Studie eine gute Qualität. Die Beimischung von Pappelholz bis zu einem Anteil von 10 bis 50 % schien keinen negativen Einfluss auf die Qualität der OSB-Platten zu haben, wohl aber ein Anteil von 75 oder 100 %. Die Prüfkörper aus Buchenholz erfüllten die Maßgaben der EN 300 für OSB2-Platten. Die Studie beschreibt den Laubholzeinsatz als möglich (Akrami et al. 2014). Im Kontext einer Laubholzstrategie könnten OSB-Platten aus Buchenholz ein Produkt der Wahl sein. Der Einsatz von Pappelholz bewährte sich hingegen nicht. Eichenholz gilt auf der Grundlage von Literaturrecherchen als zu schwer zerkleinerbar und daher weniger geeignet. Eine Laubholzalternative zu Buche könnte Birkenholz (*Betula pendula*) darstellen (Barbuta et al. 2011). Die ersten Studien deuten darauf hin, dass jede einzelne der in Frage kommenden Holzarten geprüft werden muss und dass Gemische stets kritisch zu beurteilen sind, auch bezüglich der Qualitätssicherung.

4.3.3 Brettschichtholz, Balkenschichtholz und Furnierschichtholz

Brettschichtholz und Balkenschichtholz nach DIN EN 14080 bestehen zumeist aus Nadelholz. Unbeschadet dessen gibt es Studien, welche die Materialeigenschaften von Brettschichtholz aus unterschiedlichen Laubhölzern zum Gegenstand haben. Da aus den

Tabellenwerken der DIN EN 338 ersichtlich ist, dass Laubholz eine höhere Festigkeit als Nadelholz hat, lassen sich theoretisch größere Spannweiten mit Laub-Brettschichtholz erzielen. Daher liegt ein interessanter Forschungsansatz in der Entwicklung von Brettschichtholz aus beispielsweise Buche oder Robinie. Die Ergebnisse könnten sich für den Brücken- und Hallenbau eignen (Volkmer et al. 2017). Es sind Baustoffe der Klassen GL 40 und GL 48 verfügbar (Blaß et al. 2005). Ob die weitere Verbreitung ein strategisches Ziel sein sollte, hängt von der erwartbaren Nachfrage ab. Die Nachfrage wird steigen, wenn das Buchen-Brettschichtholz einen deutlichen Vorteil gegenüber Nadel-Brettschichtholz bietet. Die Frage geht mit dem Fortschritt auf dem Gebiet des Brücken- und Hallenbaus einher. Nach heutigem Stand ist für Laub-Brettschichtholz nur eine geringe Nachfrage zu erwarten. Es fehlen die Anwendungsgebiete für diesen hochfesten Baustoff. Das Laubholzpotenzial ist interessant und reizt die Eigenschaften des Holzes aus.

Ein ähnliches Anwendungsgebiet wie Brettschichtholz kann Furnierschichtholz erschließen. Auch dieser Werkstoff wird aus Buchenholz gefertigt und ist unter dem Handelsnamen „BauBuche" verfügbar. Der Werkstoff wird mit seinen guten Eigenschaften aktiv beworben. Unklar bleibt, wie groß die Marktdurchdringung inzwischen ist. Das Beispiel zeigt, dass außergewöhnlich gute Eigenschaften nicht unbedingt eine große Marktdurchdringung garantieren. Die Produkte müssen zum bestehenden Markt und den Lieferketten passen. In dieselbe Richtung gehen die Forschungen auf dem Gebiet der Holzmaste aus Furnierschichtholz. Die Produktentwicklung ist ein Ergebnis der schlechten Sägbarkeit von Laubholz. Die Verarbeitung zu Schälfurnier ist pragmatischer, die Prozessführung ist robuster. Das Ergebnis sind Furnierschichtholzprodukte und eher kein Schnitt- oder Brettschichtholz.

4.3.4 Bahnschwellen

Bahnschwellen eignen sich als Laubholzprodukt, da Holz im Bereich der Weichen und Stellwerke Vorteile gegenüber Beton bietet, da ein hoher Sanierungsbedarf am Gleisnetz besteht und da Beton und Zement eingespart werden könnten, wenn ökologisch vorteilhafte Buchen- und Eichenschwellen Verwendung finden. An dieser Stelle könnte die öffentliche Beschaffung einen effektiven Hebel ansetzen. Aus der Antwort auf eine kleine Anfrage an den Deutschen Bundestag aus dem Jahr 2021 (Drucksache 19/31140 vom 22.06.2021) geht hervor, dass zwischen 2017 und 2021 jährlich 576.700 bis 700.000 Holzschwellen ausgetauscht wurden. Beschafft wurden hingegen nur jährlich ca. 40.000 Holzschwellen. Derzeit finden zumeist Beton-, Stahl- und als „abgängig" bezeichnete Schwellen der Holzarten Eiche und Buche Verwendung. Holzschwellen verlieren möglicherweise zu Unrecht Marktanteile, denn sie stellen laut FNR ein relativ leicht zu erschließendes Potenzial für die Laubholzverwendung dar. Die Eidgenössische Materialprüfanstalt (EMPA), Schweiz, beschreibt die ökologische Konkurrenzfähigkeit von Holzschwellen im Vergleich mit anderen Schwellenmaterialien (Künninger und Richter 1998). Auch gibt es Best-Practice-Beispiele der Herstellung in der Schweiz durch die Group Corbat Vendlincourt SA und Glovelier SA (www.groupe-corbat.ch). Für den Bereich der Weichen sind Holzschwellen nach Experteneinschätzung sehr gut geeignet, da sie Zugkräften besser standhalten als Beton und außerdem Lärm reduzieren. Es gilt die technische Norm

- DIN EN 13145:2011-12 Bahnanwendungen – Oberbau – Gleis- und Weichenschwellen aus Holz.

In Deutschland beschäftigt sich die Europäische Studiengesellschaft Holzschwellenoberbau e. V., Ockenheim, mit den Eigenschaften von Holzschwellen und bescheinigt uneingeschränkte Verwendbarkeit auf Strecken, auf denen die Züge eine maximale Geschwindigkeit von 160 Kilometern pro Stunde erreichen (Europäische Studiengesellschaft Holzschwellenoberbau e. V. 2023). Man geht von einer Dauerhaftigkeit von 25 bis 30 Jahren aus. Ein deutscher Holzschwellenhersteller ist die Fürstenberg-THP GmbH, Hüfingen. Es gibt nicht viele Holzschwellenhersteller in Deutschland und Europa, was ein wirtschaftsstrategischer Nachteil sein könnte. Die Produktion von Eisenbahnschwellen könnte ausgeweitet werden, zumal ein enormer Sanierungsbedarf des Gleisnetzes aus den eingangs erwähnten kleinen Anfragen an die Bundesregierung hervorgeht. Die Produktion besteht im Sägen der 100 kg schweren Schwellen, welche trotzdem nur ein Drittel des Gewichts von Betonschwellen haben, in der Imprägnierung mit zugelassenen Holzschutzmitteln, in der Anbringung von metallischen Stirnplatten zum Rissschutz sowie in der Verschraubung der Weichen. Das Herstellungsprinzip aus dem Rohstoff Rundholz ist wenig komplex, doch müssen die Sägeprozesse für die Verarbeitung von Laubholz und die Schwellenformate ausgelegt sein. Im Aufbau von Herstellungskapazitäten für Bahnschwellen liegt ein ungehobenes Potenzial für die stoffliche Nutzung von Eichen- und Buchenholz. Mit Blick auf die Kohlenstoffdioxidbilanz von Bahnschwellen ist es vorteilhaft, dass 300 kg stark klimabelastender Beton (244 kg Kohlenstoffdioxidäquivalent) durch 100 kg klimaneutrales Holz ersetzt werden könnten. Die Kohlenstoffdioxidbilanz spricht für den Einsatz von Holz, während andere Bilanzierungsparameter zu nahezu gleichen Ergebnissen hinsichtlich der ökologischen Vorteilhaftigkeit führen. Die Ökobilanz der EMPA bestätigt nur eine ökologische Konkurrenzfähigkeit von Holzschwellen, vor allem in Anbetracht des Biozideinsatzes. Bei der Bilanz haben Gewicht und Lebensdauer bzw. die Annahmen darüber entscheidenden Einfluss auf das Ergebnis. Der Einsatz von Holzschwellen ist möglich und könnte eine Laubholzstrategie bereichern.

Quellenverzeichnis

Akrami A, Frühwald A, Barbu MC (2014) The effect of fine strands in core layer on physical and mechanical properties of oriented strand boards (OSB) made of beech (Fagus sylvatica) and poplar (Populus tremula), Eur. J. Wood Prod., 72, 521–525. https://doi.org/10.1007/s00107-014-0802-z

Ausschuss zur gesundheitlichen Bewertung von Bauprodukten (2024) Anforderungen an die Innenraumluftqualität in Gebäuden: Gesundheitliche Bewertung der Emissionen von flüchtigen organischen Verbindungen (VVOC, VOC und SVOC) aus Bauprodukten mit aktualisierter NIK-Werte-Liste 2022, https://www.umweltbundesamt.de/sites/default/files/medien/4031/dokumente/agbb_bewertungsschema_2024.pdf

Barbuta C, Cloutier A, Blanchet P, Yadama V, Lowell E (2011) Tailor made OSB for special application, Eur. J. Wood Prod. 69, 511–519. https://doi.org/10.1007/s00107-010-0477-z

Blaß HJ, Denzler J, Frese M, Glos P, Linsemann P (2005) Biegefestigkeit von Brettschichtholz aus Buche, Karlsruher Berichte zum Ingenieursholzbau, Band 1 der Reihe. ISBN: 3-937300-40-6, https://publikationen.bibliothek.kit.edu/1000001371

Bundesministerium für Ernährung und Landwirtschaft BMEL (2022) Laubholz – Über die Nutzung und Verwendung einheimischer Laubhölzer. Fachagentur Nachwachsende Rohstoffe e. V. FNR (Hrsg.) Gülzow-Prüzen. https://www.bmleh.de/SharedDocs/Downloads/DE/_Wald/UnserLaubholz.html

Colling F (2021) Holzbau, Grundlagen und Bemessung nach EC 5, 7. Auflage, Springer Vieweg, Wiesbaden. ISBN: 978-3-658-34446-7

Deutscher Holzmastenverband e. V. (2020) Zu „Ökostrom" gehört ein Holzmast! Mitteilung vom 12.02.2020, Geisingen. https://www.holzmastenverband.de/de/zu-oekostrom-gehoert-ein-holzmast/

Deutsche Säge- und Holzindustrie Bundesverband e.V. DeSH (2025) Laubholzverwendung in Deutschland – Hintergrundpapier Laubholz+, Berlin. https://laubholz.plus/news/weichenstellung-fuer-die-zukunft/

Drucksache 19/31140 (22.06.2021) Antwort der Bundesregierung auf die Kleine Anfrage der Abgeordneten Matthias Gastel, Sven-Christian Kindler, Stefan Gelbhaar, weiterer Abgeordneter und der Fraktion BÜNDNIS 90/DIE GRÜNEN (Drucksache 19/30030) Nachhaltigkeit beim Bauen im Schienennetz. https://dserver.bundestag.de/btd/19/311/1931140.pdf

Europäische Studiengesellschaft Holzschwellenoberbau e. V. (2023) Vorteile der Holzschwelle im Gleisoberbau – Ein Positionspapier, Geisingen. https://www.holzschwellenoberbau.de/wp-content/uploads/SGH_Positionspapier_Vorteile_HS_deutsch_Stand_2023_04_18_akt-1.pdf

EnergieNetz Mitte (2018) Holzmaste im Fernleitungsbau. Was soll es da schon Neues geben? VDE Bezirksverein Kassel e. V. (Hrsg.) Kassel. https://www.vde-kassel.de/resource/blob/1690504/b3a559a4568fcffc3d95810b79f20fde/vortragsfolien-data.pdf

Fachagentur für nachwachsende Rohstoffe e.V. FNR, Produktdatenbank Dämmstoffe, Gülzow-Prüzen. https://baustoffe.fnr.de/daemmstoffe/produktdatenbank-daemmstoffe

Georg-August-Universität Göttingen (2020) Entwicklung von material- und konstruktionsoptimierten Freileitungsstrom- und Kommunikationsmasten aus Furnierschichtholz (LVL) bestehend aus Buche und Nadelhölzern (Fichte/Kiefer); Teilvorhaben 1: Prozessentwicklung zur Herstellung von imprägnierten und modifzierten Buchen- und Fichten-LVL sowie Charakterisierung dessen produktorientierter Eigenschaften und Projektkoordination, Schlussbericht. Förderkennzeichen: 22014315, https://www.fnr.de/fileadmin/projektdatenbank/22014315.pdf

GFF Das Praxismagazin für Glas, Fenster, Fassade (2021) In Zahlen: Deutscher Markt für Fenster und Türen, News vom 10.05.2021, Holzmann Medien GmbH & Co. KG (Hrsg.) Bad Wörishofen. https://www.gff-magazin.de/in-zahlen-deutscher-markt-fuer-fenster-und-tueren-252840/

Gottlöber C (2023) Zerspanung von Holz und Holzwerkstoffen. Grundlagen, Systematik, Modellierung, Prozessgestaltung, 2. Auflage, Carl Hanser Verlag GmbH & Co. KG, München. ISBN: 978-3-446-44058-6

Grosser D, Zimmer B (2000) Einheimische Nutzhölzer und ihre Verwendung, DGfH Innovations- und Service GmbH (Hrsg.) München. ISSN: 0466-2114

Gütegemeinschaft Fenster, Fassaden und Haustüren e. V., Frankfurt, ift Institut für Fenstertechnik, Rosenheim (2024) Leitfaden zur Planung und Ausführung der Montage von Fenstern und Haustüren für Neubau und Renovierung, Ausgabe März 2024. ISBN: 978-3-000-77706-6

Hessinger J, Saß B (2024) Neufassung DIN 4109-3 Innentüren, ift Institut für Fenstertechnik (Hrsg.), Rosenheim. https://www.ift-rosenheim.de/fileadmin/IFT/Wissen/Fachartikel/2018/BAU1809_Neufassung_DIN_4109_Teil_3_Innentueren_hes_sb/BAU1809_Neufassung_DIN_4109_Teil_3_Innentueren_hes_sb.pdf

Hauptverband der Deutschen Holzindustrie e. V., HDH (2023) Umsatz in der Holzindustrie auf mehr als 45 Milliarden Euro gestiegen, Pressemitteilung vom 29.07.2023. www.holzindustrie.de/pressemitteilungen/3941/umsatz-in-der-holzindustrie-auf-mehr-als-45-milliarden-euro-gestiegen.html

Kaiser C, Niklasch W, Schöpgens H, Spritzendorfer J (2024) Dämmstoffe aus nachwachsenden Rohstoffen, Fachagentur für nachwachsende Rohstoffe FNR (Hrsg.) Gülzow-Prüzen. https://mediathek.fnr.de/marktubersicht-dammstoffe-aus-nachwachsenden-rohstoffen.html

Knauf M, Frühwald A (2020) Laubholz-Produktmärkte aus technisch-wirtschaftlicher und marktstruktureller Sicht, Fachagentur Nachwachsende Rohstoffe e. V. FNR (Hrsg.) Gülzow-Prüzen. https://www.fnr.de/fileadmin/Projekte/2021/Mediathek/Brosch_LauholzProduktmaerkte_WEB-2021.pdf

Künninger T, Richter K (1998) Ökologische Bewertung von Eisenbahnschwellen in der Schweiz Streckenschwellen aus vorgespanntem Beton, Profilstahl und teerölimprägniertem Buchenholz, Forschungs- und Arbeitsbericht 115/38, Eidgenössische Materialprüfungs- und Forschungsanstalt, Abteilung Holz, Dübendorf. https://www.dora.lib4ri.ch/empa/islandora/object/empa%3A32895

Kottjé J, (2010) 55 Treppen für Wohnhäuser: Material – Konstruktion – Raumwirkung, Deutsche Verlags-Anstalt, München. ISBN: 978-3-421-03757-2

Kottjé J, (2014) 77 Treppen für Wohnhäuser: Material – Konstruktion – Raumwirkung, Deutsche Verlags-Anstalt, München. ISBN: 978-3-421-03955-2

Mantau U, Döring P, Hiller D (2013) Holzeinsatz im Bauwesen – Verwendungsstrukturen nach Gebäuden und Gewerken. In: Weimar H, Jochem D. (Hrsg.) Holzverwendung Im Bauwesen – Eine Marktstudie Im Rahmen der „Charta Für Holz". Thünen Report, Nr. 9, Johann Heinrich von Thünen-Institut, Braunschweig. ISBN: 978-3-86576-114-9, https://nbn-resolving.de/urn:nbn:de:gbv:253-201312-dn052249-1.

Niemz P (2007) Untersuchungen zur Wärmeleitfähigkeit ausgewählter einheimischer und fremdländischer Holzarten, Bauphysik, 29, 4. https://doi.org/10.1002/bapi.200710040.

Rug W, Mönck W (2020) Holzbau, Bemessung und Konstruktion, 16. vollständig überarbeitete Auflage, Beuth Verlag, Berlin. ISBN: 978-3-410-29418-4

Studiengemeinschaft Holzleimbau e. V. (2018) Merkblatt zu ansetzbaren Rechenwerten für die Bemessung nach DIN EN 1995-1-1 für Vollholz, keilgezinktes Vollholz, Balkenschichtholz (Duobalken®/Triobalken®), Brettschichtholz aus Nadelholz oder Pappel, Brettsperrholz, Furnierschichtholz, Wuppertal. https://www.studiengemeinschaft-holzleimbau.de/publish/binarydata/pdfs/2018/stghb_merkblatt-rechenwerte_2018-05_ihb_auflage-13_print_180518.pdf

Studiengemeinschaft Holzleimbau e. V. (2020) Furnierschichtholz-Merkblatt (LVL), Wuppertal. https://www.studiengemeinschaft-holzleimbau.de/publish/binarydata/pdfs/2024/stghb_merkblatt_lvl_2020_ihb-_d_print_200924.pdf

Studiengemeinschaft Holzleimbau e. V. (2022) BS-Holz-Merkblatt, Wuppertal. https://www.studiengemeinschaft-holzleimbau.de/publish/binarydata/aktuelles/2022/stghb_bs-holz-merkblatt_2022_ihb_d_221110.pdf

Pollmeier Massivholz GmbH & Co.KG (2022) BauBuche – Buchen-Furnierschichtholz, Statische Kennwerte und Vorbemessungstabellen, Creuzburg. https://www.pollmeier.com/wp-content/uploads/2023/03/Pollmeier-BauBuche-04-Statische-Kennwerte.pdf

RAL Deutsches Institut für Gütesicherung und Kennzeichnung e. V. (2024) Fenster, Fassaden, Haustüren, Gütesicherung, RAL-GZ 695:2024-03. DIN Media GmbH, Berlin. https://www.din-media.de/de/technische-regel/ral-gz-695/381758354

Rapp AO, Sudhoff B (2020) Schäden an Holzfußböden, 3. Auflage. In: Ruhnau R, Zimmermann G (Hrsg.) Schadenfreies Bauen, Band 29, Fraunhofer IRB Verlag, Stuttgart. ISBN: 978-3-816-76170-9

Volkmer T, Lehmann M, Clerc G (2017) Brettschichtholz aus Buche: Keilzinkenverbindung und Flächenverklebung, 23. Internationales Holzbauforum. https://events.forum-holzbau.com/pdf/37_IHF2017_Volkmer.pdf

Bemessungsregeln nach Eurocode 5

5

Inhaltsverzeichnis

Schlüsselwörter

Eurocode 5 · Holzbau · Brücken · Ausführung · Holz-Beton-Verbund

5.1 Das Konzept der Eurocodes

Die ersten harmonisierten europäischen Regelwerke der Tragwerksplanung stammen aus den 1990er-Jahren. Das Ergebnis ist ein Normensatz, der auch als Eurocodes bezeichnet wird und den Minnert (2012) in einem Übersichtsbeitrag zusammenfasst. Es gibt die DIN EN 1990 (Eurocode 0), die sich mit den Grundlagen der Tragwerksplanung befasst.

P. Weißhaupt, *Wald- und Holzbau*, https://doi.org/10.1007/978-3-658-50061-0_5

Dahinter verbirgt sich das so genannte semiprobabilistische Prinzip, bei dem mit der Hilfe von Beiwerten Unsicherheiten in die statischen Berechnungen einfließen. Bei der Festlegung der Beiwerte ist das 95. Perzentil entscheidend, womit 95 % der um einen Mittelwert streuenden Ergebnisse erfasst sind. Gerechnet wird also nicht mit festgelegten Werten, sondern mit Werten und ihrer statistischen Streuung. Diese Beiwerte sind ein wichtiger Bestandteil sämtlicher Eurocodes. Neben der DIN EN 1990 gibt es die horizontale DIN EN 1991 (Eurocode 1), die sich mit den Einwirkungen auf Tragwerke beschäftigt und damit, wie diese Einwirkungen rechnerisch abgebildet werden können. Das sind unter anderem Eigenlasten, Nutzlasten, Verkehrslasten, Schneelasten und Windlasten, welche regional und je nach Vorhaben unterschiedlich sind (Abb. 5.1) und welche als Punkt-, Strecken- oder Flächenlasten auftreten.

Schneelastzonen Windlastzonen

Zone 1 (gelb): Schneelasten von mehr als 0,65 Kilonewton pro Quadratmeter
Zone 1a (ocker): Schneelasten von mehr als 0,81 Kilonewton pro Quadratmeter
Zone 2 (hellblau): Schneelasten von mehr als 0,85 Kilonewton pro Quadratmeter
Zone 2a (dunkelbau): Schneelasten von mehr als 1,06 Kilonewton pro Quadratmeter
Zone 3 (rot): Schneelasten von mehr als 1,10 Kilonewton pro Quadratmeter

Zone 1 (gelb): Windgeschwindigkeiten bis 27 Metern pro Sekunde
Zone 2 (grün): Windgeschwindigkeiten bis 33 Metern pro Sekunde
Zone 3 (blau): Windgeschwindigkeiten bis 41 Metern pro Sekunde
Zone 4 (rot): Windgeschwindigkeiten von mehr als 41 Metern pro Sekunde

Abb. 5.1 Schnee- und Windlastzonen nach DIN EN 1991-1:2010-12 Eurocode 1: Einwirkungen auf Tragwerke – Teil 1-3 Allgemeine Einwirkungen, Schneelasten und Teil 1-4: Allgemeine Einwirkungen, Windlasten. Abbildungen nach Geo-Zonen-Tool von Dlubal Software (www.dlubal.com)

Es folgen mit den Normen DIN EN 1992 (Eurocode 2) „Stahlbeton- und Spannbeton-Tragwerke", DIN EN 1993 (Eurocode 3) „Stahlbauten", DIN EN 1994 (Eurocode 4) „Verbundtragwerke", DIN EN 1995 (Eurocode 5) „Holzbauten", DIN EN 1996 (Eurocode 6) „Mauerwerksbauten" und DIN EN 1999 (Eurocode 9) „Aluminiumbauten" materialspezifische Regelwerke. Zuletzt gibt es mit DIN EN 1998 (Eurocode 8) „Auslegung von Bauwerken gegen Erdbeben" und DIN EN 1997 (Eurocode 7) „Geotechnik" zwei weitere horizontale Normen, die materialunabhängig zu berücksichtigen sind. Zu jeder materialspezifischen Norm gibt es einen Teil 1-1 über die Statik, einen Teil 1-2 über die Statik im Brandfall und einen Teil 2 über Brücken. Jeder Normenteil hat einen nationalen Anhang, in welchem Sachverhalte erfasst sind, die nur in dem jeweiligen Mitgliedsstaat gelten. Das Regelwerk ist mit insgesamt 58 Teilen äußerst umfangreich, umfasst sämtliche Bauwerke und ist modular anzuwenden.

Die folgenden Ausführungen orientieren sich an Rug und Mönck (2020) und Schopbach (2022). Grundlegend für den Holzbau sind die Sortierqualitäten von Bauholz. Hinzu kommen die Beurteilung der Verwendbarkeit und der Dauerhaftigkeit sowie die Beurteilung der Festigkeit. Im Fall der Auslegung der Tragwerke in Holzbauweise sind die Vorgaben der DIN EN 1995-1-1:2010 (Eurocode 5) maßgebend. Teil 1-1 der Norm befasst sich mit Statik, Teil 1-2 mit Statik im Brandfall, Teil 2 mit Brücken und Teil 3 mit der praktischen Ausführung von Holzbauten. Die Norm berücksichtigt die Dauerhaftigkeit sichernde Maßnahmen und zudem gilt der konstruktive Schutz vor Feuchte und Mikroorganismen nach DIN 68 800. Ein weiterer Teil der Norm sind Verbindungselemente. Ergänzend gibt es die CEN/TS 19103 über Holz-Beton-Verbundbauweisen. Jede der Normen hat nationale Anhänge, in denen ergänzende Erfordernisse auf nationaler Ebene erfasst sind. Auf die Normen des Holzbaus wird im Folgenden eingegangen. Teilweise wird ein Bezug zu nationalen Bauordnungen hergestellt.

5.2 DIN EN 1995-1-1 Holzbau

5.2.1 Grundlagen

Die Grundlage sämtlicher Konstruktionen sind die DIN EN 1990 und 1991. Ergänzend gibt es materialspezifische Normen. Die Norm

- DIN EN 1995-1-1: 2010-12 Eurocode 5: Bemessung und Konstruktion von Holzbauten – Teil 1-1: Allgemeines – Allgemeine Regeln und Regeln für den Hochbau

ist maßgebend für den Holzbau und ist in zehn Abschnitte unterteilt. Diese sind

- Allgemeines,
- Grundlagen für Bemessung und Konstruktion,
- Baustoffeigenschaften,

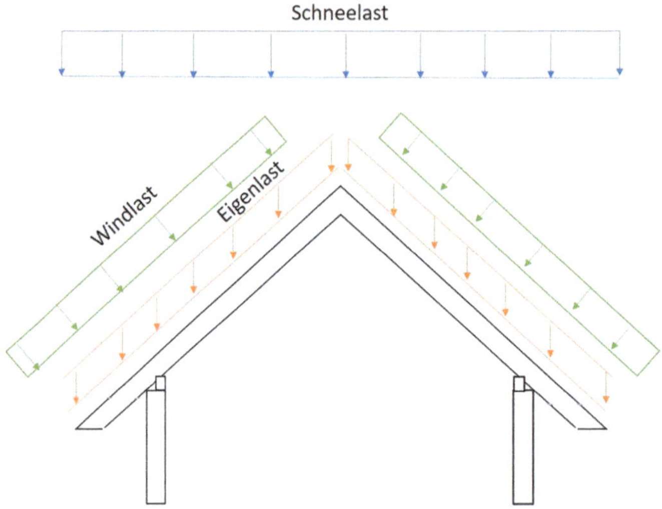

Abb. 5.2 Ausrichtung von Lasten. Eigene Abbildung

- Dauerhaftigkeit,
- Grundlagen der Berechnung,
- Grenzzustände der Tragfähigkeit,
- Grenzzustände der Gebrauchstauglichkeit,
- Verbindungen mit metallischen Verbindungselementen,
- Zusammengesetzte Bauteile und Tragwerke sowie
- Ausführung und Überwachung.

Vor jeder Planung sind sämtliche Lasten, welche ein Gebäude einmal tragen wird, zu berücksichtigen. Abb. 5.2 skizziert eine einfache Lastkombination.

Lasten sind beispielsweise das Eigengewicht und die Nutzlast, Schneelasten, Windlasten, Temperatureinwirkungen, Einwirkungen bei der Bauausführung sowie außergewöhnliche Einwirkungen. Im Holzbau unterscheidet man zudem Klassen der Lasteinwirkungsdauer in

1. Ständig (länger als zehn Jahre, z. B. Eigengewicht),
2. Lang (sechs Monate bis zehn Jahre, z. B. Nutzlast),
3. Mittel- bis langfristig (eine Woche bis sechs Monate, z. B. Schneelast),
4. Kurzfristig (kürzer als eine Woche, z. B. Windlast),
5. Sehr kurz (z. B. Erdbeben)

durch tabellarische Beiwerte für die Berechnung der Last. Es soll ein möglichst realistisches Bild der Einwirkung über die jahrzehntelange Nutzungsdauer hinweg entstehen.

Da im Holzbau Feuchte eine wichtige Rolle spielt, gibt es zudem das Konzept der Nutzungsklassen 1 bis 3 von

1. Nutzung in geschlossenen und beheizten Räumen,
2. Anwendung in offenen und überdachten Bauten und
3. sämtlicher Witterung ausgesetztes Holz und Feuchträume.

Vollholz und Brettschichtholz können in allen Nutzungsklassen eingesetzt werden, keilverzinktes Holz und Balkenschichtholz hingegen nur in NKL 1 und 2. Sowohl die Klasse der Lasteinwirkungsdauer als auch die Nutzungsklasse führen in Kombination zu dem so genannten Modifikationsbeiwert k_{mod}, der bei der werkstoffseitigen Bemessung der Festigkeit berücksichtigt werden muss. Weiterhin wird im Holzbau obligatorisch ein Teilsicherheitsbeiwert von $\gamma = 1{,}3$ für Vollholz und $\gamma = 1{,}25$ für Brettschichtholz berücksichtigt. Der Bemessungswert der Festigkeit berechnet sich als

$$f_d = \frac{k_{mod}}{\gamma + f_k}$$

mit den richtungsabhängigen Festigkeiten f_k aus den Tab. 4.1 sowie dem Modifikationsbeiwert k_{mod} aus der nachfolgenden Tab. 5.1.

Im Kapitel über Baustoffeigenschaften des EC 5 werden die unterschiedlichen Hölzer, Brettschichtholz, Furnier und unterschiedliche Holzwerkstoffe vorgestellt und auch ihre Festigkeitskennwerte tabelliert ausgewiesen. Bezüglich der Dauerhaftigkeit wird im Normtext auf die DIN 68 800 über den konstruktiven Holzschutz verwiesen. Beim Einsatz wenig dauerhafter Hölzer, was bei Fichte und Kiefer der Fall ist, ist die DIN 68 800 zu beachten. Sie beinhaltet Konstruktionsvorgaben, die Trockenheit des Holzes und keinen Erdkontakt gewährleisten. Das sind beispielsweise Regeln für die Gestaltung von Ablaufkanten beregneter Holzteile. Stützen aus Beton und Stahl, welche Abstand zum Boden schaffen und den Erdkontakt verhindern. Es sind auch festgelegte Mindestabstände zum Boden oder die Größe von Traufen. Weiterhin beinhaltet die DIN 68 800 Regeln für den Einsatz von Holzschutzmitteln, was sowohl vorbeugenden (Teil 3) als auch bekämpfenden (Teil 4) Holzschutz umfasst. Dauerhaftigkeit bezieht sich neben dem Schutz vor Feuchte und Schadorganismen gemäß DIN 68 800 und EN 335-1 auch auf den Schutz von metallischen Verbindungselementen gegen Korrosion. Die EN 335 benennt zudem Dauerhaftig-

Tab. 5.1 Modifikationsbeiwerte k_{mod} nach DIN EN 1995-1 und Nebgen und Peterson 2015

		Nutzungsklasse		
Baustoff	Klasse der Lasteinwirkungsdauer	1	2	3
Bauholz	ständig	0,6	0,6	0,5
	lang	0,7	0,7	0,55
	mittel	0,8	0,8	0,65
	kurz	0,9	0,9	0,7
	sehr kurz	1,1	1,1	0,9

keitsklassen, die sich auf die Resistenz gegenüber Schadorganismen beziehen. Bei der Bemessung der Tragfähigkeit ist diese Klassifizierung nebensächlich.

Hinsichtlich der Lasten gibt es die Fälle der Punkt-, der Strecken- und der Flächenlasten. Diese Lasten erzeugen Auflagerkräfte, Druck- und Zugkräfte parallel und senkrecht zur Faser, aber auch Biege-, Schub- und Torsionsmomente über den Bauteilquerschnitt. Nicht nur Bauteile, sondern auch Verbindungen müssen den Lasten standhalten. Der Nachweis ist gemäß EC 5-1-1 zu führen. Neben dem Nachweis der Tragfähigkeit ist der Nachweis der Gebrauchstauglichkeit zu erbringen. Dabei dürfen sich Bauteile nicht dauerhaft verbiegen oder verformen und auch Schwingungsphänomene, welche bei dem leichten Baustoff Holz auftreten können, sind zu minimieren. Hinzu kommen Fragen der Stabilität. Das Knicken schlanker Bauteile ist rechnerisch auszuschließen. Der Ingenieur trifft in der ersten Konstruktion Annahmen, für welche Tragfähigkeit und Gebrauchstauglichkeit für sämtliche Lastkombinationen rechnerisch nachgewiesen werden müssen. Gelingt dies nicht, sind entweder stärkere Bauteilausführungen oder Holz höherer Festigkeitsklassen zu wählen. Im Holzbau sind sämtliche Lastfälle zu berechnen, da Holz anisotrope Eigenschaften hat und nicht immer der Fall der größten anzunehmenden Last entscheidend ist.

5.2.2 Tragfähigkeit

Für jede Konstruktion muss der Nachweis der Tragfähigkeit rechnerisch dargelegt werden. Dazu muss die Last pro Bauteilfläche immer kleiner sein als der Bemessungswert f_d, welcher bei kleinen Querschnittsflächen noch mit dem Beiwert k_h modifiziert werden darf. Der Quotient ist entsprechend kleiner oder gleich 1.

Nun gibt es unterschiedliche Lasten und Kombinationen davon sowie unterschiedliche Träger und Lager. Das Vorgehen entspricht für jede Konstruktion 1. der Lastermittlung gemäß EC 1, 2. der Bestimmung der Auflagerkräfte, 3. der Bestimmung der Schnittgrößen, 4. der Bestimmung der Lastfallkombinationen und der maßgebenden Lastfallkombination, 5. Bestimmung der Bemessungswerte in den unterschiedlichen Fällen und schließlich folgt 6. der Nachweis der Tragfähigkeit. Für diesen Nachweis wird der Bemessungswert der Festigkeit f_d bestimmt unter Berücksichtigung des Quotienten aus k_{mod} für sämtliche Lastfallkombinationen und $\gamma_{M} =$ 1,3 und der Festigkeit des Werkstoffs f_k aus den Tab. 4.1, dem Materialdatenblatt oder dem Eurocode 5.

Bei einer Zugkraft in Faserrichtung ist nachzuweisen:

$$\frac{\frac{F_{t,0,d}}{A_n}}{k_h * f_{t,0,d}} \leq 1$$

$F_{t,0,d}$ ist das Ergebnis einer Kräftebilanz in Faserrichtung, A ist die Querschnittsfläche, k_h ist ein Beiwert bei kleinen Querschnitten und $f_{t,0,d}$ ist der Bemessungswert der Zugfestigkeit in Faserrichtung. Der Beiwert bei kleinen Querschnitten (kleiner als 150 mm) ist ein Tabellenwert aus EC 5 und der Bemessungswert der Zugfestigkeit errechnet sich aus Tabellenwerten für k_{mod}, γ_M und dem Festigkeitswert für den Werkstoff $f_{t,0,k}$.

Bei einer Druckkraft in Faserrichtung ist nachzuweisen:

$$\frac{\frac{F_{c,0,d}}{A_n}}{f_{c,0,d}} \leq 1$$

$F_{c,0,d}$ ist die einwirkende Kraft, A ist die Querschnittsfläche und $f_{t,0,d}$ der Bemessungswert der Druckfestigkeit in Faserrichtung. Der Bemessungswert der Druckfestigkeit berechnet sich aus Tabellenwerten für k_{mod}, γ_M und dem Festigkeitswert für den Werkstoff $f_{t,0,k}$.

Bei einer Druckkraft quer zur Faser ist nachzuweisen:

$$\frac{\frac{F_{c,90,d}}{A_{ef}}}{k_{c,90} * f_{c,90,d}} \leq 1$$

$F_{c,90,d}$ ist die maßgebende Druckkraft in Newton, A_{ef} ist die wirksame Querdruckfläche. $f_{c,90,d}$ ist der Bemessungswert der Druckfestigkeit rechtwinklig zur Faserrichtung und $k_{c,90}$ ist der Beiwert. Bemessungswert der Druckfestigkeit sich aus Tabellenwerten für k_{mod}, γ_M und dem Festigkeitswert für den Werkstoff $f_{t,90,k}$. Der Beiwert ist ein Tabellenwert.

Im Fall einer einachsigen Biegung ist nachzuweisen:

$$\frac{\frac{M_{y,d}}{W_y}}{k_h * f_{m,d}} \leq 1$$

$M_{y,d}$ ist der Bemessungswert des Momentes, W_y ist das Widerstandsmoment um die y-Achse. $f_{m,d}$ ist der Bemessungswert der Biegefestigkeit und k_h ist der Beiwert für kleine Querschnitte.

Abb. 5.3 visualisiert die Biegung an einem beidseitig gelagerten Einfeldträger, welcher mit einer Streckenlast q beaufschlagt wird. Der Balken erfährt Druckkräfte oberhalb der neutralen Faser und Zugkräfte unterhalb der neutralen Faser. Es folgt eine Schnittgrößenbestimmung und die Abbildung der Verläufe der Normalkraft, Querkraft und des Biegemoments entlang der Stablänge l. Für diesen einfachen Fall sind die genannten Formeln gültig.

Es wird folgendermaßen vorgegangen.

Die Voraussetzungen sind ein statisches System (z. B. ein Einfeldträger), darauf einwirkende Kräfte (z. B. Strecken- und Punktlasten) mit der Klasse der Lasteinwirkungsdauer (z. B. ständig und kurz), eine Festlegung der Nutzungsklasse 1 bis 3 und die Holzfestigkeitsklasse (z. B. C24).

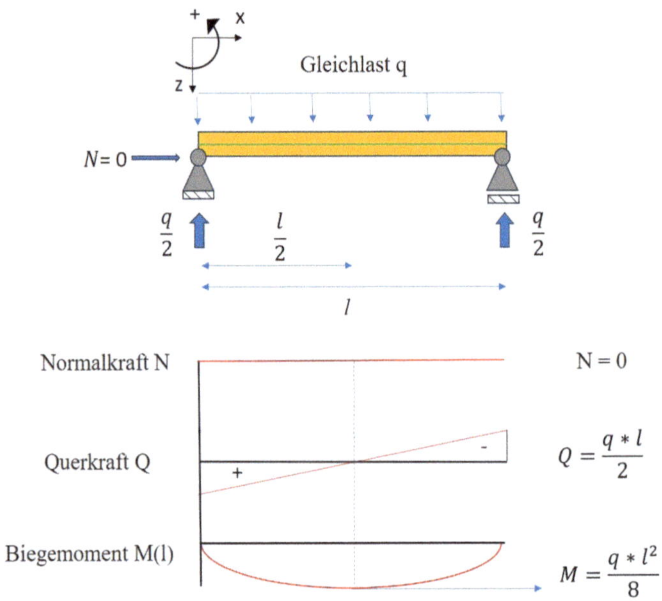

Abb. 5.3 Biegung eines Einfeldträgers mit Gleichlast. Eigene Abbildung

Erstens werden die Schnittgrößen bestimmt und die Momentengleichungen aufgestellt. Diese sind für eine Streckenlast

$$M = \frac{q * l^2}{8}$$

und für eine mittig angreifende Punktlast

$$M = \frac{F * l}{4}$$

Zweitens folgt die Ermittlung der Lasteinwirkungskombinationen. Das ist die Summe der ständigen Lasten und die Summe der ständigen Lasten plus der veränderlichen Lasten. Zu jedem Moment sind der Teilsicherheitsbeiwert für die ständigen Lasten $\gamma = 1{,}35$ und der Teilsicherheitsbeiwert für veränderliche Lasten $\gamma = 1{,}5$ zu berücksichtigen. Das Ergebnis sind unterschiedliche Bemessungsmomente.

Drittens folgt die Bestimmung der maßgebenden Lasteinwirkungskombination. Dieser Schritt ist erforderlich, da Holz anisotrope Eigenschaften hat und nicht immer die größte Lasteinwirkungskombination den statisch kritischsten Fall darstellt. Hierzu ist unter Berücksichtigung der Klasse der Lasteinwirkungsdauer und der Nutzungsklasse der Modifikationsbeiwert k_{mod} aus Tabellen abzulesen. Anschließend dividiert man die jeweiligen Bemessungsmomente durch die jeweiligen Modifikationsbeiwerte. Der größte Wert stellt die maßgebende Lasteinwirkungskombination dar.

Viertens folgt unter Berücksichtigung der maßgebenden Lasteinwirkungskombination die Berechnung des Bemessungswertes der Beanspruchung. Im Holzbau erfolgt der Nachweis spannungsbasiert. M ist dabei das Moment der maßgebenden Lasteinwirkungskombination. W errechnet sich für einen rechteckigen Querschnitt nach folgender Formel:

$$\sigma = \frac{M}{W} \text{ mit } W = \frac{b * h^2}{6}$$

Fünftens folgt die Berechnung des Bemessungswertes der Festigkeit. Der Bemessungswert der Biegefestigkeit wird wie folgt bestimmt:

$$f_{m,d} = \frac{k_{mod}}{\Upsilon_m} * f_{m,k}$$

k_{mod} ist ein Tabellenwert, der sich aus der Nutzungsklasse (1 bis 3) und der Klasse der Lasteinwirkungsdauer (sehr kurz bis ständig) ergibt. Die Werte für k_{mod} befinden sich in der EN 338. Υ_m ist ein Tabellenwert für die jeweiligen Holzwerkstoffe. Vollholz hat ein Υ_m von 1,3, Brettschichtholz hat ein Υ_m von 1,25. Die charakteristische Biegefestigkeit $f_{m,k}$ ist ein Tabellenwert. Holz der Klasse C24 hat eine charakteristische Biegefestigkeit von 24 N/mm². Mit diesen Werten kann $f_{m,d}$ errechnet werden.

Sechstens und letztens folgt der eingangs geforderte Nachweis für die einachsige Biegung.

Hier werden nur einfache Fälle und die grundlegende Vorgehensweise beschrieben. Es können unterschiedliche Lastfälle auftreten. Der Eurocode 5 beschreibt sämtliche Möglichkeiten.

5.2.3 Gebrauchstauglichkeit

Ein Tragwerk muss nicht nur den Lasten standhalten, sondern auch den Gebrauchsbedingungen genügen, das Wohlbefinden der Nutzenden gewährleisten und mit Blick auf Durchbiegungen den Erwartungen an das Erscheinungsbild genügen. Gebrauchstauglichkeit spielt im Hochbau bei Holzdecken sowie im Brückenbau eine bedeutende Rolle. Sie wird im Holzbau durch Verformungen und Schwingungen begrenzt.

Holz hat die Eigenschaft des Kriechens. Es kann neben einer reversiblen Anfangsverformung eine irreversible Verformung auftreten. Die Ursache ist eine Lasteinwirkung, die unmittelbar nach Belastung eine zunächst reversible Verformung verursacht. Handelt es sich um eine ständige Last, so nimmt die Durchbiegung über die Zeit noch bis zu einem Maximum zu. Wird nach hinreichend langer Zeit die Last von dem Bauteil genommen, dann bleibt ein Teil der Verformung bestehen. Diese Verformung wird als Kriechen bezeichnet.

Die Grundlage für die Verformungsbetrachtung ist die Tragfähigkeitsberechnung. Verformung berechnet man, indem man in den Gleichungen für das Biegemoment einen Deformationsbeiwert berücksichtigt. Der tabellierte Deformationsbeiwert k_{def} bildet das

Kriechen von Holz ab. Vollholz in der Nutzungsklasse 1 hat ein k_{def} = 0,6, in der Nutzungsklasse 3 jedoch k_{def} = 2,0. Mit ψ werden in EC 1 tabellierte Beiwerte bezeichnet.

Der EC 5-1-1 sieht zur Gewährleistung den Nachweis der reversiblen Anfangsverformung w_{inst}, den Nachweis der Endverformung w_{fin} und den Nachweis der gesamten Endverformung $w_{net,fin}$ vor.

Einzuhalten ist die Anfangsverformung.

$$w_{inst} = w_{G,inst} + w_{Q,1,inst} + \sum_{i>1} \psi_{0,i} * w_{Q,i,inst} \leq \frac{l}{300}$$

Die Endverformung:

$$w_{fin} = w_{G,inst} * \left(1 + k_{def}\right) + w_{Q,inst} * \left(1 + \psi_2 * k_{def}\right) \leq \frac{l}{200}$$

Die gesamte Endverformung:

$$w_{net,fin} = \left(w_{G,inst} + \psi + w_{Q,inst}\right) * \left(1 + k_{def}\right) - w_c \leq \frac{l}{300}$$

Dabei ist $w_{net,fin}$ die Enddurchbiegung, w_G und w_Q sind die Anfangsdurchbiegungen aufgrund der Eigenlast und der Traglast. $w_{Q,1}$ bezieht sich dabei auf eine ständige Last, w_{Qi} auf mehrere veränderliche Lasten, welche den ungünstigsten Fall abbildend zugleich auftreten. w_c ist eine ggf. vorhandene Überhöhung.

Die Verformungen von Holz sind auch von der Feuchte abhängig, weshalb die Vorgaben hinsichtlich des Wassergehalts unbedingt einzuhalten sind.

Ein zweites Kriterium der Gebrauchstauglichkeit sind Schwingungen (Hamm 2012, Mohr 2016). Ein Beispiel ist die Holzbalkendecke mit mehreren Feldern. Schritte auf Holzbalkendecken können den Boden in Schwingung versetzen, was sowohl unangenehm für den gehenden Menschen ist als auch in Nachbarräumen spürbar ist. Menschen sind offensichtlich recht empfindlich für diese Art von Bewegung und nehmen sie negativ wahr (Abb. 5.4).

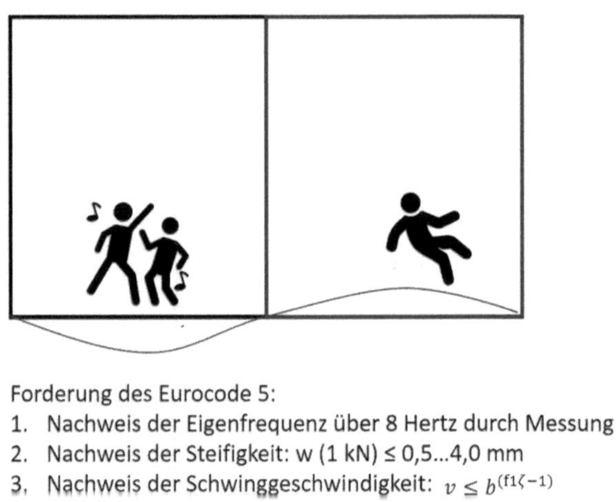

Abb. 5.4 Schwingung an einem Zweifeldträger. Eigene Abbildung

Um Abhilfe zu schaffen, wird die Holzdecke durch das Gewicht anorganischer Schüttungen beschwert. Derartiges dämpft Schwingungen. Ähnliche Effekte haben Holz-Beton-Verbundbauweisen oder eben eine Auslegung aus Holz, für welche der Gebrauchstauglichkeitsnachweis nach EC 5-1-1 geführt werden kann. Dieser besteht aus drei Teilnachweisen: Erstens muss bei ständiger Einwirkung die Eigenfrequenz von acht Hertz immer überschritten werden, zweitens muss die Durchbiegung infolge Einzellast beschränkt sein und drittens ist eine definierte Schwinggeschwindigkeit einzuhalten. Für eine Decke innerhalb einer Nutzungseinheit sind eine Eigenfrequenz von größer als sechs Hertz und eine Durchbiegungsbeschränkung von einem Millimeter ausreichend. Eine Decke zwischen zwei oder mehr Nutzungseinheiten erfordert eine Eigenfrequenz von größer als acht Hertz und eine Durchbiegungsbeschränkung von 0,5 mm. Nach Anregung schwingt Holz mit seiner Eigenfrequenz von acht Hertz. Durch Reibung klingen Schwingungen über die Zeit ab. Höhere Frequenzen werden schneller abgedämpft als tiefere.

Zur Feststellung der Schwingungseigenschaften gibt es eine Prüfnorm für Holzbalkendecken.

- EN 16929:2018 Prüfverfahren – Holzdecken – Bestimmung der Schwingungseigenschaften

Bauwerksschwingungen sind abhängig von den Bauteileigenschaften, Masse, Steifigkeit, Dämpfung, und den Anregungseigenschaften, Kraft (Größe, Richtung und Periodizität), Einwirkungsdauer, Impulsgröße und Zahl der Wiederholungen bei periodischen Anregungen sowie Periodendauer. Bei Holzbalkendecken treten Eigenfrequenzen zwischen fünf und zwölf Hertz auf. Sehr einfache Konstruktionen mögen zwar die zu erwartenden Lasten tragen, bieten nicht den ausreichenden Schutz gegen Schwingung. Der Grund liegt in der geringen Masse von Holz und die Lösung im Aufbringen zusätzlicher Masse, was zu mehrschichtigen und komplexen Bodenaufbauten führen kann. Decken ohne Estrich stellen den ungünstigsten Fall dar, Decken aus verleimten Brettstapelelementen mit schwimmendem Estrich sind deutlich schwingungsresistenter und Holzbalkendecken und mechanisch verbundene Brettstapeldecken mit schwimmendem Estrich sind resistent gegen Schwingung. Auch hier zeigt sich, dass die Verbindung von Holz und Estrich vorteilhaft ist. Noch besser und zugleich auch wirtschaftlich sind Holz-Beton-Verbunddecken. Im Gegensatz zu Stahlbetondecken wird Beton eingespart und die Konstruktion wird insgesamt leichter. Durch die hinreichend dicke Betonschicht wird die erforderliche Masse gegen Schwingung geschaffen. Zu dieser Bauart wird auch im Holzbau geraten, um wirtschaftliche, tragfähige und zugleich gebrauchstaugliche Bauformen zu gewährleisten.

5.2.4 Stabilität

Der Stabilitätsnachweis ist zumeist ein Nachweis gegen Knicken. Das betrifft zumeist mit einer Druckkraft belastete schlanke Bauteile, Stützen und Pfosten. Sie können aus Vollholz oder Brettschichtholz bestehen.

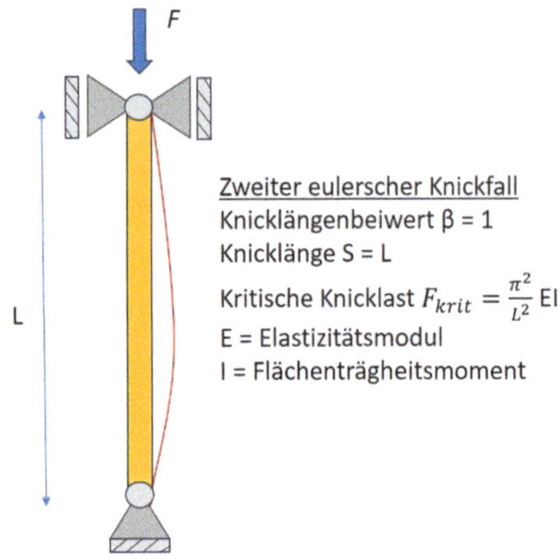

Abb. 5.5 Zweiter eulerscher Knickfall. Eigene Abbildung

Die Grundlage für die Berechnung sind die vier Knickfälle nach Euler. Das ist erstens ein Stab mit fester dreiwertiger Einspannung. In diesem Fall ist die Knicklänge = 2 * Länge des Stabes. Der Imperfektionsbeiwert ist β = 2. Im zweiten Eulerschen Knickfall (häufigster Fall) ist der Stab durch ein zweiwertiges Fest- und ein einwertiges Loslager gelagert. In diesem Fall entspricht die Knicklänge der Stablänge und β = 1 (Abb. 5.5). Im dritten Knickfall bestehen ein dreiwertiges Auflager und ein einwertiges Loslager. In diesem Fall ist die Knicklänge = 0,7 * Länge des Stabes, β = 0,7. Im vierten Fall ist der Stab erneut durch ein dreiwertiges Lager eingespannt, das zweite Lager ist ein zweiwertiges Auflager. In diesem Fall ist die Knicklänge = 0,5 * Stablänge, β = 0,5.

Neben der Knicklänge benötigt man die Querschnittsfläche, den Trägheitsradius, die Knicklänge unter Berücksichtigung der Eulerfälle, die Druckfestigkeit in Faserrichtung und die Schlankheit.

$$Trägheitsradius\, i = \sqrt{\frac{Trägheitsmoment\, I}{Fläche\, A}}$$

$$Schlankheit\, \lambda = \frac{Knicklänge\, l}{Trägheitsradius\, i}$$

Das Trägheitsmoment I berechnet sich bei rechteckiger Querschnittsfläche zu I = b*h³/12 oder I = h*b³/12. Bei einem rechteckigen Querschnitt sind zwei Knickrichtungen zu prüfen.

Nachzuweisen ist jeweils:

$$\frac{\frac{F_{c,0,d}}{A}}{(k_c + f_{c,0,d})} \leq 1$$

F ist die maßgebende Kraft, A ist die Druckfläche, f ist die Druckfestigkeit in Faserrichtung und k_c ist der Knickbeiwert.

Die Druckfestigkeit in Faserrichtung ist den Tabellenwerken zu entnehmen. Der Knickbeiwert k_c muss unter Berücksichtigung der Schlankheit λ und der Druckfestigkeit in Faserrichtung einer weiteren Tabelle im EC 5 entnommen werden.

Ein anderes Stabilitätsproblem ist das Kippen. Dazu ist zuerst die wirksame Kipplänge zu bestimmen. Bei konstantem Moment, Einzellast in Feldmitte und Einzellast am Kragende ist $l_{ef} = 0{,}8 * l$, bei Gleichstreckenlast ist $l_{ef} = 0{,}9 * l$ bei einem Lager oder $l_{ef} = 0{,}5 * l$ bei zwei Lagern. Der Beiwert λ_{ef} berechnet sich in Abhängigkeit der Trägerhöhe und Trägerbreite als

$$\frac{h * l_{ef}}{b^2} = \lambda_{ef}$$

Mit diesem Beiwert λ_{ef} kann der Kippbeiwert k_{crit} aus Tabellen entnommen werden. Nachzuweisen ist:

$$\frac{\frac{M_d}{W}}{k_{crit} * f_{m,d}} \leq 1$$

M_d ist der Bemessungswert des Biegemoments, W ist das Widerstandsmoment des Querschnitts und $f_{m,d}$ ist der Bemessungswert der Biegefestigkeit. Die Grundlage für das Kippen ist also die Bestimmung der Biegebeanspruchung, die schon im Rahmen des Tragfähigkeitsnachweises zu bestimmen ist.

5.2.5 Verbindungen und Verbindungsmittel

Die Art des Holzbaus definiert sich auch über die Verbindungselemente. Typische Verbindungselemente des modernen Holzbaus sind Nägel und Schrauben, Bolzen, Stabdübel, Klammern, Nagelplatten und Stahlbleche. Metallische Verbindungselemente wie Nägel, Schrauben, Winkel, Balkenschuhe bis hin zu Nagelplattenbindern gehören zum Standard im Massivholzbau. Im Holzrahmenbau sind auch Klammerverbindungen verbreitet. Holzwerkstoffe, Schichtholz und Holzbauprodukte werden verleimt.

Verbindungselemente tragen oftmals hohe statische und zum Teil dynamische Lasten, weshalb sie nicht nur richtig dimensioniert, sondern auch bautechnisch geprüft und zugelassen sein müssen. Verbindungen im Holzbau müssen die Faserrichtung und Mindestabstände berücksichtigen, da Holz spleißen könnte. Das Einbringen von Verbindungselementen parallel zur Faserrichtung ist unkritischer als quer zur Faserrichtung. Mehrere Verbindungselemente in einer Reihe und quer zur Faserrichtung sollten versetzt angeordnet werden. Klassischer zimmermannsmäßiger Holzbau kann gänzlich ohne Verbindungselemente aus anderen Werkstoffen als Holz auskommen. Zimmermannsmäßige

Holzverbindungen entsprechen heute nicht mehr dem Standard. Einen Überblick über deutsche und japanische Holzverbindungen fasste Graubner (2015) zusammen. Zimmermannsmäßige Verbindungen unterschiedlicher Art gibt es weltweit. Die Beschreibung einiger Verbindungen folgt:

- Stoßverbindungen: Verbindung zweier Holzstücke über die Hirnholzenden durch Verklebung (stumpf oder mit Keilzinkung) oder mit mechanischen Verbindungsmitteln (z. B. Wellennägel). Der Stoß stellt die einfachste Art der Holzverbindung dar.
- Blattverbindungen: Die Enden der zu verbindenden Balken werden gerade oder schräg angeschnitten und die beiden Schrägseiten aufeinandergelegt, ggf. verklebt und verbunden. Blattverbindungen dienen der Verbindung von Pfetten. Zudem gibt es das Hakenblatt, bei dem die zu verbindenden Balken zudem noch verhakt werden.
- Zapfenverbindungen: Die zu verbindenden Holzenden sind angeschliffen und bestehen einerseits aus einem Zapfen und andererseits aus einem passförmigen Zapfenloch. Zusammengesteckt hält die Konstruktion formschlüssig. Zapfenverbindungen können gerade oder schräg sein. Die Zapfen können rechteckig oder konisch sein. Im Fall konisch verlaufender Zapfen spricht man von Schwalbenschwanzverbindungen. Zapfenverbindungen werden auch für Längs-, Eck-, Quer- und Kreuzverbindungen verwendet.
- Kammverbindungen verbinden zwei Holzbalken im rechten Winkel. Die Enden werden passgenau angeschliffen, sodass sie ineinander verhakt werden können. Eine doppelte Kammverbindung liegt bei beidseitig angeschnittenen Balken vor.
- Klauenverbindungen sind häufige Verbindungen bei Sparrendächern für die Verbindung von Mauer und Sparren. Schrauben sichern diese Verbindung.
- Versatzverbindungen werden geschaffen, wenn Holzbalken schräg miteinander verbunden werden. Der horizontale Balken wird dann winkelförmig eingekerbt, der schräge Balken entsprechend passförmig angeschliffen, sodass die Balken sicher ineinandergreifen und nicht verrutschen. Man unterscheidet den Stirnversatz, den Fersenversatz, den Brustversatz sowie den doppelten Versatz. Die Alternative ist eine Nutverbindung.
- Verbindungen des Blockhauses. Blockhausbau ist selten. Es handelt sich um Häuser, deren Hauswände aus gestapelten Holzstämmen bestehen. Diese werden an den Ecken angeschliffen, sodass die zwei rechtwinklig zueinanderstehenden Wände miteinander verzahnt werden. Das Ergebnis hat ein rustikales Erscheinungsbild und wird für Wohngebäude und im Städtebau nur vereinzelt genutzt. Heutzutage findet die Bauweise im Fall von Ausflugslokalen, Schutzhütten, Ferienhäusern, Nebengebäuden und Saunahütten Verwendung. Trotz der seltenen Nutzung sind Blockhäuser weltweit verbreitet.

Im modernen Ingenieurholzbau herrschen Verbindungen aus metallischen Werkstoffen vor. Einfache Verbindungsmittel sind Nägel, Dübel und Passbolzen, die Holz formschlüssig verbinden. Stabdübel und Bolzen sowie auch Gewindestangen verbinden Holz kraftschlüssig. Nagelverbindungen werden nur auf Abscheren beansprucht. Nägel haben unterschiedliche Größen und neben glatten Nägeln gibt es Rillen- und Schraubennägel.

Löcher für Nägel dürfen beim Bauen mit Nadelholz und müssen bei Verwendung von Laubholz vorgebohrt werden. Vorbohren verhindert das Spleißen des Holzes. Stabdübel sind in der Regel aus Stahl und haben Durchmesser von 8 bis 24 mm. Sie dürfen nur auf Abscheren beansprucht werden. Die Tragfähigkeit steigt mit der Qualität des Stahls, S235, S275 und S355. Das Loch für einen Stabdübel muss vorgebohrt werden. Verbindungen umfassen typischerweise zwei Stabdübel, in Einzelfällen genügt ein Stabdübel. Dübel besonderer Bauart sind breit und flach und werden in den Fugen angeordnet und in den Querschnitt eingepresst. Sie können auf Leibungsdruck oder Abscheren beansprucht werden. Scheibendübel des Typs A sind geschlossene Stahlringe. Typ B sind flache Scheibendübel und Typ C1 und C2 Scheibendübel mit beidseitigen und einseitigen Zähnen. Bolzen sind Metallstäbe. Diese Stäbe haben ein Schraubgewinde mit Kopf und Unterlegscheibe einerseits und Unterlegscheibe und Mutter andererseits. Bolzen können auf Abscheren und Herausziehen beansprucht werden. Passbolzen sitzen fest im Holz, denn vorgebohrt wird mit dem Nenndurchmesser. Passbolzen haben Übermaß. Wenn ein Verbindungsmittel in Holz eingebracht wird, müssen Mindestabstände zwischen den Verbindungselementen und Randabstände eingehalten werden. Mindestabstände sollen verhindern, dass Holz aufspaltet. Die Mindestabstände unterscheiden sich je nach Verbindungsmittel. Die Abstände parallel und senkrecht zur Faser sind ebenfalls unterschiedlich. Ein beanspruchter Rand ist ein Rand, an dem eine Kraft wirkt. Ein unbeanspruchter Rand ist ein Rand, an dem keine Kräfte wirken. Schnittigkeit ist die Anzahl der Scherfugen, die einem Verbindungsmittel zur Kraftübertragung zur Verfügung stehen. Unterschiedliche Verbindungsmittel haben unterschiedliches Tragverhalten. Es gibt Holz-Holz-Verbindungen und Holz-Stahl-Verbindungen. Für beide Arten von Verbindungen gilt, dass Anschlüsse immer symmetrisch auszuführen sind. Es gibt Normen für die unterschiedlichen Holzverbindungen:

- EN 14545:2008 Holzbauwerke – Nicht stiftförmige Verbindungselemente – Anforderungen
- EN 14592:2022 Holzbauwerke – Stiftförmige Verbindungsmittel – Anforderungen
- EN 912:2011 Holzverbindungsmittel – Spezifikationen für Dübel besonderer Bauart für Holz
- EN 14250:2010 Holzbauwerke – Produktanforderungen an vorgefertigte tragende Bauteile mit Nagelplattenverbindungen
- EN 1075:2014 Holzbauwerke – Prüfverfahren – Verbindungen mit Nagelplatten
- EN 15736:2009 Holzbauwerke – Prüfverfahren – Ausziehwiderstand von Nagelplatten unter Transport- und Montagezuständen in vorgefertigten Fachwerkträgern
- EN 12512:2001 Holzbauwerke – Prüfverfahren – Zyklische Prüfungen von Anschlüssen mit mechanischen Verbindungsmitteln
- EN 1380:2009 Holzbauwerke – Prüfverfahren – Tragende Verbindungen mit Nägeln, Schrauben, Stabdübeln und Bolzen
- EN 1381:2016 Holzbauwerke – Prüfverfahren – Tragende Klammerverbindungen

- EN 1382:2016 Holzbauwerke – Prüfverfahren – Ausziehtragfähigkeit von Holzverbindungsmitteln
- EN 1383:2016 Holzbauwerke – Prüfverfahren – Prüfung von Holzverbindungsmitteln auf Kopfdurchziehen
- EN 15737:2009 Holzbauwerke – Prüfverfahren – Einschraubdrehmoment von Schrauben
- EN 383:2007 Holzbauwerke – Prüfverfahren – Bestimmung der Lochleibungsfestigkeit und Bettungswerte für stiftförmige Verbindungsmittel
- EN 409:2009 Holzbauwerke – Prüfverfahren – Bestimmung des Fließmoments von stiftförmigen Verbindungsmitteln
- EN 26891:1991 Holzbauwerke – Verbindungen mit mechanischen Verbindungsmitteln – Allgemeine Grundsätze für die Ermittlung der Tragfähigkeit und des Verformungsverhaltens (ISO 6891:1983)
- EN 16784:2016 Holzbauwerke – Prüfverfahren – Bestimmung des Langzeitverhaltens beschichteter und unbeschichteter stiftförmiger Verbindungsmittel

Ergänzend gibt es Klebeverbindungen. Sie sind Teil von Holzwerkstoffen, Brettschichtholz und von Keilverzinkungen. Unternehmen, die Klebeverbindungen erstellen, müssen ihre Sachkunde gesondert und überprüfend nachweisen, denn die Tragfähigkeit von Klebeverbindungen ist von unterschiedlichen Einflüssen abhängig. Das sind Umgebungstemperatur, Luftfeuchte, Pressdruck und Kleber. Auch für den verwendeten Klebstoff muss ein Eignungsnachweis vorliegen. Kleber sind typischerweise Harnstoffharze, modifizierte Melaminharze, Phenol-Resorcinharze, Polyurethan-Klebstoffe und Epoxidharze.

5.3 DIN EN 1995-1-2 Bemessung im Brandfall

Es gibt bautechnische Vorschriften, welche Gebäude im Brandfall sichern. Das sind vorbeugende Maßnahmen, aber auch Maßnahmen, welche das Risiko in einem Brandfall mindern. Wie ein Tragwerk ausgelegt werden muss, dass es auch im Fall eines Brandes sicher ist, beschreibt die

- DIN EN 1995:2010-12 (Eurocode 5): Bemessung und Konstruktion von Holzbauten – Teil 1-2: Allgemeine Regeln – Tragwerksbemessung für den Brandfall.

Ihr Inhalt sind Regeln zur Bestimmung des Feuerwiderstandes. Die DIN EN 1995-1-2 ist im Kontext der nationalen Anforderungen des Brandschutzes aus den Landesbauordnungen zu betrachten, denn die Regelwerke ergänzen sich.

Das zentrale Instrument des Brandschutzes der Landesbauordnungen ist die Definition von unterschiedlichen Gebäudeklassen, an die sich unterschiedliche Schutzniveaus anschließen. Die Musterbauordnung (MBO) der deutschen Bundesländer definiert die Gebäudeklassen in § 2 Satz 3 folgendermaßen:

„Gebäudeklasse 1: a) freistehende Gebäude mit einer Höhe bis zu sieben Metern und nicht mehr als zwei Nutzungseinheiten von insgesamt nicht mehr als 400 Quadratmeter und b) freistehende land- oder forstwirtschaftlich genutzte Gebäude,

Gebäudeklasse 2: Gebäude mit einer Höhe bis zu sieben Metern und nicht mehr als zwei Nutzungseinheiten von insgesamt nicht mehr als 400 Quadratmetern,

Gebäudeklasse 3: sonstige Gebäude mit einer Höhe bis zu sieben Metern,

Gebäudeklasse 4: Gebäude mit einer Höhe bis zu 13 m und Nutzungseinheiten mit jeweils nicht mehr als 400 Quadratmetern,

Gebäudeklasse 5: sonstige Gebäude einschließlich unterirdischer Gebäude.

Höhe im Sinne des Satzes 1 ist das Maß der Fußbodenoberkante des höchstgelegenen Geschosses, in dem ein Aufenthaltsraum möglich ist, über der Geländeoberfläche im Mittel. Die Grundflächen der Nutzungseinheiten im Sinne dieses Gesetzes sind die Brutto-Grundflächen; bei der Berechnung der Brutto-Grundflächen nach Satz 1 bleiben Flächen in Kellergeschossen außer Betracht.“

Diese Gebäudeklassen werden bei der Festlegung der Anforderungen an den Brandschutz an unterschiedlichen Stellen in den Landesbauordnungen aufgegriffen. Den Gebäudeklassen entsprechend gilt beispielsweise nach § 27 der Musterbauordnung für tragende Wände und Stützen:

„(1) Tragende und aussteifende Wände und Stützen müssen im Brandfall ausreichend lang standsicher sein.

Sie müssen in Gebäuden der Gebäudeklasse 5 feuerbeständig, in Gebäuden der Gebäudeklasse 4 hochfeuerhemmend, in Gebäuden der Gebäudeklassen 2 und 3 feuerhemmend sein.

Satz 2 gilt

für Geschosse im Dachraum nur, wenn darüber noch Aufenthaltsräume möglich sind; § 29 Abs. 4 bleibt unberührt,

nicht für Balkone, ausgenommen offene Gänge, die als notwendige Flure dienen.

(2) Im Kellergeschoss müssen tragende und aussteifende Wände und Stützen

in Gebäuden der Gebäudeklassen 3 bis 5 feuerbeständig,

in Gebäuden der Gebäudeklassen 1 und 2 feuerhemmend sein.“

Die Brandschutzanforderungen beziehen sich auf die europäische Brandschutznorm DIN EN 13501 und die deutsche Norm DIN 4102. In der Teilnorm 4102-2 sind Feuerwiderstandsklassen definiert.

- F 30 entspricht feuerhemmend
- F 60 entspricht hochfeuerhemmend
- F 90 entspricht feuerbeständig.

F 30 bedeutet dabei, dass ein Bauteil nach 30-minütigem Abbrand immer noch über so viel Masse verfügen muss, dass es der Gebäudelast standhält. Der Architekt führt dazu statische Berechnungen durch, die zu bestimmten Wanddicken führen. Die Grundlage für diese Berechnungen im Holzbau ist die EN 1995-1-2 Tragwerksbemessung für den Brandfall. In dieser Norm werden Abbrandraten definiert. Diese liegen beispielsweise bei 0,65 mm/min für Nadelholz und Buchenholz. Die Anforderung „feuerbeständig" führt zur Widerstandsklasse F 90 und bedeutet, dass zum Erreichen der Sicherheit im Brandfall eine Nadelholzwand um 90 * 0,65 mm = 58,5 mm dicker ausgelegt werden muss, als es die kalten Lasten erfordern. Bei nur feuerhemmender Anforderung beträgt dieser Sicherheitsaufschlag nur 30 * 0,65 mm = 19,5 mm. Der Sicherheitsaufschlag muss zumeist beidseitig ausgeführt werden. Abbrandraten variieren nach Holzart. Die Standsicherheit im Brandfall ist so noch nicht nachgewiesen. Die Nachweisführung ist in EN 1995-1-2 festgeschrieben. Die Alternative zu dicken Wandstärken liegt in feuerfesten Wandbekleidungen und Verschalungen. Laubholz hat geringere Abbrandraten als Nadelholz, sodass die zusätzlichen Schichtdicken zur Sicherheit schmaler ausfallen können. Das ist eine Chance für das Bauen mit Laub- im Gegensatz zu Nadelholz.

Hohe Anforderungen an den Brandschutz schließen Holzbau nicht aus, doch sind bei Gebäuden der Klassen 4 bis 5 vergleichsweise große Wandstärken erforderlich. Eine Alternative sind Hybridbauweisen mit Beton und Stahl. Zugleich hat Holz eine im Brandfall nützliche Eigenschaft: Die Oberfläche verkohlt während eines Brandes. Da die Wärmeleitfähigkeit von Holzkohle deutlich geringer ist als selbige von Holz, gelangt die Wärme nicht in den Holzkern und der Brandfortschritt verlangsamt sich bzw. kommt ggf. auch zum Erliegen. Brandschutz ist kein Hindernis für den Holzbau, in den Gebäudeklassen 4 und 5 und ab gewissen Traglasten stellt er jedoch eine Herausforderung dar.

Genau dieser Herausforderung in den Gebäudeklassen 4 und 5 widmet sich die Muster-Richtlinie über brandschutztechnische Anforderungen an Bauteile und Außenwandbekleidungen in Holzbauweise (MHolzBauRL) der Fachkommission Bauaufsicht der Bauministerkonferenz (2021), welche inzwischen in vielen Bundesländern dem Landesrecht entspricht. Sie legt brandschutztechnische Regelungen für den Holzbau fest. Die Richtlinie unterscheidet zwischen Holzrahmenbauten und Holzmassivbauten. Weiterhin schafft die Richtlinie Regelungen für Holzfassaden, was von Interesse für das serielle Sanieren von Gebäuden der Klassen 4 und 5 sein dürfte. Die Richtlinie sieht Brandschutzbekleidungen vor, wodurch das Holz im Gebäude nicht mehr sichtbar ist. Weiterhin müssen notwendige Treppen aus nichtbrennbarem Material gefertigt werden. Das Ergebnis von Konstruktionen, welche die MHolzBauRL berücksichtigen, sind also in aller Regel Hybridbauweisen mit Treppenhäusern aus Beton und Brandschutzbekleidungen an die Nutzungseinheiten abgrenzenden Wänden.

Ein anderer Fall stellt sich dar, wenn das Brandverhalten eines Baustoffs kommuniziert werden soll. Dann gilt die Norm DIN EN 13501. Die Norm DIN EN 13501 klassifiziert Baustoffe hinsichtlich ihres Brandverhaltens. Die europäische Klassifizierung der meisten der Holzbaustoffe ist D-s2, d0. Der Baustoff ist normalentflammbar, besitzt die Rauchentwicklungsklasse 2 und tropft nicht brennend ab. Taucht also in einer Bauordnung die Forderung „nichtbrennbar" oder „schwerentflammbar" auf, ist Holz nicht geeignet.

Ein Beispiel bietet § 28 der MBO über Außenwände

„[…] (2) Nichttragende Außenwände und nichttragende Teile tragender Außenwände müssen aus nichtbrennbaren Baustoffen bestehen; sie sind aus brennbaren Baustoffen zulässig, wenn sie als raumabschließende Bauteile feuerhemmend sind. […]“

Ist eine nichttragende Außenwand aus brennbarem Holz, dann muss sie als raumabschließendes Bauteil feuerhemmend (F 30) sein. Nur die Nebenbestimmung ermöglicht in diesem Fall die Holzkonstruktion. Zugleich wird der Sachverhalt in der MHolzBauRL aufgegriffen und konkretisiert.

Ein anderes Beispiel liefert § 34 der MBO über Treppen

„[…](4) Die tragenden Teile notwendiger Treppen müssen in Gebäuden der Gebäudeklasse 5 feuerhemmend und aus nichtbrennbaren Baustoffen, in Gebäuden der Gebäudeklasse 4 aus nichtbrennbaren Baustoffen, in Gebäuden der Gebäudeklasse 3 aus nichtbrennbaren Baustoffen oder feuerhemmend sein. […]“

Die Forderung „nichtbrennbar“ in Bezug auf die tragenden Treppenteile in den Gebäudeklassen 5 und 4 schließt den Holzbau aus. Notwendige Treppen sind daher auch im Holzgebäude in aller Regel aus Beton. In der Gebäudeklasse 3 gibt es mit der Option „feuerhemmend“ die Möglichkeit, das Holzbauteil unter Berücksichtigung der Abbrandraten und gemäß EC 5-1-2 ausreichend stark auszulegen. Holzkonstruktionen können, obwohl der Baustoff Holz normalentflammbar ist, die Feuerwiderstandsklassen hochfeuerhemmend und feuerbeständig erfüllen und auch als tragende Wände geeignet sein. In diesem Fall muss der Architekt den rechnerischen Nachweis erbringen, dass die Holzkonstruktion die Anforderung erfüllt.

Wie in einem solchen Fall vorzugehen ist und welche Berechnungen durchzuführen sind, beschreibt die DIN EN 1995-1-2. In dem Standard sind die Rechenregeln zusammengefasst. Die Norm besteht seit dem Jahr 2004 und wird nun, 20 Jahre später, grundlegend überarbeitet. Der Grund für die Überarbeitung liegt an der wachsenden Beliebtheit des Holzbaus und den Innovationen der vergangenen 20 Jahre. Die neue Version wird im Jahr 2025 erwartet. Die wesentlichen Änderungen beschreiben Frangi et al. 2022. Demnach kann zukünftig auf tabellierte Nachweise (Kap. 6 der Norm), vereinfachte Bemessungsmodelle (Kap. 7 der Norm) und die Grundlagen für erweiterte numerische Bemessungsmodelle (Kap. 8 der Norm) zurückgegriffen werden. Sie bieten die Grundlage für den rechnerischen Nachweis der Eigenschaften „feuerhemmend“ (F30), „hochfeuerhemmend“ (F60), „feuerbeständig“ (F90), „hochfeuerbeständig“ (F120). Dabei geht es um Vollholz und Brettschichtholz, aber auch um Holzbaustoffe wie Brettsperrholz, Holz-Beton-Verbundelemente und Holz-Stegträger, Holzarten (wie z. B. Esche), Dämmstoffe (wie z. B. biogene Dämmstoffe) und Bekleidungen (wie z. B. Gipsfaserplatten). Auch werden nach der Überarbeitung Klebefugen beim Abbrandverhalten besser berücksichtigt. Weiterhin wird der Abbrand in unterschiedliche Phasen unterteilt. Ein einfacher linearer Aufschlag der Wanddicke, wie eingangs beschrieben, wird dem Sachverhalt zumeist nicht gerecht. Er beschreibt allerdings das Prinzip. Eine Studie von Gilka-Bötzow et al. (2011) verdeutlichte, dass die Abbrandrate erheblich von der Dichte des Holzes abhängig ist. Geringe Holzdichten führen zu hohen Abbrandraten. Das Verfahren der Holzverdichtung kann bereits zu geringeren Abbrandraten führen, ohne dass auf eine andere Holzart zurückgegriffen wird (Gilka-Bötzow et al. 2011). Laubholz hat geringere Abbrandraten als Nadelholz. Verdichtetes Holz hat geringere Abbrandraten als naturbelassenes Holz.

Sowohl die Diskussionen um die DIN EN 1995-1-2 als auch die MHolzBauRL verdeutlichen das Entwicklungspotenzial. Holzgebäude der Gebäudeklassen 4 und 5 sind städtebaulich gewünscht. Das Potenzial des Holzbaus liegt neben der Schließung von Baulücken in Sanierungen, Aufstockungen und Umbauten. Es gibt Forschungen auf diesem Gebiet, eine wachsende Zahl an Beispielen aus der Praxis und entsprechend einen Handlungsbedarf für die Regelsetzer. Während derzeit noch Hybridbauweisen mit hohen Holzanteilen im Bereich der nichttragenden Bauteile vorherrschen, ist die Vision das vollständig aus Holz gefertigte Hochhaus. Auf dem Gebiet des mehrgeschossigen Holzbaus liegt derzeit noch Entwicklungsbedarf, auch für die Normung und für den Regelsetzer.

Es gibt eine in Fachkreisen kontrovers geführte Diskussion um die Brandsicherheit des Holzbaus. Immer noch werden die verheerenden Stadtbrände des Mittelalters mit der damals verbreiteten Holzbauweise in Verbindung gebracht. Zugleich waren zu dieser Zeit offene Feuerstellen im Haus ebenso der Regelfall wie Gefache aus Stroh und Reisig. Tatsache ist, dass es in vielen Ländern Europas restriktive Bestimmungen hinsichtlich des Brandschutzes gibt. Die Anforderungen gelten materialunabhängig. Sie schließen Holzbau nicht aus, doch schränken sie ihn ein. Oft führen die Bestimmungen zu wuchtigen und teuren Konstruktionen. Aus diesem Grund ist im modernen Holzbau die Kombination mit transparentem Glas, großen Fenstern und Glasfassaden innerhalb der tragenden Holzrahmen verbreitet. Licht und transparente Werkstoffe geben den Gebäuden die Leichtigkeit, welche möglicherweise der Anblick eines Blockhauses vermissen lässt, zurück.

5.4 DIN EN 1995-2 Brücken

In der Norm

- DIN EN 1995-2:2010-12 Eurocode 5: Bemessung und Konstruktion von Holzbauten – Teil 2: Brücken

geht es um die Auslegung und Konstruktion von Holzbrücken. Das Besondere an Brücken, was eine eigene Norm begründet, ist die rechnerische Abbildung von Verkehrslasten, welche je nach Art der Brücke unterschiedlich ausfallen können. Hinzu kommt, dass gerade der Schwerlastverkehr auf Autobahnen stark zugenommen hat. So galt es, im Zuge der Entwicklungen der Eurocodes auch die Verkehrssimulationen zu überprüfen und anzupassen. Dabei wurden unterschiedliche Fahrzeugfolgen unterschiedlicher Fahrzeugarten fließend und ruhend betrachtet, simuliert und jeweils zeitaufgelöst Schnittgrößen, Auflagerkräfte und Biegemomente bestimmt. Auf der Grundlage von Simulationen wurden Kennwerte für die anzunehmenden Lasten ermittelt. Die Erkenntnisse fanden Eingang in die EN 1991-2 über die Lastermittlung im Fall von Brücken (BAST 2011). Auch die EN 1991 unterscheidet Wohngebäude von Brücken, sodass es einen Teil 2 der Norm für Brücken gibt. Die Ermittlung der Lasten ist deutlich komplexer als in Teil 1. Der elementare Unterschied beim Nachweis der Tragsicherheit liegt in der DIN EN 1991-2 und analog muss im Holzbrückenbau gemäß EN 1995-2 vorgegangen werden. Diese beiden Normen sind aufeinander abgestimmt. Die für die Norm DIN EN 1991-2 grundlegenden Modelle der BAST schließen den Holzbau jedoch nicht ein, da betreffende Straßenbrücken in aller Regel nicht in Holzbauweise ausgeführt werden können. Hier liegt eine Grenze des Holzbaus.

Grundsätzlich wird bei den Nachweisen der Tragfähigkeit, Gebrauchstauglichkeit und Stabilität sowie der Eignung der Verbindungselemente von Brücken nach DIN EN 1995-2 ähnlich vorgegangen wie bei der Konstruktion von Holzgebäuden nach DIN EN 1995-1. Die genannten Eigenschaften sind in beiden Fällen maßgeblich. Im Brückenbau kommen allerdings weitere Besonderheiten hinzu. Es gibt ergänzende Regeln für die Dauerhaftigkeit von Brücken. Regen, Wind und Sonneneinstrahlung werden gesondert berücksichtigt. Verbindungen aus Stahl erfahren eine besondere Betrachtung sowie einen besonderen Korrosionsschutz. Deckplatten aus Lamellen wird besondere Aufmerksamkeit geschenkt. Durch seitliche Windlasten gewinnen Doppelbiegungen an Bedeutung. Aufprallereignisse fließen in die Tragfähigkeitsberechnungen ein. Auch im Brückenbau wird der Grenzzustand der Gebrauchstauglichkeit bestimmt. Betrachtet werden Durchbiegung und Schwingungen. In DIN EN 1995-2 werden allerdings andere Maximalwerte für die Durchbiegung festgelegt als in DIN EN 1995-1 und der Schwingungsnachweis muss nicht nur stark frequentierten Verkehr, sondern auch Wind als Ursache berücksichtigen. Der Standard für Brücken beinhaltet auch Ausführungs- und Überwachungshinweise. Die DIN EN 1995-2 enthält Verweise auf DIN EN 1993 über den Stahlbau, denn Hybridbauweisen sind nicht selten und Verbindungselemente aus Stahl der Standard. Auch der Brandschutz wird bei Brücken abweichend gehandhabt, als es beim Bau von Wohngebäuden der Fall ist. Ergänzend gibt es in Deutschland Standards und Hinweise zur Anwendung der DIN EN 1995-2 der Qualitätsgemeinschaft Holzbrückenbau.

Derzeit gültig ist die DIN EN 1995-2:2010-12, welche jedoch in den vergangenen Jahren überarbeitet und geändert wurde. Es gibt einen Entwurf aus dem Jahr 2023, der sicherlich auch bald Gültigkeit erlangen wird. Ergänzend gibt es einen nationalen Anhang zu EC 5-2, in welchem ergänzende Festlegungen für die Anwendung von EC 5-2 in Deutschland erfolgen. Zu den wichtigsten normativen Verweisen zählt die EN 350, in der festgelegt ist, welche Holzarten für das Bauen geeignet sind. Zudem ist die DIN 68800 Teil 1 bis 4 zu berücksichtigen. Hierin sind Maßnahmen zur Sicherung der Dauerhaftigkeit festgelegt. Und nach wie vor gilt in Deutschland die nationale DIN 1052 Holzbauwerke in Verbindung mit EC 5-2. Die nationale Norm ist deutlich älter als das Konzept der Eurocodes und offensichtlich noch nicht vollständig in Eurocode 5-2 aufgegangen. Die Harmonisierung der Regeln für den Holzbau auf europäischer Ebene kann durchaus noch als laufender Prozess verstanden werden. Die nationale Norm DIN 1074 Holzbrücken wurde inzwischen zurückgezogen. Die entsprechenden Inhalte sind Teil des nationalen Anhangs.

Im Zuge der Bemühungen um nachhaltiges Bauen wird deutlich, dass die Ökobilanz bei der Herstellung von Brücken durch den Einsatz von Holz verbessert werden könnte. Ökobilanzen sind im Brückenbau allerdings nicht verbreitet. Ein BNB- oder DGNB-Leitfaden und eine entsprechende Zertifizierung wären zweckmäßig, zumal Brücken zumeist in kommunaler Verantwortung erbaut werden. Zudem ermöglicht Holz als leichtes und zugleich festes Material hohe Spannweiten und erlaubt einen hohen Vorfertigungsgrad, was kürzere Bauzeiten bedeutet. Holz ist daher prädestiniert für den Bau von Fußgänger- und Fahrradbrücken sowie Grünbrücken. Die Erfindungen des Brettschichtholzes, der Stahlverbindungselemente und der Holz-Beton-Verbunddecken waren vorteilhaft für den Holzbrückenbau, sodass sogar die Konstruktion von kleineren Straßenbrücken aus Holz möglich ist.

5.5 DIN EN 1995-3 Ausführung

Die Norm

- prEN 1995-3:2023 Eurocode 5: Bemessung und Konstruktion von Holzbauten – Teil 3: Ausführung

enthält Anforderungen an die Herstellung, Verarbeitung, Montage und Errichtung von Holzbauwerken. Das soll gewährleisten, dass das Bauwerk die errechnete Tragfähigkeit, Gebrauchstauglichkeit, Dauerhaftigkeit und das Brandverhalten in der Praxis auch aufweist. Es geht um Maßnahmen zur Qualitätssicherung in der Ausführungsphase. Im Mittelpunkt steht der Umgang mit bautechnischen Unterlagen und Dokumentationspflichten.

Es gibt zudem gewisse bautechnische Vorgänge, welche besondere Aufmerksamkeit erfordern. Das sind der Montageplan, der Feuchtekontrollplan, Verbindungen, Klebeverbindungen und Holzpfähle. Der Feuchtekontrollplan legt beispielsweise Mindestanforderungen an die Feuchtigkeitsregulierung während der Ausführung fest. Wie im Zusammenhang mit Schwinden und Kriechen sowie der Besiedelbarkeit mit Mikroorganismen erläutert, darf die zulässige Holzfeuchte von 15 ± 3 % weder unterschritten noch überschritten werden. Das bedeutet verbrauchsorientiertes Materialmanagement auf der Baustelle und geschützte Zwischenlagerungen. Es läuft auf Just-in-time-Lieferungen hinaus. Für Verbindungen gibt es Abstandsregelungen und auch bestimmte Regeln, welche das Vorbohren betreffen und gewissermaßen die Passgenauigkeit festlegen. Und erneut ist die Anisotropie von Holz von Bedeutung. Weitere Ausführungshinweise befassen sich mit geometrischen Abweichungen und Toleranzen. So könnten sich geringe Abweichungen bei bestimmten Tätigkeiten aufsummieren und schließlich zu inakzeptablen Abweichungen führen. In dieser Hinsicht kritische Aufbauten werden erläutert. Das Kleben von Holz ist eine weitere kritische Tätigkeit, welche sogar einen besonderen Sachkundenachweis erfordert. Auch hierzu hält EC 5-3 Hinweise bereit. Das Ziel der EN 1995-3 ist die Erstellung der so genannten Ausführungsspezifikation, welche sämtliche für ein Bauwerk relevanten spezifischen Anforderungen beinhaltet. Es ist eine Handlungsanleitung für die bautechnische Umsetzung einer Holzkonstruktion. Es ist das Schnittstellenmanagement zwischen Planung und Praxis.

Was sich hinter Ausführungen noch verbirgt, beschreiben Holger Schopbach und Petra Marpe in dem Buch „*Grundwissen moderner Holzbau*“ (2002). Das Buch beschreibt das Bauen mit Holz praxisnah. Typische Ausführungshinweise beinhaltet beispielsweise das Kapitel über Außenwandbekleidungen und Fassaden. Selbstverständlich gilt mit Blick auf die Dauerhaftigkeit die DIN 68 800. Es gibt weitere praktische Hinweise. Fassadenelemente müssen hinter- oder belüftet sein, um feuchte Luft kontinuierlich aus der Fassade zu leiten. Dieser Luftstrom stellt allerdings ein Risiko im Brandfall dar, weshalb an jedem Geschossstoß ein Z-Profil aus Stahl angebracht wird. Dieser Hinweis ist im Grunde eine Brandschutzmaßnahme. Über die Anbringung von Wärmedämmverbundsystemen schreiben Schopbach und Marpe zur Ausführung, dass der untere Abschluss ein Sockelkantenprofil erfordert und der obere Abschluss gegen Witterung abgedeckt sein muss. Die einzelnen Platten müssen dicht aneinandergelegt werden. Kreuzstöße seien dabei unbedingt zu vermeiden und auch an Öffnungsecken dürften keine Plattenstöße verlaufen. Zudem muss der Sockelbereich vor Spritzwasser geschützt sein. Nasse Dämmstoffplatten sind immer unbrauchbar und die Erhärtung des Putzes darf nicht bei Temperaturen unter 5 °C erfolgen. Die DIN EN 1995-3 betrifft Sachverhalte, die nicht unbedingt aus den Bauplänen hervorgehen, die zugleich nicht dem Standardwissen der Zimmerleute entsprechen und die mit Blick auf das jeweilige Vorhaben spezifiziert werden müssen.

Wichtig ist die sorgfältige Beachtung der DIN 68 800-1 über den konstruktiven Holzschutz, denn Feuchte und Befall durch Mikroorganismen sind Schwächen von Holzbauten. Es ist sicherzustellen, dass Regenwasser zuverlässig von Holz und Fassade abtropfen kann und dass Holz nicht im direkten Kontakt zum Boden eingesetzt wird. Staunässe ist in jedem Fall zu vermeiden. Auch ist ein Mindestabstand von beregnetem Boden einzuhalten und die Dachtraufen sollten groß genug sein, dass sie die Fassade hinreichend schützen. Weiterhin müssen die Wände, insbesondere die Außenwände, diffusionsoffen sein. Feuchte aus Innen- und Feuchträumen muss nach außen gelangen. Dämmung steht dem nicht entgegen, sofern Holzwolle verwendet wird, die Diffusionsoffenheit gewährleistet. Kondensation innerhalb des mehrschichtigen Wandaufbaus ist zu verhindern. Ergänzend wacht die Bundes-Gütegemeinschaft Montagebau und Fertighäuser e. V. (BMF), Bad Honnef, über die Qualität von Fertighäusern, welche größtenteils Holzrahmenbauten sind, wobei es auch ein Segment für Stahlfertigbauten gibt. Die Gütegemeinschaft verwaltet die RAL-Gütezeichen Holzrohelementherstellung (RAL-GZ 421), Holzhausbau (RAL-GZ 422), Stahlsystembauweise (RAL-GZ 613) und Mobile Raumsysteme (RAL-GZ 619). Mobile Raumsysteme sind temporäre Wohncontainer. Zudem gibt es Normen für Holztafelbauelemente. Das sind beispielsweise:

- EN 596:1995 Holzbauwerke – Prüfverfahren – Prüfung von Wänden in Holztafelbauart bei weichem Stoß
- EN 594:2011 Holzbauwerke – Prüfverfahren – Wandscheiben-Tragfähigkeit und -Steifigkeit von Wandelementen in Holztafelbauart

5.6 DIN CEN/TS 19103 Holz-Beton-Verbund

Bestimmte Bauwerke und Gebäudeteile konnten erst durch den Holz-Beton-Verbundbau für den Holzbau erschlossen werden. Insbesondere der Holzbrückenbau erfuhr Vorschub, nachdem Holz-Beton-Verbundbauweisen als Straßenbelag möglich waren. Der Bau befahrbarer Straßenbrücken war zuvor nur eingeschränkt möglich. Er ist es jetzt auch noch mit Blick auf Schwerlastbrücken der Autobahnen und Fernstraßen. In Kap. 6 zusammengetragene Beispiele verdeutlichen, dass der Holzbrückenbau auch nicht auf Fußwege beschränkt ist und durchaus gemäßigtem Straßenverkehr standhalten kann. Im Bereich des Straßenbaus erlauben die Betondecken auf Holzkonstruktionen die Erstellung einer normkonformen Fahrbahn für den Autoverkehr.

Ein zweiter Bereich sind Deckenkonstruktionen in Gebäuden. Die Ausführungen über die Gebrauchstauglichkeit zeigten, dass Deckenkonstruktionen aus einfachem Holz zwar tragfähig, aber nicht gebrauchstauglich sind. Auch dem Brand-, Schall- und Wärmeschutz werden sie nicht gerecht. Abhilfe können entweder sehr massive, gedämmte und mit mineralischen Schüttungen beschwerte Holzkonstruktionen sein. Eine Alternative sind Holz-Beton-Verbundbauweisen, die auch als Fertigteile verfügbar sind. Auch in diesem Fall wird der Betonbedarf der Deckenkonstruktion erheblich reduziert.

Die Normung hat den praktischen Nutzen und die kritischen Aspekte der Holz-Beton-Verbundbauweise erkannt und in einer CEN/TS 19103 zusammengefasst.

- CEN/TS 19103, Eurocode 5: Bemessung und Konstruktion von Holzbauten – Berechnung von Holz-Beton-Verbundbauteilen – Allgemeine Regeln und Regeln für den Hochbau

Damit erfahren die bisherigen Forschungsergebnisse Anerkennung als Stand der Technik. Grundsätzlich ist die CEN/TS 19103 aufgebaut wie ein Teil eines Eurocodes. Nach normativen Verweisen und Begrifflichkeiten gibt die Norm Hinweise über die Bemessungsgrundlage, Dauerhaftigkeit, Tragwerksberechnung, Grenzzustände der Tragfähigkeit und Gebrauchstauglichkeit, Verbindungen und Ausführungen. Es bedarf einer gesonderten Norm, da die Verbundbauteile bewertet werden müssen. Die Norm legt fest, wie die Materialkombination in Berechnungen zu behandeln ist und wie eine zuverlässige Verbindung von Holz und Beton zu realisieren ist. Wie bei anderen Verbundbauweisen auch gibt es mehrere Möglichkeiten, den Verbund zu realisieren. Auch hier gibt es den zimmermannsmäßigen Verbindungen ähnelnde Verbindungen wie beispielsweise Kerven. Es gibt Klebeverbindungen zwischen Holz und Beton und es gibt Verbindungen, die mit Verbindungselementen aus Stahl generiert werden (Abb. 5.6). Für sämtliche Verbindungen sind die rechnerischen Nachweise zu führen.

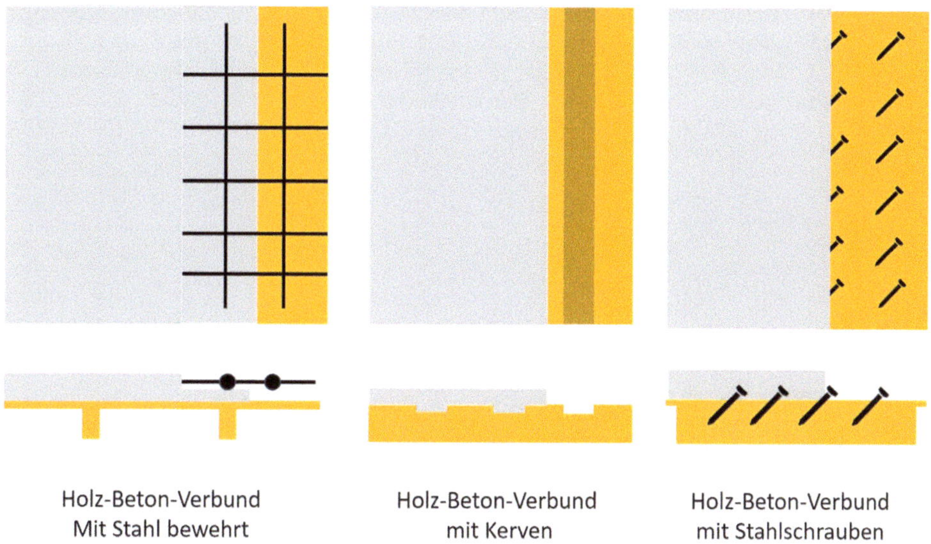

Abb. 5.6 Drei Varianten eines Holz-Beton-Verbunds. Eigene Abbildung

Quellenverzeichnis

Bundesanstalt für Straßenwesen, BAST (2011) Anpassung von DIN-Fachberichten „Brücken" an Eurocodes, Brücken- und Ingenieurbau, Heft B 77, ISSN: 0943-9293.

Frangi A, Schmid J, Werther N (2022) Die neue Generation der Eurocodes – Entwicklungen bei EN 1995-1-2, 6. Internationale Tagung Bauphysik & Gebäudetechnik BGT, Rosenheim. https://mediatum.ub.tum.de/doc/1657419/document.pdf

Gilka-Bötzow A, Heiduschke A, Haller P (2011) Zur Abbrandrate von Holz in Abhängigkeit der Rohdichte, Eur. J. Wood Prod., 69, 1, 159–162. https://doi.org/10.1007/s00107-010-0430-1

Graubner W (2015) Holzverbindungen – Gegenüberstellungen japanischer und europäischer Lösungen, Deutsche Verlags-Anstalt, München. ISBN: 978-3-421-03995-8

Hamm P (2012) Schwingungen bei Holzdecken – Konstruktionsregeln für die Praxis, 10. Internationales Branchenseminar für Frauen des Holzbaus und Innenausbaus. https://events.forum-holzbau.com/pdf/ibf_12_hamm.pdf

Minnert J (2012) Einführung in die Eurocodes. Die neue Normengeneration, mb news, 1/2012, Kaiserslautern. https://www.mbaec.de/fileadmin/documents/mb-news/2012/mb-news_01-12_Einfuehrung_in_die_Eurocodes.pdf

Mohr B (2016) Schwingungsnachweise und Messungen an Holzbalkendecken, Fachseminar: Holzbalkendecken im Bestand, Propstei Johannesberg, Dr. Schütz Ingenieure Beratende Ingenieure im Bauwesen GmbH (Hrsg.) Kempten im Allgäu. https://drschuetz-ingenieure.de/main/data/veroeffentlichungen/veroeffentlichung_pdf_120.pdf

Nebgen N, Peterson LA (2015) Holzbau kompakt nach Eurocode 5, 5. überarbeitete Auflage, Beuth Verlag GmbH, Berlin, Wien, Zürich. ISBN 978-3-410-25455-3.

Rug W, Mönck W (2020) Holzbau, Bemessung und Konstruktion, 16. vollständig überarbeitete Auflage, Beuth Verlag, Berlin. ISBN: 978-3-410-29418-4

Schopbach H (2022) Holzbau nach Eurocode 5, Bemessungshandbuch für die Praxis, 2. Auflage, RM Rudolf Müller Medien GmbH & Co. KG, Köln. ISBN: 978-3-87104-288-1

Schopbach H, Marpe P (2022) Grundwissen moderner Holzbau, Praxishandbuch für Zimmerer, 5. aktualisierte und erweiterte Auflage, Bundesbildungszentrum des Zimmerer- und Ausbaugewerbes (Hrsg.) RM Rudolf Müller Medien GmbH & Co. KG, Köln. ISBN: 978-3-871-04282-9

Holzgebäude

6

Inhaltsverzeichnis

P. Weißhaupt, *Wald und Holzbau*, https://doi.org/10.1007/978-3-658-50061-0_6

Schlüsselwörter

Holzgebäude · Dächer · Serielles Bauen · Fachwerk · Mehrgeschossiger Holzbau

6.1 Dächer

6.1.1 Dachkonstruktion oder Dachwerk

Das Dachwerk der allermeisten Gebäude ist ein Holztragwerk (Abb. 6.1). Die nachfolgenden Beschreibungen basieren auf dem Lehrbuch F. Colling, „*Holzbau, Grundlagen und Bemessung nach EC 5*“ (2021). In dem Buch „*Holzbau – Bemessung und Konstruktion*“ (Rug und Mönck, 2020) aus der DIN-Praxisreihe des Beuth-Verlags wird der Dachaufbau deutlich detaillierter beschrieben. Während Colling (2021) das Prinzip für Studierende aufbereitet, geht es in der DIN-Praxisreihe auch darum, sämtliche zulässigen Möglichkeiten zu erfassen. Die Berechnung der Tragfähigkeit, Gebrauchstauglichkeit und Stabilität von Dächern ist selbstverständlich ein Teil der DIN EN 1995-1-1. Maßgebend sind die

Abb. 6.1 Auch das Dach dieses Stadthauses aus der Gründerzeit ist eine Holzkonstruktion. Eigene Abbildung

zu überdeckende Fläche, die Höhe des Dachs, das Eigengewicht, die zu erwartenden Schnee- und Windlasten sowie eventuelle Nutzlasten. Hinzu kommen möglicherweise Aufbauten, Gauben, Solaranlagen, Durchbrüche wie Kamine und Fenster und Weiteres. Zusätzlich zu den bisher beschriebenen Nachweisen erfolgt die so genannte Dachausmittlung. Das ist die Feststellung der Länge und Neigung der Dachschrägen an unterschiedlichen Dachformen. Dies ist eine gesonderte Aufgabe, da nicht alle Längen in der Aufsicht zweidimensionaler Pläne erkennbar sind. Mittels trigonometrischer Funktionen müssen sämtliche Längen und Winkel ermittelt werden. Auch die Dachausmittlung ist Teil der DIN EN 1995-1-1.

Im Allgemeinen wird zwischen Sparrendach und Pfettendach unterschieden. Ein Sparrendach besteht aus parallelen tragenden Vollholzbalken mit Lattung, welche die Dacheindeckung außen und die Dachdämmung und Verkleidung innen tragen. Die Dachsparren überragen am unteren Ende die Hauswand, was als Traufe bezeichnet wird. Die Traufe schafft einen Abstand zwischen Regenrinne und Fassade und schützt die Fassade vor Regen. Ein Pfettendach liegt vor, wenn entlang des Dachfirstes ein Querbalken das Dachwerk trägt. Ein Kehlbalkendach liegt vor, wenn die gegenüberliegenden Sparren verstrebt sind. Weiterhin wird unterschieden in Giebeldach, Krüppelwalmdach, Walmdach und Zeltdach längsseitig sowie Satteldach, Mansarddach und Pultdach giebelseitig. Aus der Kombination ergeben sich zwölf prinzipielle Dachformen. Giebel- bzw. Satteldächer sind aufgrund des einfachen Prinzips und der Eignung für Reihenhäuser eine der am weitesten verbreiteten Dachformen. Nachteilig ist jedoch, dass Sattel- und Pultdächer mit relativ zur Fassadenhöhe kurzen seitlichen Traufen die Fassade nicht optimal schützen. Wenn Holzfassaden vorhanden sind, dann müssen gemäß DIN 68 800 hinreichend große Traufen gewählt werden, welche die Fassade vor Witterung schützen. Damit diese Anforderung an allen vier Seiten eines freistehenden Hauses erfüllt wird, könnten Walm-, Krüppelwalm- oder Zeltdächer in Kombination mit einer Holzfassade die bessere Wahl sein. Ein weiterer Nachteil des Satteldachs kann an die Eingruppierung nach Gebäudeklassen nach Musterbauordnung geknüpft werden. Gebäude der Klassen 1 bis 3 dürfen eine Höhe von sieben Metern nicht überschreiten. Das beschränkt Gebäude auf zwei Etagen. Um die Volumenverluste durch die Schrägen eines Satteldachs zu minimieren, kann das Mansarddach gewählt werden. Diese Dachform ermöglicht gleichzeitig einen optimalen Dachausbau zu Wohnzwecken, was zu zwei bis maximal drei Wohnebenen in den Gebäudeklassen 1 bis 3 führen kann. Da Holzbau in den Gebäudeklassen 4 und 5 anspruchsvoll ist, spricht mit Blick auf die schnelle Schaffung von günstigem Wohnraum einiges dafür, die Wohnfläche in Gebäuden der Klassen 1 bis 3 zu maximieren. Die Dachkonstruktion kann dazu beitragen, viel Wohnraum in kleinen Häusern zu erschließen und auf dem Baugrund für Einfamilienhäuser zwei Wohneinheiten zu realisieren. Die Möglichkeiten des Mansarddachs können aber auch Ausbauten des Dachgeschosses in Stadthäusern der Gebäudeklasse 4 und 5 erleichtern. Das wäre eine Maßnahme der innerstädtischen Wohnraumverdichtung.

6.1.2 Gauben und Zwerchhäuser

Gauben ermöglichen es, den Dachraum zu erweitern, indem der der obersten Geschossdecke nahe Bereich des Dachs gewissermaßen aufgeklappt wird. Dazu gibt es unterschiedliche Gaubenformen und selbstverständlich unterschiedliche Größen. In Anlehnung an die Dachformen unterscheidet man Giebelgauben, Walmgauben, Schleppgauben, Spitzgauben, Rundgauben und Fledermausgauben. Gauben werden oft positiv bewertet und können nachgerüstet werden. Sie bieten Sicherheit im Brandfall, wenn dadurch ein Rettungsweg aus dem Dachraum entsteht. Ein Zwerchhaus bezeichnet eine Dachaussparung, bei der die Fassade stellenweise höher reicht als die Traufe und separat mit einem Zwerchdach eingedeckt ist. Durch Gauben und Zwerchhäuser entsteht mehr Wohnraum im Dachgeschoss. Beides sind architektonische Elemente, welche den Raum unter dem Dach zu Nutzungszwecken aufwerten. Als Teil der Dachkonstruktion sind auch Gauben und die Dächer der Zwerchhäuser zumeist aus Holz.

6.1.3 Dachausbauten und -aufbauten

Holzkonstruktionen sind leicht und den gegebenen Bedingungen anpassbar. Sie sind geeignet, wenn ein Dach ausgebaut oder ein Gebäude aufgestockt werden soll. Bisweilen werden auch Gebäude mit verkleinerter Grundfläche auf dem Dach errichtet. Die Grenzen der Aufbauten werden durch die Beschaffenheit, Tragfähigkeit und Brandsicherheit der obersten Geschossdecke begrenzt. Ein Potenzial des innerstädtischen Wohnungsbaus liegt in dieser dachseitigen Erweiterung von Bestandsbauten. Es wird auch als Nachverdichtung bezeichnet. Die Vorteile liegen in dem geringen Bedarf an innerstädtischer Fläche, in neuem Wohnraum innerhalb der vorhandenen Infrastruktur und in der Nutzung der vorhandenen technischen Gebäudeausstattung. Auch Pragmatismus bei sich veränderten Ansprüchen der Eigentümer und Nutzer eines Gebäudes sind Motive. Aufbauten haben die Rolle von Anbauten, wo die Grundfläche Anbauten nicht zulässt. Die Nachteile bestehen darin, dass die Bebauungspläne und Bauordnungen die Möglichkeiten begrenzen oder dass sich die Gebäudeklasse ändert und damit die Sicherheitsbestimmungen. In diesen Fällen sind statische und brandschutztechnische Nachrüstungen erforderlich. Aber auch Anforderungen an Gebrauchstauglichkeit, Wärme- und Schallschutz sowie Maßgaben der Barrierefreiheit können bei Dachausbauten zu einer Herausforderung werden. Das Verhältnis von Aufwand und Nutzen variiert je nach Einzelfall stark und läuft in jedem Fall auf maßgefertigte Konzepte hinaus. In dem Buch „*Aufstocken mit Holz. Verdichten, Sanieren, Dämmen*“ (Mooser et al. 2014) wird das Potenzial für Aufstockungen anhand von Beispielen erschlossen. Das beginnt bei Einfamilienhäusern, welche zu Mehrgenerationenhäusern umgewandelt wurden, und endet bei Stadthäusern, welche um eine bis zwei Etagen erweiterbar sind. Gute Erfahrungen mit offensiven Aufstockungen machte demnach die Stadt Genf. Andere Städte bleiben zurückhaltender bei der Genehmigung und der

Förderung. Aufstockungen verändern das Erscheinungsbild von Gebäuden und Quartieren deutlich und nehmen durch Schattenwurf den Straßen das Licht.

Die Immobilienwirtschaft beschreibt die Ergebnisse der Aufbauten als Attika- oder Maisonettenwohnung. Das sind zumeist Dachausbauten. Ein Penthouse bezeichnet ein Gebäude auf dem Dach. Duplexwohnung ist eine Bezeichnung für zweigeschossige Wohneinheiten. Die Wohnungen sind innerhalb von Städten außerordentlich beliebt, denn sie schaffen einen zurückgezogenen Ort. Angesichts der technischen Herausforderungen einer Aufstockung ist nicht jedes Projekt gut, zumal der Raum eines Dachspeichers oftmals klein und niedrig ist. Die Dachneigung oder eben die Eigenschaften einer möglicherweise auch gealterten Holzbalkendecke können dem Aufstocken entgegenstehen. Das Potenzial für die innerstädtische Wohnraumschaffung ist daher kaum zu beziffern. Die Hebung dieses Potenzials ist mit vielen Unsicherheiten verbunden. Es zielt auch nicht auf den sozialen Wohnungsbau. Zwar gibt es einfache Dachausbauten mit viel Dachschräge im Wohnraum und eingeschränkter Wohnqualität zum günstigen Preis, doch spricht einiges gegen das Konzept. So interessant das Potenzial klingt, so ungeeignet ist es, um schnell und günstig Wohnraummangel zu beseitigen. Wenn allerdings ein Dachausbau oder eine Aufstockung erfolgen soll, dann wird mit großer Wahrscheinlichkeit auf Holz zurückgegriffen. Die Umsetzung der Muster-Holzbau-Richtlinie findet auch in diesen Fällen Anwendung.

6.1.4 Holzbalkendecken

Ein Bauelement mit großer Vielfalt im Detail sind Holzdecken. Sie finden an dieser Stelle Berücksichtigung, da oft die oberste Geschossdecke als Teil des Dachs eine Holzbalkendecke ist. Grundsätzlich kann jede Decke eines Gebäudes eine Holzbalkendecke sein. Der historische Baubestand verfügt über eine Vielzahl von unterschiedlichen Holzbalkendecken, sodass von Jahrhunderten der Erfahrung nach dem Try-and-Error-Prinzip ausgegangen werden muss. Während sich die Frage bei Ein- und Zweifamilienhäusern aufgrund der begrenzten Eventualitäten hinsichtlich Belastung durch Feuchte, Traglast und den Brandfall auf einfache Fälle bzw. ein begrenztes Risiko reduziert, steigt die Komplexität des Problems mit jedem Stockwerk und den wachsenden Anforderungen an den Brandschutz. Somit sind Decken oft auch dann nicht aus Holz, wenn explizit darauf geachtet wird, viel Holz am Bau zu verwenden. Einfache Holzdecken sind als sichtbare Balkendecke mit Abdeckung durch eine OSB-Platte tragfähig realisierbar. Dann genügen sie zumeist nicht den Maßgaben des Brand-, Schall- und Wärmeschutzes und der Gebrauchstauglichkeit im Sinne der Durchbiegung und der Schwingung. Durch Dämmung und Beschwerung mit mineralischer Schüttung oder als Holz-Beton-Verbunddecke wird der Aufbau deutlich komplexer. Die Maßgaben werden dann erfüllt. Auch das ist ein Grund, warum Holzrahmenbau als serieller Holzbau vorrangig für kleinere ein- bis zweigeschossige Häuser eingesetzt wird. In diesem Bereich taucht das Problem der Holzbalkendecken entweder gar nicht auf oder reduziert sich auf eine bis zwei Decken innerhalb einer Wohneinheit mit geringeren Anforderungen an den Brandschutz. Rug und

Mönck (2020) beschreiben folgende Varianten: Den meisten Konstruktionen gemein sind Balken, deren größere Querschnittsseite mindestens 200 mm ist. Verwendet werden kann Vollholz (S10), Brettschichtholz oder verdübelte Balken mit einem Abstand von typischerweise 800 bis 1200 mm. Bei der flächigen Eindeckung unterscheiden sich die Konzepte. Bei der klassischen Holzbalkendecke werden Dielen auf die tragenden Balken mit Nut-Feder-Systemen aufgebracht. Das Ergebnis erfüllt nur geringe Anforderungen an Brand- und Schallschutz. Die Alternative ist die sehr stabile Brettstapeldecke. Dabei werden Bretter hochkant eingesetzt. Die Decke hat dann eine Stärke von 300 mm. Eine weitere Möglichkeit ist die Holz-Beton-Verbundbauweise, bei der auf die Holzbalkendecke oder Brettstapeldecke eine Schicht Beton aufgetragen wird. Heutzutage gibt es ferner Hersteller mit eigenen Kasten- und Plattensystemen aus Holz und Holzwerkstoffen. Sie haben Handelsnamen, wie Lignotrend der Lignotrend Produktions GmbH, Weilheim, oder Lignatur der Lignatur AG, Waldstatt, Schweiz, oder Kielsteg der Kielsteg Deutschland GmbH, Burghausen, und haben als ungeregelte Bauprodukte eine zweckgebundene nationale Zulassung. Im historischen Fachwerkbestand sind Windelböden verbreitet. Das sind Strohlehmwickel, darauf Estrich und ein Bodenbelag. Jünger, historisch betrachtet, sind Stakungen zwischen den Balken, darauf Sand und darauf Holzdielen. Später fand auch Gips Verwendung und noch später Parkettboden anstelle von Dielen. Die kurz zusammengefasste Komplexität verdeutlicht, dass vieles auf Holzbasis möglich ist, jedoch nicht uneingeschränkt. Jeder Einzelfall ist zu prüfen, was Holzbau aufwendig macht. So aufwendig, dass oft auch dann, wenn viel Holz verbaut wurde, die Zwischendecken aus Beton oder Stahlbeton oder Holz-Beton-Verbund gefertigt sind. Das gilt besonders für Gebäude, welche seit 1900 entstanden sind.

6.2 Nichtwohngebäude

6.2.1 Gebäudefertigstellungen

In Deutschland besteht Bedarf an unterschiedlichen Nichtwohngebäuden für das Gewerbe, die Landwirtschaft und auch Lagerhallen. Fläche, Höhe und Gebäudeart unterscheiden sich erheblich, teilweise sind Wohnungen Teil der Gebäude. Destatis findet folgende Definition für Nichtwohngebäude:

> „Gebäude, die überwiegend für Nichtwohnzwecke bestimmt sind (gemessen an der Gesamtnutzfläche). Zu den Nichtwohngebäuden zählen z. B. Anstaltsgebäude, Büro- und Verwaltungsgebäude, landwirtschaftliche Betriebsgebäude und nichtlandwirtschaftliche Betriebsgebäude wie Fabrikgebäude, Hotels und dergleichen."

Diese Art von Gebäuden gibt es in der Industrie, in der Landwirtschaft, im Gewerbe, als überdachte Sport- und Freizeitflächen oder auch im Städte- und Landschaftsbau. Zum Teil reduzieren sich Hallen auf ein Dach auf Stelzen mit einfachen Außenwänden. Die Komplexität des Gebäudes ist gering, die überbaute Fläche groß. Holzbauten eignen sich dafür sowie auch für Sporthallen, Lagerhallen, Supermärkte, Verkaufsflächen, Veranstaltungssäle, Kindergärten, Schulen und Weiteres.

Die Anzahl der neu fertiggestellten Nichtwohngebäude lag zwischen 2011 und 2015 jährlich zwischen 25.000 und 30.000 und liegt seit dem Jahr 2015 knapp unter 25.000 Gebäuden pro Jahr. Den größten Anteil machen Handels- und Lagergebäude mit 7500 Fertigstellungen pro Jahr aus. Ähnlich hoch war der Anteil landwirtschaftlicher Betriebsgebäude, welcher inzwischen nur noch bei 5000 Gebäuden liegt. Fabrik- und Werkstättengebäude (3000 p. a.) rangieren noch vor Büro- und Verwaltungsgebäuden (2000 p. a.). Hinzu kommt ein kleiner Bedarf an Anstaltsgebäuden und Hotels und Gaststätten mit jeweils 500 Fertigstellungen pro Jahr (Abb. 6.2).

Im Bereich der Nichtwohngebäude werden jährlich zwischen 4000 und 5000 Gebäude in Holzbauweise errichtet. Ein Trend ist seit 2011 nicht zu verzeichnen (Abb. 6.3). Den größten Anteil haben landwirtschaftliche Gebäude mit 1500 bis 2500 Gebäuden pro Jahr. Hier war die Anzahl seit 2016 eher rückläufig. Handels- und Lagerräume rangieren mit 1000 Gebäuden pro Jahr deutlich vor Fabriken und Werkstätten, Büros und Verwaltungsgebäuden sowie Hotels und Gaststätten mit jeweils weniger als 500 Holzgebäuden pro Jahr. Die Zahlen verdeutlichen, dass in sämtlichen Bereichen der Nichtwohngebäude Holzbauten möglich sind. Zugleich verdeutlicht der Vergleich mit den Gesamtfertigstellungen in Abb. 6.2, wie groß das Potenzial ist: Die Holzbauquote liegt nur bei ca. 20 %. Sie variiert je nach Gebäudezweck. In der Landwirtschaft ist sie mit 30 bis 35 % am höchsten. Bürogebäude erreichen nur Holzbauquoten von bis zu zehn Prozent. Die

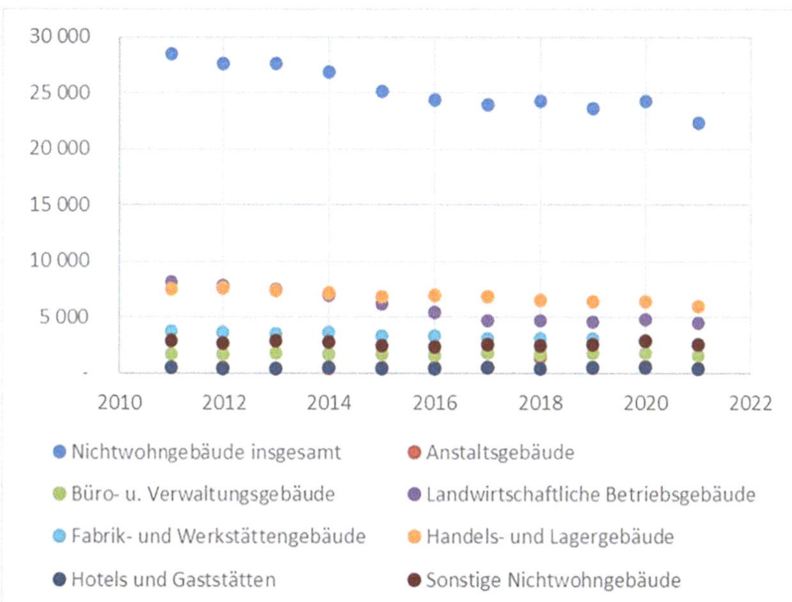

Abb. 6.2 Baufertigstellung von Nichtwohngebäuden in Anzahl in Deutschland seit dem Jahr 2011 (Destatis)

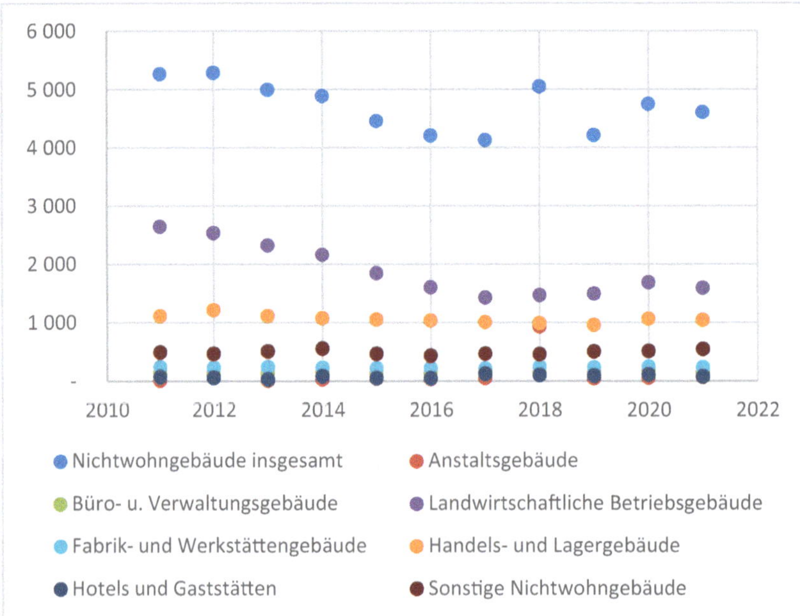

Abb. 6.3 Baufertigstellung von Nichtwohngebäuden in Holzbauweise in Anzahl in Deutschland seit dem Jahr 2011 (Destatis)

Holzbauquote im Bereich der Nichtwohngebäude könnte gesteigert werden, wenn sich mehr Auftraggeber für Holzbauten entscheideten.

Der Informationsdienst Holz widmet dem Hallenbau (Brüninghoff et al. 2021) sowie dem Industrie- und Gewerbebau (Dederich et al. 2008) Broschüren. Neben den allgemeinen Regeln über den Entwurf und die Konstruktion von Holzbauten stellen Hallen und Gewerbebauten einen interessanten Markt mit besonderen Anforderungen dar. Demnach sprechen neben der Klimaneutralität des Rohstoffs gleich mehrere Eigenschaften des Holzes für Holzbauten: Das geringe Eigengewicht ermöglicht große Spannweiten. Holz bietet geringe Baukosten. Holz korrodiert nicht, hat eine lange Lebensdauer und ist unempfindlich gegen Gase und Chemikalien. Weiterhin können Holzkonstruktionen einen hohen Feuerwiderstand haben und auch im Brandfall lange statisch sicher sein. Zuletzt bietet Holz eine angenehme Arbeitsatmosphäre. Eine verbreitete Kombination ist die Skelettbauweise in Verbindung mit Glas, welche eine Tageslichtbeleuchtung zulässt.

6.2.2 Sportstätten

Holzhallen können die Gebäude für Sportstätten bieten, welche in den Statistiken hinter den Abb. 6.2 und 6.3 unter „sonstige Gebäude" fallen. Auch hier geht es um möglichst große Spannweiten, eine angenehme Atmosphäre und die Möglichkeiten der effizienten

Tageslichtbeleuchtung. Oftmals sind Sporthallen Gebäude in kommunaler Verantwortung, sodass beim Bau die öffentliche Vergabe maßgebend ist. Aus diesem Grund ist es wichtig, die ökologischen Vorteile des Holzbaus zu belegen. Referenzvorhaben sind von Vorteil. Der Atlas mehrgeschossiger Holzbau beinhaltet zwei Planungsbeispiele für Sporthallen aus Holz (Kaufmann et al. 2022). Es ist die Sporthalle des Schmuttertal-Gymnasiums in Diedorf, welche von der Deutschen Stiftung Umwelt gefördert wurde. Es handelt sich um einen Skelettbau aus Brettschichtholz mit großen Fenstern sowie um ein Dach mit sichtbarer Pfettenkonstruktion. Wie der gesamte Gebäudekomplex des Gymnasiums ist die Turnhalle ein Gebäude der Klasse 3, sodass keine Brandschutzbekleidungen nötig sind. Das zweite Beispiel ist die Turnhalle des Agrarbildungszentrums in Altmünster, Österreich. Die Turnhalle ist doppelgeschossig und verfügt über ein Tragwerk aus einer Mischkonstruktion aus Holz, Stahl und Beton. Das untere Geschoss ist ein Stahlbetonbau, die oberen Stockwerke sind in Holzskelettbauweise errichtet. Die Decken sind Holz-Beton-Verbunddecken. In dem Buch mit dem Titel „Neues Bauen mit Holz" (Lennartz und Jakob-Freitag 2022) werden fünf unterschiedliche Sportstätten in Holzbauweise beschrieben: eine Vierfachsporthalle, eine Inline-Arena, eine Aquaworld, eine Therme und ein Multifunktionsstadion. Die Vierfachsporthalle wurde 2012 in Sargans in St. Gallen zum Preis von umgerechnet 16,4 Mio. € fertiggestellt. Sie ersetzt eine Dreifachsporthalle vollständig, da die Sanierung des alten Gebäudes teurer gewesen wäre. Gemäß der Vergabeanforderungen war eine Holzkonstruktion verpflichtend. Das Tragwerk der 40 m langen Halle besteht aus 30 Brettschichtholzrahmen aus Fichtenholz mit Glasscheiben, die eine Beleuchtung mit Tageslicht zulassen. Im April 2010 wurde in Gelsingen in Baden-Württemberg eine Skaterhalle in Holzbauweise erstellt. Das Gebäude ist 125 m lang und 65 m breit und besteht aus einer Konstruktion aus Brettschichtholz, die mit nur vier Innenstützen auskommt. Das Dach der „Aquaworld" in Concorezzo bei Mailand ist ein Holzbau in Brettschichtholzbauweise. Mit Brettschichtholz konnte eine tropfenförmige Form des Dachs realisiert werden. Die Halle hat eine Länge von 133 m und eine Breite von 53 m. Das Gebäude selbst besteht aus eingeschossigem Stahlbeton mit zwei Holzkuppeln. Das Dach ist mit Luftkissen eingedeckt. Somit ist es auch möglich, Schwimmbäder in chlorresistenten Holzgebäuden zu betreiben. Das Freizeit- und Schwimmzentrum „Les Thermes" nahe der Stadt Luxemburg hat ebenfalls ein großes und aufwendiges Dachtragwerk aus Holz, während das Gebäude ein Stahlbetonbau ist. Das Stadion von Nizza, die Allianz Riviera, hat ein Dachtragwerk mit einer Fläche von 49.500 m^2 und gilt als größte Holz-Stahl-Gitterkonstruktion weltweit. Das Gebäude ist erdbebensicher. Sockelbau und Tribünen sind aus Stahlbeton. Der Innenbogen des Dachs ist aus Holz, der Außenbogen aus Stahl. Die Eindeckung besteht aus einer Kunststofffolie.

Eine Befragung von Kommunen im Auftrag des Bundesinstituts für Sportwissenschaft (BISp) im Jahr 2022 rückte den Bedarf an Sportstätten in den Mittelpunkt. Demnach gibt es in Deutschland 39.564 Sporthallen, 281 Großsporthallen, 66.224 ungedeckte Sportanlagen (Sportplätze), 6536 Bäder, 8770 Tennisanlagen, 9538 Fitnessstudios und 729 Golfplätze. Die meisten Sporthallen, Bäder und Sportplätze sind in kommunaler Verantwortung. Neun Prozent der befragten Kommunen halten den baulichen Zustand der Sportstätten für sehr schlecht. Dies betrifft Sporthallen mit 14 % und die Bäder mit 24 % der Befragten, welche den Zustand für sehr schlecht halten. 29 % der Befragten wünschen sich neue Sporthallen und 25 % neue Sportbäder. Der Bedarf an Modernisierung und Generalsanierungen wird deutlich höher eingeschätzt. 43 % der Befragten halten Sporthallen und 46 % der Befragten Bäder für sanierungsbedürftig. Das ist ein immenser Sanierungsrückstand, der mindestens jede zweite Kommune betrifft. Entsprechend wurde die volkswirtschaftliche Bedeutung des Sportstättenbaus für das Jahr 2022 mit 27,4 Mrd. € beziffert, was den Unterhalt, Reparaturen und Personalkosten einschließt (Repenning et al. 2023). Die Summe steigt seit einigen Jahren aus unterschiedlichen Gründen. Soll in dem Bereich kohlenstoffdioxidneutral saniert und neu gebaut werden, dann könnte der Rohstoff Holz eine wertvolle Ressource darstellen. Zwar gilt der ökologische Grundsatz „Sanierung vor Neubau", doch erfordern auch Änderungen im Bestand oftmals Holzbauweisen. Neubauten in Holzbauweise oder mit hohen Anteilen von Holz schmälern den ökologischen Fußabdruck der Gebäude und der leichte Werkstoff hat besondere Eignung für die Konstruktion von aufwendigen Hallendächern.

6.3 Wohngebäude aus Holz

6.3.1 Wohnraumbedarf

Nach einer Studie des Pestel-Instituts fehlt in Deutschland Wohnraum (Günther 2023). Die Autoren legen nahe, dass jährlich 400.000 Wohneinheiten gebaut werden sollten. Weiterhin besteht ein Bedarf an jährlich 100.000 Sozialwohnungen. Die Zahl der im Jahr 2022 fertiggestellten Wohneinheiten lag bei nur 295.300 Stück. Hinzu kommen jährlich 12.000 Wohnungsrückbauten, welche zu kompensieren sind.

Das Statistische Bundesamt weist darauf hin, dass in den vergangenen zehn Jahren zwischen 2012 und 2023 der Wohnungsbestand um 2,9 Mio. auf 43,7 Mio. Wohnungen gewachsen ist. Die Bevölkerung wuchs indes auf 83,6 Mio. Menschen. 22,21 Mio. Wohnungen, etwa die Hälfte der vorhandenen Wohnungen, sind in Mehrfamilienhäusern mit durchschnittlich 6,7 Wohnungen untergebracht. Etwa ein Drittel, nämlich 13,07 Mio. der Wohneinheiten, entfällt auf Einfamilienhäuser. Der Rest sind Wohneinheiten in Zweifamilienhäusern, Plätze in Wohnheimen und Wohnungen in Nichtwohngebäuden (Abb. 6.4).

6.3.2 Ein- und Zweifamilienhäuser

Das Statistische Bundesamt teilte am 13. Juni 2023 mit, dass im Jahr 2022 fast jedes vierte fertiggestellte Einfamilienhaus ein Fertighaus war (Statistisches Bundesamt 2023). Das waren 17.200 Fertighäuser neben 59.500 Einfamilienhäusern in anderer Bauweise. Die Zahl der Zweifamilienhäuser in Fertigbauweise war mit 2158 deutlich geringer. Nur 706

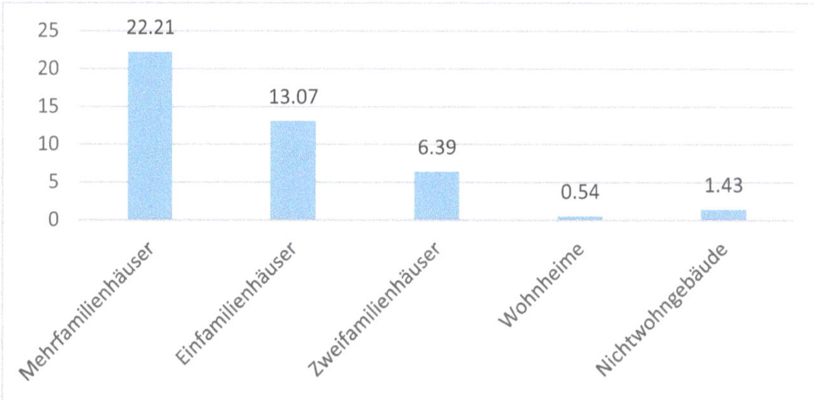

Abb. 6.4 Anzahl der Wohneinheiten in Millionen Stück in unterschiedlichen Gebäudearten in Deutschland im Jahr 2023 (Destatis)

Mehrfamilienhäuser waren Fertighäuser. Das Potenzial des Holzrahmenbaus liegt in Einfamilien- und Zweifamilienhäusern, aber zunehmend auch im Mehrfamilienhausbau.

Das Lehrbuch „*Holzrahmenbau – Modernes Hausbau-System*" (Horn 2025) beschreibt das serielle Bauen mit Holz. Serielles Bauen und Holzrahmenbau sind eng miteinander verknüpft. Serielles Bauen ist jedoch nicht auf den Holzbau beschränkt, sondern beschreibt generell das Bauen mit werkseitig vorgefertigten Elementen. Entscheidend ist das auf den Gestehungsprozess bezogene Rationalisierungskonzept. Es führt zu verkürzten Bauzeiten, wiederkehrenden Einheiten oder zu Gebäuden, die aus Modulen individuell zusammensetzbar sind. Das Konzept ist nicht auf Gebäude der Klassen 1 und 2 beschränkt. Auch Plattenbauten sind serielle Gebäude. Im mehrgeschossigen Holzbau ist die als „1 plus 5" bezeichnete Bauart verbreitet. Das ist ein Fundament mit Erdgeschoss in Betonbauweise und bis zu fünf Etagen in Holzrahmenbauweise. Eine Grundlage für den Holzrahmenbau ist die Erfindung von Holzwerkstoffplatten. Während zuvor Holzrahmen nur mit schmalen Vollholzschindeln beplankt wurden, erlauben Holzwerkstoffplatten, die Holzrahmen flächig zu schließen. Der schlagende Vorteil liegt in kurzen Bauzeiten. Nachdem ein Fundament in Betonbauweise gestellt ist, lassen sich die rechteckigen Holzrahmen aus Voll- oder Brettschichtholz sehr schnell darauf installieren. Das Anbringen der OSB-Platten gelingt durch Klammern oder teilweise auch Kleben. Die mehrschichtigen Wärmedämmmodule lassen sich anschließend ebenfalls mit kurzen Bauzeiten befestigen. Werkseitig vorgefertigte Wände mit Aussparungen für Fenster, Türen und Durchbrüche sind eine weitere Möglichkeit, die Baustellenzeiten zu verkürzen. Nicht ohne Grund ist Holzrahmenbau das Bauprinzip der meisten Fertighausanbieter. Die Baustoffe für den Holzrahmenbau sind leicht, was vorteilhaft für den Arbeitsschutz ist. Gleiches gilt für das Werkzeug und für die baustellenseitigen Arbeiten. Werkseitige Vorfertigung reduziert die Arbeitsschritte, die bei unvorhersehbarer Witterung, Sonne, Hitze, Regen, Wind und Schnee, durchzuführen sind.

Ökobilanziell schneiden Holzrahmenbauten hervorragend ab. Dies verdeutlichte eine Übersichtsstudie von Wolf et al. (2020). Fertighäuser in Deutschland haben für gewöhnlich 100 bis 250 m^2 auf bis zu zwei Etagen und bis zu zwei Wohneinheiten. Sie sind damit geeignet für das Heizen mit der Wärmepumpe und für ein bedarfsgerechtes Solardach. Die Gebäude erreichen die Qualitäten von Passivhäusern bzw. die Effizienzhausstandards 40 und 55. Barrierefreiheit lässt sich unter diesen Bedingungen ebenfalls leicht umsetzen. Die Bauform eignet sich für Satellitenstädte und für den sozialen Wohnungsbau.

6.3.3 Mehrfamilienhäuser

Gebäude der Klassen 4 und 5 sind höher als 7 und 13 m, aber niedriger als 22 m. Sie sind größer als 400 m^2 und haben mehr als drei Wohneinheiten. Die Gebäude entsprechen den gewöhnlichen Stadtstrukturen und haben eine geringe Holzbauquote von unter zehn Prozent. Um diese Quote in Deutschland zu steigern, gibt es die Muster-Richtlinie über brandschutztechnische Anforderungen an Bauteile und Außenwandbekleidungen in Holzbauweise (MHolzBauRL) Fachkommission Bauaufsicht der Bauministerkonferenz vom 21.06.2021. Ein historisches Beispiel ist das Fachwerkhaus „Alte Waage" in Braunschweig (Kablitz 1992). Das Gebäude aus dem 16. Jahrhundert wurde nach dem Zweiten Weltkrieg rekonstruiert, ist 21 m hoch und hat fünf Stockwerke. In der Regel geht es städtebaulich um die Schließung von Baulücken, und auch auf diesem Gebiet ist der Holzbau auf dem Vormarsch. So gibt es das so genannte „e3" in der Esmarchstraße 3 in Berlin-Pankow. Das Gebäude der Architekten Klingbeil und Kaden hat sieben Geschosse (Bartneck et al. 2010). Es hat einen Betonkern für die Haustechnik, sodass es ein Gebäude in Holz-Beton-Hybridbauweise ist. Dieselben Architekten entwarfen das „C13" mit sieben Etagen in Berlin Prenzlauer Berg (Kaufmann et al. 2022). Es ist ein Familien-, Bildungs- und Gesundheitszentrum.

Überregionales Interesse erzeugte der Prinz-Eugen-Wohnpark bei München. Das 30 ha große Areal liegt im Stadtteil Oberföhring. Das Neubauquartier umfasst etwa 1800 Wohnungen. Im Süden des Prinz-Eugen-Parks entstand eine ökologische Mustersiedlung mit 570 Wohnungen in unterschiedlichen Gebäudeklassen. Es ist die größte Holzbausiedlung Deutschlands. Das Projekt soll einen Beitrag zum Klimaschutz und zur nachhaltigen Stadtentwicklung leisten. Die ökologische Vorteilhaftigkeit ist Gegenstand einer Studie (Hafner et al. 2020). 125.000 t Kohlenstoffdioxidäquivalent sind in den Holzstrukturen des Wohnparks gespeichert. Die Deutschen Bundesstiftung Umwelt förderte den Wohnpark (Heuss und Hafner 2020). Interessant an den Gebäuden des Prinz-Eugen-Parks ist, dass Gebäude mit bis zu sechs Etagen in Holzrahmenbauweise vorhanden sind. Gebäude mit sieben und mehr Stockwerken sind in Massivholzbauweise bzw. auch in Holz-Beton-Mischbauweise gefertigt.

Es sind mehrere Studentenwohnheime in Holzmodulbauweise entstanden. Das „Woodie“ in Hamburg wurde von dem Architekturbüro Sauerbruch und Hutton entworfen (Deutscher Holzbaupreis 2019). Das Fundament und das Erdgeschoss mit Gemeinschaftsräumen bestehen vollständig aus Beton, die Wohneinheiten wurden in Holzrahmenbauweise seriell vorgefertigt und nach dem Baukastenprinzip zu einem 5- bis 6-geschossigen Hochhaus zusammengebaut. Das Gebäude hat 371 Apartments. Der Vorteil von Holz liegt in der geringen Dichte, welche es erlaubt, ganze Wohneinheiten zu fertigen, die insgesamt so leicht sind, dass sie zur Baustelle transportiert und mittels Krans an die gewünschte Position gehoben werden können. In Heidelberg ist ein Studentenwohnheim nach ähnlichem Prinzip entstanden (Jakob-Freitag 2015). In Göttingen befindet sich das Studentenwohnheim „Lutterterrasse“ in modularer Massivholzbauweise. Das modulare Konzept ist nicht auf den Holzrahmenbau beschränkt. Das Studentenwohnheim besteht seit dem Jahr 2020, hat 264 Wohneinheiten und ist ein Hybridbau aus Massivholz und Stahlbeton. Das Gebäude steht auf geschosshohen Stelzen und hat vier Etagen (Hellstern und Horx 2021). Am Campus Riedberg der Goethe-Universität Frankfurt ist ein modularer Holzbau aus Brettsperrholz entstanden. Das Gebäude hat 324 Wohneinheiten und ist seit dem Jahr 2020 in Betrieb (N.N. 2022).

Fallstudien des seriellen Bauens beschreiben Holert und Peskes (2019). Der Fokus geht in die Richtung von Hochhauskonzepten, Wohnheimen und des Wohnens für ein bis zwei Personen. Während die durchschnittlich genutzte Wohnfläche pro Person seit Jahren steigt und bei durchschnittlich 47 m^2 liegt, stellten die Autoren ein Konzept mit einem Wohnraumbedarf von 30 Quadratmetern pro Person vor. Auf dieser Grundlage entwickelten Architekten unter anderem zweigeschossige Apartments mit vollständigem Bad, Schlafempore darüber, Kochzeile im Wohnbereich und Balkon, welche als Bausteine neben- und übereinander zu einem Haus gestapelt wurden. Ergänzend verfügte das Gebäude über Gemeinschaftsflächen im Erdgeschoss. Das Konzept zielt auf den Bedarf in Städten. Es ist bei Mangel an Baugrund geeignet. Holert und Peskes (2019) warnen aber auch vor zu kleinen Wohneinheiten:

> „Wie Wohnpsychologen bereits herausfanden, kann ein zu kleiner und vor allem schlecht geplanter Wohnraum, bedingt durch die Enge, zu Stress führen (Ponnewitz und Kienzler 2016). Dies äußert sich dann bspw. durch Depressionen, Aggressionen oder Konzentrationsschwierigkeiten und wird selten mit dem zu engen Lebensraum in Verbindung gebracht (zof 2018). Vielmehr werden die Mitmenschen, also Bekannte, Freunde und Familie, dafür verantwortlich gemacht. Der Mensch benötigt Privatsphäre, individuelle Bereiche, Rückzugsorte und grüne Ausblicke, entsprechend kann das Leben in Mikro-Wohnungen als Single durchaus funktionieren, als Paar oder Familie mit Kindern eher weniger (Klupp 2014).“

Das Konzept der kleinen, seriellen Wohneinheiten hat ökologische und ökonomische Vorteile, aber auch gewisse soziale Nachteile. Es ist für Wohnheime interessant, doch ist der Bedarf an diesen Gebäuden gering. Wie in Abb. 6.4 beschrieben, sind in Deutschland nur 500.000 Wohneinheiten Teil von Wohnheimen. Bei 200 bis 300 Wohneinheiten pro Gebäude entspricht das nur 1667 bis 2500 Gebäuden. Das Potenzial ist gering.

6.3.4 Serielles Sanieren

Neben seriellem Bauen ist das serielle Sanieren möglich. Dazu werden Fassadenelemente werkseitig vorgefertigt, mit kurzen Bauzeiten und teilweise auch im bewohnten Zustand auf die bestehenden Fassaden aufgebracht. Die Elemente berücksichtigen oder enthalten Fenster und Türen, Teile der technischen Gebäudeeinrichtung, Dämmschichten und teilweise Erker oder Balkone. Serielle Sanierung eignet sich gut für architektonisch einfache und typenähnliche Gebäude wie Mehrfamilienhäuser aus den 1950er- bis 1970er-Jahren (Lattke et al. 2024). Das Potenzial des seriellen Sanierens orientiert sich am Bestand an Mehrfamilienhäusern und Wohnheimen, wobei nur bestimmte Gebäudetypen seriell saniert werden können. Hermann et al. (2021) beschrieben das Potenzial des seriellen Sanierens wie folgt:

> „Auch die Deutsche Energieagentur (dena) hat im Rahmen der Initiative ‚Energiesprong Deutschland' das Marktpotenzial in Deutschland abgeschätzt. Ausgehend von Daten von Destatis und dem Zensus 2011 wurden Gebäude berücksichtigt, die 3 bis 12 Wohneinheiten haben, in die Baualtersklasse von 1949 bis 1978 fallen und deren Verbrauch größer als 130 kWh/m^2 a ist. Die dena hat ermittelt, dass 3,85 Mio. Wohneinheiten in diese Kategorie fallen und abgeschätzt, dass sich zwei Drittel, also 2,89 Mio. Wohneinheiten, davon für die Sanierung mit vorgefertigten Bauteilen eignen. Daraus hat sie ein Bauvolumen von 121 Mrd. € errechnet."

Das Holzbaupotenzial ist enorm und bis zum Zeitpunkt der Klimaneutralität im Jahr 2050 zu erschließen. Würde also allein das serielle Sanierungspotenzial gehoben, dann läge die zusätzliche Wertschöpfung in den nächsten 30 Jahren bei jährlich vier Milliarden Euro. Zum Vergleich lag der Gesamtumsatz der Holzbaubranche im Jahr 2023 bei rund zehn Milliarden Euro mit etwa 45 % Umsatz im Bestandsbau (Bund deutscher Zimmermeister 2023). Würde das Potenzial gehoben, dann würde sich der Umsatz im umsatzstärksten Bestandsbau verdoppeln. Das erscheint unrealistisch, und das belegen auch neuere Studien. Bis zum Jahr 2024 gab es 60 Referenzprojekte des seriellen Sanierens (Yildiz et al. 2024). Diese Projekte umfassten 28 Projekte mit insgesamt 460 Wohneinheiten in Mehrfamilienhäusern und 17 Projekte in Einfamilienhäusern sowie 15 Projekte in Nichtwohngebäuden. Das Konzept ist in nahezu allen Gebäudetypen anwendbar, aber die ausgeführten Vorhaben betragen weniger als 0,02 % des von der DENA bestimmten Potenzials. Trotz der immensen Möglichkeiten bleibt das Konzept hinter den Erwartungen zurück. Der Technologie fehlt der Durchbruch. Die Nachfrage fehlt und vielleicht auch das regionale Angebot.

6.3.5 Hochhäuser aus Holz

Es gibt einen Trend zum Holzbau in der Stadt. Brown (2022) bezeichnet ihn als hedonistische Nachhaltigkeit. Es ist das Ideal des ökologischen Bauens in der Stadt. Das anthropogene Kohlenstofflager zwischen Asphalt und Beton. Wald im Wohnzimmer.

Architektur, die städtebaulich hervorsticht und ein Statement für Nachhaltigkeit ist. Dieses zeitgenössische Ideal verkörpern Holzhochhäuser. Das höchste Holzhaus der Welt befindet sich im norwegischen Brumunddal. Es hat den Namen „Mjøstårnet“ und ist eine Massivholzkonstruktion aus 2600 Kubikmetern Brettschichtholz. Das 85 m hohe Hotel hat 18 Stockwerke und stammt aus dem Jahr 2019 (Ilgin und Karjalainen 2022). Es gibt mit dem „Ascent“ in Milwaukee (USA) aber schon ein höheres Hochhaus in Holz-Beton-Mischbauweise mit 87 m Höhe (Fernandez et al. 2020). In Wien entstand ein als „HoHo“ bezeichnetes Hochhaus mit 85 m Höhe, 23 Stockwerken und 20.000m^2 Nutzfläche (Kilinç 2025). Nach Angaben der Betreiber sparte die Holzbauweise des „HoHo“ Wien gegenüber einer Ausführung in Stahlbeton rund 2800 t Kohlenstoffdioxidäquivalente ein. Damit gilt das Gebäude als nachhaltig. Das „Sara Kulturhus“ im schwedischen Skellefteå ist etwa 80 m hoch und umfasst 20 Stockwerke (Kaufmann et al. 2022). In Hamburg entsteht derzeit ein 65 m hohes Gebäude, welches als „roots“ bezeichnet wird. Es wird das höchste Holzhaus Deutschlands sein und 18 Etagen haben (Kind et al. 2022). Es handelt sich um eine Mischkonstruktion aus Stahl und Holz. In der ersten und zweiten Etage entstehen Geschäftsräume, in den Etagen 3 bis 18 Wohnungen. In Frankfurt wurde das „Timber Pioneer“ in einer Hybridbauweise aus Holz, Beton und Stahl errichtet (Strang 2024). Es ist ein modulares Bürogebäude mit acht Etagen, wobei das Konzept des seriellen Bauens zu einer guten Ökobilanz beitrug. Andere Beispiele für Holzhybridhochhäuser in Deutschland sind das „Skaio“ in Heilbronn (34 m hoch) (Kind et al. 2022) und das „Carl“ in Pforzheim (45 m hoch) (Peter W Schmidt Architekten 2024). In Berlin befindet sich das so genannte „WoHo“ in Planung. Es ist ein Holzhybrid-Hochhaus mit 98 m Höhe und 29 Etagen (Klokk et al. 2021). Hier steht noch nicht genau fest, wie groß der Holzanteil am Gebäude einmal sein wird (Treusch 2021).

Ein 350 m hohes Gebäude in Tokio von dem Architekturbüro Nikken Sekkei ist in Planung (Harada et al. 2020). Es soll im Jahr 2041 fertiggestellt sein und 70 Stockwerke haben, was den beeindruckenden Umfang des Vorhabens verdeutlicht. Das Gebäude wird 185.000 m^3 Holz erfordern und damit das „Mjøstårnet“ in sämtlichen Dimensionen deutlich übertreffen. Es wird vor Erdbeben sicher sein und es wird zu einem großen Teil aus Furnierschichtholz gebaut werden. Der Bauherr ist die Sumitomo Forestry Co., Ltd., ein japanisches Forstunternehmen, welches im Jahr 2041 350-jähriges Bestehen feiert und die Branche weltweit durch ein Prestigevorhaben stützen möchte. In Sydney baut man derzeit den Atlassian Tower, einen Firmenhauptsitz mit 180 m Höhe in Holz-Beton-Hybridbauweise (Svatoš-Ražnjević et al. 2022). In Eindhoven in den Niederlanden sollen zwei Hochhäuser mit 110 und 150 m Höhe entstehen (Svatoš-Ražnjević et al. 2022). Sie werden Wohnungen, ein Krankenhaus und Geschäftsräume beheimaten. Der Grundbaustoff wird Brettsperrholz sein. Im schweizerischen Zug soll ein 80 m hohes Gebäude mit 29 Stockwerken mit dem Namen „Pi“ entstehen (Svatoš-Ražnjević et al. 2022). Mit dem Gebäudekomplex „Rocket und Tigerli“ soll zugleich in Winterthur ein bis zu 100 m hohes Gebäude im Jahr 2026 fertiggestellt werden (Agentur sda 2022). In London und Chicago sind mit dem „Oakwood Timber Tower“ und dem „River Beach Tower“ Gebäude mit 80 Stockwerken in Planung (Kind et al. 2022).

Ilgın und Aslantamer (2024) bewerteten in einer Studie die vorhandenen Holzhochhäuser hinsichtlich ihrer Raumausbeute. Dabei gelang auch eine interessante Klassifizierung und Trends wurden deutlich. Die Autoren fassen die Ergebnisse selbst so zusammen:

1. Die meisten hohen Gebäude sollen Wohngebäude sein, wobei sich die Gebäudetechnik in der Mitte des Gebäudekomplexes befindet. Das sind Treppenhäuser und die technische Gebäudeausstattung.
2. Die Verbundbauweise ist verbreitet, Rahmensysteme mit Scherwand treten sehr häufig auf.
3. Die durchschnittliche Raumausbeute liegt bei 84 % und variiert zwischen 70 und 95 %. Das Verhältnis von Kernfläche zur Gesamtgeschossfläche liegt bei zehn Prozent bzw. zwischen 4 und 21 %. Die Materialwahl war dabei unerheblich.

Die Bodenplatte ist in aller Regel aus Beton, der zentrale Kern ist aus Beton oder Holz und die Scherwände sind aus Holz oder Stahl. Sämtliche Kombinationen sind möglich. Der Kern des Hauses mit Treppenhaus und technischer Gebäudeausstattung kann im Zentrum liegen, als Atrium ausgeführt sein, kann aber auch peripher oder external angeordnet sein. Von den 79 betrachteten Hochhäusern (höher als 22 m) lagen 70 % in Europa, 19 % in Amerika, zehn Prozent in Australien und ein Prozent in Asien. Europa hat eine Vorreiterrolle. 65 % der Gebäudefläche dienen Wohnzwecken, 29 % Büros, zwei Prozent Hotels und vier Prozent einem Mischnutzen. Das Bedürfnisfeld des Wohnens rangiert also deutlich vor dem Bedarf an Bürofläche. 58 % der Gebäude haben einen zentralen Kern, 39 % einen peripheren und drei Prozent einen externalen Versorgungsstrang. 81 % der Gebäude haben die Form eines Prismas. 46 % der Gebäude sind ausschließlich aus Holz und 54 % in Verbundbauweise aus Holz und Beton, Holz und Stahl oder Holz, Beton und Stahl.

Hochhäuser müssen spezielle Baubestimmungen erfüllen, die über die in diesem Buch beschriebenen Regelwerke hinausgehen. Die beschriebenen Beispiele verdeutlichen, dass Holzhochhäuser selten sind. Die wenigen Gebäude sind so gut wissenschaftlich dokumentiert, dass sie weltweit sichtbar sind. Auffallend ist, dass viele von ihnen in den 2010er-Jahren entstanden sind oder sich noch in Planung befinden. Es kann von einem Trend gesprochen werden. Holzhochhäuser verbinden Naturverbundenheit und technischen Fortschritt. Es ist wahrscheinlich, dass die weltweiten Anstrengungen für den Klimaschutz diesen Trend fördern.

6.4 Historische Holzgebäude

6.4.1 Fachwerkhäuser

Holzbau ist eine der ältesten Bauformen. Das gilt nicht nur für Europa, sondern für sämtliche Kulturen auf allen Kontinenten. Die Holzressourcen, weitere verfügbare Rohstoffe und die gesellschaftlichen und klimatischen Bedingungen ihrer Zeit bestimmten die Art des Bauens. Fachwerk ist seit der Antike bekannt und charakteristisch für das Mittelalter in Europa. Es ist ein Holzskelettbau mit Schrägbalken zur Stabilisierung. Schrägbalken sind dabei typisch für das europäische Fachwerk. Die Zwischenräume oder auch Gefache wurden mit Lehm, Weidengeflecht und Ton ausgefüllt. Das Besondere am Fachwerk sind zimmermannsmäßige Verbindungen, also der Verzicht auf andere Materialien als Holz. Die Vorbereitung der Hölzer für die zimmermannsmäßigen Verbindungen ist ein charakteristisches Element des alten Handwerks. Typisch für das Fachwerk sind auch Zierelemente wie Kreuze oder Bögen (Abb. 6.5).

Fachwerkbauten befinden sich überall in Europa, in Städten und auf dem Land, als Wohn- und Geschäftsgebäude, landwirtschaftlich genutzte Gebäude und Kirchen. Historisches Fachwerk ist nicht nur erhalten: Rund 2,4 Mio. Fachwerkgebäude gibt es nach unterschiedlichen Quellen in Deutschland. Sie prägen das Stadtbild von Bamberg, Quedlinburg, Goslar, Wolfenbüttel, Höchst in Frankfurt am Main, Halberstadt, Nordhausen und Hildesheim. Die 500 Jahre alte Altstadt von Quedlinburg gehört zum UNESCO-Weltkulturerbe. In Stolberg (Harz) ist der gesamte historische Ortskern mit 354 Häusern aus über 500 Jahren Fachwerkbau erhalten. Hinzu kommen Wernigerode mit 624 und Osterwieck mit 353 Fachwerkhäusern. Das älteste Fachwerkhaus Deutschlands befindet sich in der Webergasse 8 in Esslingen am Neckar (N.N. 2007). Es stammt

Abb. 6.5 Fachwerkhaus in Oberursel im Taunus mit charakteristischen Schrägbalken, Zierkreuzen und einem Sockel aus feuchteresistentem Stein. Lapping, www.pixabay.com

aus dem Jahr 1266/1267 und blieb erhalten, weil man die tragenden Holzpfosten nicht eingrub, sondern auf Steine oder Mauersockel stellte. Eine der ersten Erfindungen des konstruktiven Holzschutzes, welche erst viel später in die heute gültige DIN EN 68 800 einfloss. Ältere Bauten sind nicht mehr erhalten, da tragende Holzpfosten verrotteten. Fachwerkbauten gibt es auch in Frankreich, dem Baskenland, der Schweiz, Österreich, den Niederlanden, Belgien, Großbritannien, Polen, Tschechien, Italien, Rumänien, Litauen, Estland, Lettland, Griechenland und in der Türkei. Eine gemeinsame Wurzel Europas liegt im Fachwerk und die Wurzel ist so stark, dass sie mit Einwanderern nach Süd- und Nordamerika gebracht wurde. Die Holzgebäude Asiens aus der gleichen Zeit unterscheiden sich deutlich vom europäischen Fachwerk. Die Internetseite www.deutsche-fachwerkstrasse.de informiert über sämtliche Fachwerkstädte und über Zimmermannshandwerk in Niedersachsen, Sachsen-Anhalt, Sachsen, Hessen, Rheinland-Pfalz, Thüringen, Bayern (Franken) und Baden-Württemberg. Es gibt die Arbeitsgemeinschaft Deutsche Fachwerkstädte e. V. (ADF) sowie deren Arbeitsgruppe Deutsche Fachwerkstraße (DFS) und jährlich den deutschen Fachwerktag, an dem über das kulturelle Erbe informiert wird.

Heutzutage werden jährlich nur noch circa 200 Fachwerkhäuser hinzugebaut, zumeist in Norddeutschland. Sie unterscheiden sich vom historischen Bestand hinsichtlich der Wahl des Holzes (früher Eiche, heute Fichte), hinsichtlich der Gefache (früher Lehm, Weide und Ton, heute Ziegelsteine, Kalksandsteine) und schließlich hinsichtlich der Verbindungselemente, bei denen heute auf metallische Werkstoffe zurückgegriffen wird. Die Nachfrage nach diesen Gebäuden ist gering. Ein Trend ist nicht zu verzeichnen.

6.4.2 Fachwerksanierung

Die Sanierung von Fachwerkhäusern erfordert Holzwissen. Lenze (2016) beschreibt es und benennt die typischen Schäden, welche in alten Fachwerkhäusern auftreten. Das sind Fäulnis, lockere Verbindungen, lose Gefache, gesetzte Wände, durchgewölbte Decken, klemmende Türen und Fenster und weitere. Der Grund liegt zumeist in Feuchteschäden. Deshalb liegt das Credo im diffusionsoffenen Sanieren. Häufig ist es Feuchte von innen, welche Fäulnis begünstigt. Im Winter ist es innen warm und außen kalt, sodass sich die Wände in der Taupunktzone befinden, in der das Wasser kondensiert. Oft wird die Quelle der Feuchte außen angenommen und das Haus abgedichtet, was ein folgenschwerer Fehler sein kann. Feuchte und Fäulnis schreiten fort. Besseres Vorgehen beschreibt Lenze und konstatiert, dass zur Fachwerkhaussanierung keinesfalls Zement Einsatz finden darf. Wärmedämmung muss innen erfolgen und der Wandaufbau muss diffusionsoffen bleiben. Sollen Fachwerkhäuser energetisch saniert werden, entstehen Konflikte zwischen dem Erhalt und der bestmöglichen Dämmung. Es müssen individuelle Lösungen geschaffen werden, was die Aufgabe anspruchsvoll macht. Innenliegende Dämmung ist eine Möglichkeit, andererseits müssen denkmalgeschützte Fachwerkhäuser nicht alle gesetzlichen Anforderungen erfüllen. Mit der Kompromissfindung beschäftigen sich Eßmann et al. (2012).

In einer jüngeren Veröffentlichung fasst Klar (2021) die Chancen optimistischer zusammen. Die energetische Sanierung sei eine Maßnahme, um historische Gebäude als komfortable Wohngebäude zu erhalten. Sie beschreibt aber auch die Schwierigkeiten und Fehler der Vergangenheit. Niederschwellige Maßnahmen seien die Dämmung der Kellerdecke, des Dachs und der obersten Geschossdecke. Die Dämmung der Wände sei hingegen herausfordernd. Außendämmungen seien auszuschließen, Innendämmungen kritisch mit Blick auf die Bauphysik. Weiterhin beschreibt die Autorin drei Beispiele einer Fachwerkssanierung, bei welchen Fußboden- und Wandheizungen in die Dämmaufbauten integriert wurden. Möglich ist vieles, Engagement vorausgesetzt.

Mit unterschiedlichen Problemen der Gebäude- und Denkmalsanierung befasst sich die Wissenschaftlich-Technische Arbeitsgemeinschaft für Bauwerkserhaltung und Denkmalpflege (WTA), welche ihre Erkenntnisse in Merkblättern veröffentlicht (Fraunhofer Informationszentrum Raum und Bau IRB). Bezüglich des Holzbaus legt sie Schwerpunkte auf den Holzschutz. Das ist einerseits der Umgang mit Gebäudeschädlingen wie dem echten Hausschwamm sowie auch die Dekontamination von beispielsweise mit Teeröl behandeltem Holz und andererseits die Fachwerkinstandsetzung. Fachwerkinstandsetzung beinhaltet die Auseinandersetzung mit vielen Eigenschaften von Holzkonstruktionen, die auch im Kontext neuer Holzgebäude zu beachten sind. Einen Sanierungsfall an einem Dachwerk zeigt Abb. 6.6. Die Titel der Merkblätter der WTA seien gelistet, da sie syste-

Abb. 6.6 Denkmalpflege besteht bisweilen im Austausch tragender Holzbauteile wie diesem Dachsparren im Bereich der Traufe. Eigene Abbildung

matisch die wesentlichen Bauwerkseigenschaften der heutigen Regelwerke in Bezug zu dem alten Fachwerk setzen.

- 8-1 Ausgabe: 09.2014/D: Fachwerkinstandsetzung nach WTA I: Bauphysikalische Anforderungen an Fachwerkgebäude
- 8-2 Ausgabe: 05.2007/D: Fachwerkinstandsetzung nach WTA II: Checkliste zur Instandsetzungsplanung und –durchführung
- 8-3 Ausgabe: 05.2022/D: Fachwerkinstandsetzung nach WTA III: Ausfachungen von Sichtfachwerk
- 8-4 Ausgabe: 04.2015/D: Fachwerkinstandsetzung nach WTA IV: Außenbekleidungen
- 8-5 Ausgabe: 04.2018/D: Fachwerkinstandsetzung nach WTA V: Innendämmungen
- 8-6 Ausgabe: 11.2020/D: Fachwerkinstandsetzung nach WTA VI: Beschichtung von Sichtfachwerkfassaden – Ausfachungen/Putze
- 8-7 Ausgabe: 11.2020/D: Fachwerkinstandsetzung nach WTA VII: Beschichtungen von Sichtfachwerkfassaden – Holz
- 8-8 Ausgabe: 10.2007/D: Fachwerkinstandsetzung nach WTA VIII: Tragverhalten von Fachwerkbauten
- 8-9 Ausgabe: 02.2023/D: Fachwerkinstandsetzung nach WTA IX: Gebrauchsanleitung für historische Fachwerkhäuser
- 8-10 Ausgabe: 12.2020/D: Fachwerkinstandsetzung nach WTA X: Wärmeschutz bei Fachwerkgebäuden
- 8-11 Ausgabe: 09.2016/D: Fachwerkinstandsetzung nach WTA XI: Schallschutz bei Fachwerkgebäuden
- 8-12 Ausgabe: 05.2017/D: Brandschutz von Fachwerkgebäuden und Holzbauteilen
- 8-13 Ausgabe: 09.2013/D Ertüchtigung von Holzbalkendecken nach WTA I: Schwingungen, Durchbiegungen, Tragfähigkeit
- 8-14 Ausgabe: 09.2014/D Ertüchtigung von Holzbalkendecken nach WTA II. Balkenköpfe in Außenwänden

In den Abschn. 2.3.2 und 2.5.2 ging es um die Normen zur Circular Economy im CEN TC 350 und um die DIN SPEC 91484 über den Audit-Bedarf vor einer Sanierung oder einem Abriss. An dieser Stelle wurde Normierungsbedarf im Bereich Sanieren, Modernisieren und Bauen im Bestand festgestellt. Dieser Normungsbedarf ist für Fachwerkhäuser in Form von Merkblättern erschlossen.

Das Potenzial des Fachwerkbaus liegt im Erhalt der gemeinsamen europäischen Baukultur. Im stark industrialisierten Wohnungs- und auch Einfamilienhausbau spielt er eine nachgeordnete Rolle. In das gewohnte Stadtbild der meisten Städte passen Fachwerkhäuser nicht mehr. Fachwerkhäuser werden möglicherweise noch in Baulücken in markanten Altstädten eingesetzt. Im ländlichen Raum gibt es eine konstante, geringe Nachfrage. Der Maßstab von geschätzten 200 Gebäuden pro Jahr ist gering und die Bauweise hat keine schlagenden Vorteile gegenüber modernen Holzgebäuden. Das handwerkliche Wissen für die Erhaltung des Bestandes und die Denkmalsanierung wird allerdings gebraucht. Das Potenzial des Fachwerks liegt im Denkmalschutz, in der Erhaltung der 2,4 Mio. Fachwerkhäuser in Deutschland. Diese Anzahl ist nicht klein und es kann herausfordernd sein, diesen sehr alten und unbedingt schützenswerten Bestand bei der Transformation zur Klimaneutralität mitzunehmen. Dass ein mehrere hundert Jahre altes Haus ressourceneffizient gebaut wurde, steht fest. Allein die lange Lebensdauer bringt die Ökobilanz in einen ausgezeichneten Bereich. Noch verbessert wird sie durch den hohen Holz- und Lehmanteil, sodass sich Sanierungen aus ökologischer Sicht immer lohnen. Soziokulturell ist der Erhalt ebenfalls wünschenswert. Ökonomisch betrachtet können die Kosten für das Maßwerk der Sanierung hoch sein, und da ist es einfach eine Frage der guten Förderrichtlinien im Denkmalschutz und nachrangig auch bei der energetischen Sanierung. Es darf nicht der Fehler begangen werden, den Denkmalschutz zugunsten der energetischen Sanierung zurückzustellen.

6.4.3 Sakrale Holzgebäude

Ebenso wie die meisten Dächer sind auch Kirchendächer Holzkonstruktionen. Das ist insofern besonders, als dass Kirchendächer Türme und Kuppeln enthalten und zu einem großen Anteil zum historischen Gebäudebestand zählen. An den Dächern der Kirchen lässt sich ablesen, wie vielseitig Holzbau sein kann. Gotische Türme sind ebenso realisierbar wie Kuppeln oder Zwiebeltürme. Neben den großen Dächern tragen die Konstruktionen schwere und sich bewegende Glocken und sie tragen zur besonderen Akustik in Kirchen bei. Die Restaurierung von Kirchen erfordert daher ausgeprägte Expertise im Holzbau. Zugleich zeigt der historische Bestand, wie viel bautechnisches Wissen seit Jahrhunderten entwickelt wurde und eher im Gebäudebestand als in der Literatur gesammelt ist. In den Ländern des Nordens, beispielsweise Finnland, oder in den Karpaten wie Slowenien, Ukraine und Rumänien sind Kirchen in vollständiger Holzbauweise vorhanden. Die von 1763 bis 1765 entstandene Dorfkirche von Petäjävesi ist schlicht, unbemalt und gehört zum Weltkulturerbe der UNESCO. Finnische Holzkirchen sind oftmals schlicht, Orte der Ruhe und Einkehr. Die rund 2500 Holzkirchen der Karpaten sind deutlich aufwendiger. Sie sind bis zu 60 m hoch und verfügen über mehrere Türme, Stockwerke und Hallen. Einige Kirchen sind in Blockbauweise gebaut, andere Kirchen haben kleine Nebendächer und große Traufen, welche die Holzfassade schützen. In Norwegen gibt es eine lange Tradition von Stabkirchen (Abb. 6.7). Aus Steinen gebaute Kirchen sind kaum vorhanden (Stock et al. 2013).

In Deutschland gibt es auch Holzkirchen, doch entsprechen sie nicht der typischen Kirchenbauweise oder einer bestimmten Epoche. Es sind eher die Gotteshäuser kleinerer Gemeinden. Zu nennen sind die russisch-orthodoxe Kirche in Gifhorn, die Gustav-Adolf-Kirche in Hahnenklee, die Kirchen in Clausthal und Sankt Andreasberg, die Fachwerkkirchen und -kapellen in Hessen, in Norddeutschland und im Rheinland (Senkel 2018).

In Asien gibt es sakrale Pagoden. Die 900 Jahre alte „Sakyamuni-Pagode“ in Yingxian, China, ist die älteste Pagode der Welt und ist 67 m hoch (Hongxun 1989). Das Holz-

Abb. 6.7 Mittelalterliche Tveitanbakkane-Stabkirche in Telemark, Norwegen. iStock, RPBMedia

gebäude hat fünf Stockwerke. Damit ist das historische Bauwerk deutlich älter als Deutschlands ältestes Fachwerkhaus aus dem Jahr 1266. Dies verdeutlicht, dass der konstruktive Holzschutz in Asien zur damaligen Zeit fortschrittlicher war als in Mitteleuropa. Die höchste Pagode ist allerdings niedriger als das derzeit höchste Holzhaus, „Mjøstårnet", in Norwegen. Eine weitere Pagode befindet sich in Kyoto. Die „Kyoōhgokokuji-Pagode" ist 54 m hoch und soll die größte Pagode Japans sein. Weitere Pagoden befinden sich in Hōhryūji, Yakushiji, Daigoji, Myōōhin, Henshōin und Nikkō-Tōhshōgū (Abe und Kawaguchi 2002). Sie sind zwischen 21,34 und 38,00 m hoch. Die Bauzeit der ältesten Pagoden lag im siebten und achten Jahrhundert, die jüngste wurde im Jahr 1818 erbaut. Sie haben entweder drei oder fünf Stockwerke. Ihren Ursprung haben die buddhistischen Bauwerke in Indien und bautechnisch auch in China. Zusammen mit dem Buddhismus sind sie nach Japan gekommen. Sämtliche Pagoden haben eine zentrale Säule, die entscheidend zur Erdbebensicherheit beiträgt. Wie sich der Mechanismus genau erklärt, ist unbekannt. Vermutet wird, dass die Säule im Fall eines Erdbebens entgegengesetzte Ausgleichbewegungen vollzieht und damit den Gesamtturm aufrecht hält. Die eigentliche Funktion der zentralen Säule liegt wohl auch darin, eventuelles Kriechverhalten von Holz auszugleichen. In ungünstigen Fällen kann sich das Kriechverhalten in den obersten Stockwerken auf bis zu 20 bis 50 cm aufsummieren. Das Ergebnis sind Lücken, durch die Regen eindringt. In diesem Fall wird die zentrale Säule, die den sogenannten Sohrin trägt, eingekürzt, sodass der Sohrin die Lücken wieder schließt und vor Regen schützt. Ein weiteres Charakteristikum der Pagoden sind die großen Traufen. Sie sind der auffälligste Gebäudeteil. Durch ihr Gewicht weit außen am Gebäude wirken sie wie Hebel für die darüberliegenden Stockwerke, welche innen auf den Traufen ruhen. Dieses Prinzip ermöglichte schon früh den Bau von hohen Türmen. In Europa war der Holzbau zu dieser Zeit bei Weitem nicht so weit entwickelt und auch die Dauerhaftigkeit von Gebäuden war nicht gegeben.

6.5 Türme und Brücken

6.5.1 Aussichtstürme, Funktürme

Aussichtstürme sind oftmals Holzbauten. Der Harzturm gilt mit 65 m Höhe als höchster Aussichtsturm Deutschlands (Harztum GmbH 2024). Der Jahrtausendturm im Magdeburger Elbauenpark ist mit 60 m Höhe das höchste Holzgebäude in Deutschland (Eyer 2015). Er beheimatet eine Ausstellung über Wissenschaftsgeschichte. In Deutschland gibt es zudem den 55 m hohen Aussichtsturm Himmelsglück (Gemeindeverwaltung Schömberg 2024), den 45 m hohen Aussichtsturm Blumenthal (N. N. 2005), den 44 m hohen Weißtannenturm in Kehl (Hahn 2007) und den 44 m hohen Baumturm als Teil des Baumwipfelpfads Bayerischer Wald (Nationalparkverwaltung Bayerischer Wald 2015). Zudem gibt es 50 weitere Türme, die niedriger als 44 m, jedoch höher als zehn Meter sind. Der höchste Aussichtsturm der Welt befindet sich am Wörthersee im österreichischen Kärnten und ist 100 m hoch. Er ist als Pyramidenkogel bekannt (Lackner und Vodicka 2013).

Der Funkturm Rottenbuch ist als Holzfachwerkturm 66 m hoch (Gröber 2008). In Polen gibt es den Sendeturm Gleiwitz, den höchsten Holz-Sendemast der Welt mit 118 m Höhe. In früheren Zeiten gab es auch in Deutschland Sendemasten aus Holz mit Höhen von bis zu 190 m. Doch wurden viele von ihnen abgebaut, teilweise zerstört und durch Türme aus anderen Werkstoffen ersetzt. Die meisten Holztürme sind unter 50 m hoch. Nur einzelne Bauwerke haben eine Höhe von 100 oder mehr Metern. Die meisten vorhandenen Konstruktionen sind Fachwerkkonstruktionen oder Holzbauten aus Brettsperrholz. Furniersperrholz findet selten Einsatz, obschon das Material vielseitig ist und inzwischen ein Turm für eine Windenergieanlage hergestellt wurde.

6.5.2 Windenergieanlagen

Das Potenzial für den Bau von Windenergieanlagen an Land ist groß. Das Erneuerbare-Energien-Gesetz legt eine Steigerung der installierten Leistung auf 160 Gigawatt bis zum Jahr 2040 fest. Im Jahr 2023 lag die installierte Leistung bei 60,5 Gigawatt und circa 30.000 Anlagen. Die Leistung muss sich innerhalb von 16 Jahren um das 2,6-fache erhöhen, was einem deutlichen Zubau entspricht. Das ambitionierte Ziel bietet Raum für Innovationen.

Um das Jahr 2012 gelang die Konstruktion einer Windenergieanlage auf der Basis eines 100 m hohen Holzturms. Das Projekt trägt den Namen „Timber Tower“ (Harms et al. 2012). Trotz technischer Zuverlässigkeit, hoher Recyclingfähigkeit und Eingang in die Standardwerke des Holzbaus setzte sich die Erfindung in der Praxis nicht durch (Sieder und Schröder 2019). Es blieb bei diesem einen Turm bei Hannover-Marienwerder. Die Idee eines Holzturms wurde im Jahr 2024 erneut aufgegriffen. Die Firma Modvion AB in Göteborg erbaute den so genannten „Wind of Change Tower“ im Auftrag des Energieanbieters Varberg Energi AB. Es handelt sich um Segmente aus Viertelschalen aus Furnierschichtholz. Die Konstruktionen der beiden Türme folgen vollkommen unterschiedlichen Prinzipien, sodass der Durchbruch der jüngeren Erfindung nicht ausgeschlossen ist. Gamstedt et al. (2023) schlugen Furnierschichtholztürme für Offshore-Windenergieanlagen vor. Es geht dabei um die Turmaufbauten, die oberhalb des Wassers in die Höhe reichen und den Rotor tragen. Die Studienergebnisse bewiesen, dass die Möglichkeit besteht. Weit verbreitet ist die Erfindung allerdings noch nicht. Jockwer et al. (2023) beschreiben, dass es beim Bau von Türmen für Windenergieanlagen auf die Verbindungselemente ankommt. Es handelt sich dabei um die Klebeverbindungen zwischen Holz und Holz sowie Holz und Metall, welche bei Beanspruchung Schwachstellen sein könnten. Diesen Aspekt der Verbindungelemente gilt es bei Windenergieanlagen zu beachten.

Weiterhin gibt es ein deutsches Startup-Unternehmen, das Rotorblätter aus Furnierschichtholz fertigt. Voodin Blade Technology GmbH, Lichtenfels, stellte zunächst Ersatzrotorblätter für kleine Altanlagen her, forscht an größeren Rotorblättern und arbeitet mit der Firma Modvion B.V., Göteburg, Schweden, zusammen. Das Ziel sind Windenergieanlagen, welche vollständig aus Holz gefertigt werden. Der Vorteil liegt in der hohen Recyclingfähigkeit des Werkstoffs Holz, in der hohen Rückbaufähigkeit und guten Reparierbarkeit der Konstruktion. Auch in der Literatur gibt es Studien über Rotorblätter aus Holz. Pourrajabaian et al. (2019) prüften die Eignung von Erle, Esche, Buche und Hainbuche und kamen zu dem Ergebnis, dass diese Laubholzarten für kleine Rotorblätter geeignet sind. Die beste Eignung für Vollholz-Rotorblätter hatte Erlenholz, für hohle Rotorblätter erschienen Erle und Buche geeignet. Diese Ergebnisse sind im Kontext der Laubholzstrategie von Interesse. Eine Kooperation zwischen Dänemark und Nepal zum Zweck der Entwicklungszusammenarbeit stellte ebenfalls die Eignung von Holz für den Bau kleiner Rotorblätter für dezentrale Windenergieanlagen heraus. Hintergrund der Studie war die Verfügbarkeit von Holz im Gegensatz zu Verbundwerkstoffen in Nepal. Geprüft wurden die nepalesischen Holzarten Lakuri (*Fraxinus floribunda, eine Eschenart*), Pine (*Pinus Roxburghii, eine Kiefernart*), Sal (*Shorea robusta, Bangkirai*), Saur (*Betula alnuides, eine Birkenart*), Sisau (*Dalbergia sissoo, eine Palisanderart*), Uttish (*Alnus nepalensis, eine Erlenart*), Tuni (*Tuna siliata, eine Mahagoniart*) und Okhar (*Juglans regia, eine Walnussart*). Die Studie fasst die physikalischen Parameter für diese Holzarten zusammen und verdeutlicht, dass Eschen- und Kiefernholz als Rohstoff für Rotorblätter empfohlen werden können. Vorteilhaft ist ein hohes Elastizitätsmodul und eine eher geringe Härte (Mishnaevsky et al. 2011). Die Ergebnisse sind durchaus für Europa interessant, denn Eschen, Kiefern, Birken, Erlen und Walnussholz ist in Mitteleuropa verfügbar, erst recht als Produkt aus mehrstöckigen Mischwäldern. Leider sind Studien über Holzrotorblätter für den mitteleuropäischen Markt kaum verfügbar. Das wird daran liegen, dass die untersuchten Rotorblätter weniger als einen Meter lang und für dezentrale Anlagen gedacht waren, In Mitteleuropa gibt es entsprechende kleine Turbinen kaum. Die Eignung von Holz für den Bau größerer Rotorblätter wird angezweifelt. Dieses Ergebnis ist historisch gewachsen, wobei sicherlich nicht alle Möglichkeiten des Holzbaus, insbesondere des Furnierschichtholzes, Furnierstreifenholzes und Spanstreifenholzes ausgeschöpft wurden. Zu dieser Einschätzung kommt auch Mishnaevsky (2021).

6.5.3 Brücken

Die Bundesanstalt für Straßenwesen führt die Brückenstatistik der Bundesfernstraßen. Demnach gab es im Jahr 2024 in Deutschland 40.160 Brücken mit einer Gesamtfläche von 32 Mio. m^2. Die allermeisten Brücken sind Spannbetonbrücken (22 Mio. m^2) oder Stahlbetonbrücken (12 Mio. m^2). Weiterhin gibt es Stahl- und Stahlverbundbrücken (jeweils zwei Millionen Quadratmeter). Der Werkstoff Holz macht 0,04 % aus und ist verschwindend gering (Bundesanstalt für Straßen- und Verkehrswesen 2025). Ein Großteil dieser Brücken stammt aus den 1960er- und 1970er-Jahren, ist 50 bis 60 Jahre alt und teilweise sanierungsbedürftig. Einige Brücken sind sanierbar, diverse Brücken brauchen Ersatz.

Die Anzahl der Eisenbahnbrücken in Deutschland beläuft sich auf 25.710, von denen etwa 1064 saniert oder ersetzt werden müssen. Das durchschnittliche Alter der Eisenbahnbrücken in Deutschland beträgt 74 Jahre, wobei 11.000 Brücken nach mehrfacher Sanierung über 100 Jahre alt sind. Zwischen 2015 und 2019 wurden 900 Brücken saniert. Beim Brückenbestand handelt es sich um Gewölbebrücken (6077), Rahmenbrücken (4711), Stahlbetonbrücken (1910), Stahlbrücken (4.312), Walzträger in Beton (5.709) und sonstige (z. B. Fachwerk, Durchlass; 2991). Holzbau spielt eine nachgeordnete Rolle (Knapp und Schumacher 2019). Zu den Eisenbahnbrücken kommen Eisenbahnübergänge und Fußgängerüberführungen an Bahnhöfen.

Weiterhin gibt es mehr als 60.000 kommunale Brücken in Deutschland. Darunter sind viele Fußgänger-, Fahrrad- und Grünbrücken, unter welchen das Potenzial für den Holzbau deutlich größer ist. Bis um das Jahr 1900 war Holz das Standardmaterial für den Brückenbau und wurde später von Stahl- und Betonkonstruktionen verdrängt. Dabei bieten Holz und der damit mögliche Leichtbau auch entscheidende Vorteile mit Blick auf Vorfertigungsgrad, Bauzeiten und Spannweiten und im Zuge der ökologischen Transformation auf die Klimaneutralität von Bauwerken.

Theoretisch lassen sich die meisten Brücken aus Holz fertigen. Das größte Potenzial von Holzbrücken liegt jedoch im Bereich der kleinen und mittelgroßen Fußgänger- und Radfahr- und Grünbrücken. Der wesentliche Vorteil liegt in der werksseitigen Vorfertigung. Limitierend sind die zulässigen Kranlasten und die Transportierbarkeit. Im Zweifelsfall müssen Brückenabschnitte vorgefertigt und baustellenseitig zusammengefügt werden. Der Informationsdienst Holz widmet dem Holzbrückenbau mehrere Broschüren über den Entwurf von Holzbrücken (Erhardt et al. 2019a), die Tragwerksplanung (Erhardt et al. 2019b), Musterzeichnungen (Schaffitzel et al. 2019), Fallbeispiele aus Deutschland (Seidel et al. 2019) und aus Baden-Württemberg (Helbig und Cheret 2024) sowie über Grünbrücken (Büsing 2023). Die allermeisten Fallbeispiele sind Fußgänger- und Radwegbrücken. Eine Innovation mit großem Potenzial an Autobahnen und Fernstraßen sind Grünbrücken, die Wildwechsel über stark befahrene Straßen erlauben. Viele der Holzbrücken sind überdacht und oftmals ruhen die Holzkonstruktionen auf Betonpfeilern, die feuchteresistent in Wasser und Boden eingelassen sind. Die Anzahl und Vielfalt dieser Brücken sind erstaunlich groß. Unterschieden wird in Blockträgerbrücken, Deckbrücken, Holz-Beton-Verbundbrücken, Trogbrücken, Bogenbrücken, Fachwerkbrücken, Pylonbrücken und Spannbandbrücken. Die Spannweiten liegen bei 25 bis 35 m bei Blockträger-, Deck-, Holz-Beton-Verbund- und Trogbrücken. Bogen-, Fachwerk-, Pylon- und Spannbrücken erreichen Spannweiten von bis zu 70 m. Zudem sind Sonderformen wie taillierte Brücken, überdachte Brücken, Hängebrücken, Bogenbrücken und kurvige Brücken möglich. Das Potenzial für den Holzbau ist immens.

Befahrbare Brücken sind Forschungsgegenstand. Es existieren einige befahrbare Holzbrücken. Ihre Traglast liegt in vielen Fällen bei 28 t, aber auch Brücken mit einer Traglast von 40 t sind bereits vorhanden. Beispiele finden sich in Lohmar in Rheinland-Pfalz, Schwarzach in Bayern, Radlach in Österreich, Malters und Peiden-Bad in der Schweiz sowie in München. Die Gemeinsamkeit liegt in Holz-Beton-Verbunddecken als Fahrbahnausstattung. Einige der Brücken sind überdacht. Schwerlastbrücken mit einer Spannweite von 60 m, sechs Autospuren und einer Traglast von 60 t sind Gegenstand der Forschungen (Müller 2023). Forschungsgruppen aus der Schweiz erkannten den Klimanutzen von Holz- gegenüber Stahlbetonbrücken und widmeten sich mit der Herausforderung Schwerlastbrücke. Das Ergebnis ist eine Hohlkastenstruktur aus Brettschichtholz. Bisher wurde die Möglichkeit kontrovers in Fachkreisen diskutiert. Ein Pilotvorhaben konnte noch nicht umgesetzt werden (Franke und Franke 2022).

Ein Beispiel für eine stark befahrene Holzbrücke ist die Vihantasalmi-Brücke in der Landschaft Südsamo in Finnland. Sie hat zwei Fahrspuren, eine Länge von 168 m, eine Breite von 14 m und eine Höhe von 31 m. Sie steht auf vier Betonpfeilern im See Lahnavesi. Das Tragwerk ist ein Hängewerk mit drei Feldern und Balken und Streben aus Brettschichtholz. Eine weitere Straßenbrücke ist die Brücke in Flisa, Norwegen, über den Fluss Glomma (Ekeberg und Søyland 2005). Die Brücke ist 196 m lang und hat zwei Spuren sowie einen Fußweg. Sie steht auf Betonpfeilern und hat eine längste Stützweite von 70,5 m. Eine deutlich kürzere Brücke von 40 m Länge befindet sich in der niederländischen Stadt Sneek. Sie hat zwei Fahrstreifen und einen Rad- und Fußweg. Die Baukosten lagen im Jahr 2008 bei 3,7 Mio. €. In den Ländern Nordeuropas gab es das „Nordic Timber Bridge Programm“. Im Rahmen des Förderprogramms sind in den 1990er- und 2000er-Jahren mehrere hundert Holzbrücken in Norwegen, Finnland, Schweden und Dänemark entstanden. Fuß- und Radwege haben einen großen Anteil. Weitere Beispiele finden sich bei Aasheim (2000). Das Förderprogramm war erfolgreich und führte zu vielen Holzbrücken.

Für den modernen Holzbrückenbau sind drei Erfindungen entscheidend: erstens Brettschichtholz, zweitens Holz-Beton-Verbundbauweisen und drittens innovative Verbindungen im Holzbau. Brettschichtholz geht auf ein Patent von Otto Hetzer aus Weimar aus dem Jahr 1906 zurück (Rug 2006). Es besteht aus mindestens drei Lagen in Faserrichtung verleimter Bretter. Dadurch kann Holz in jedweder Stärke und Form bereitgestellt werden, was dem Brückenbau immense Möglichkeiten eröffnet. Brettschichtholz wird typischerweise aus Nadelholz hergestellt. Die höhere Festigkeit von Laubholz eröffnet allerdings interessante Potenziale für noch festeres Brettschichtholz, mit dem noch weitere Spannweiten erzielt werden können. Neben Brettschichtholz kommen auch Brettsperrholz und Furnierschichtholz mit ähnlichen Eigenschaften im Brückenbau zum Einsatz, insbesondere bei Fahrbahndecken. Holz-Beton-Verbundbauweisen sind Tragstrukturen aus Holz, auf die eine Schicht Beton oder Stahlbeton aufgebracht wird. Die CEN/TS 19103 konkretisiert das Vorgehen und insbesondere die Schaffung von Holz-Beton-Verbindungen. Holz-Beton-Verbundbauweisen ermöglichen vor allem normkonforme Fahrbahndecken im Holzbau. Verbindungen sind ebenfalls Gegenstand des Eurocodes 5. Das Ergebnis bei einem Einsatz von metallischen Verbindungselementen ist oft eine Mischung aus Holz- und Stahlbetonbau.

Eine Studie von Fragiacomo et al. (2018) vergleicht drei Brücken in Holz-Beton-Verbundbauweise. Es handelt sich um eine vergleichsweise kurze Brücke mit großen Anteilen von recycelten Telegrafenmasten in Colorado, USA, eine Brücke aus Brettschichtholz mit verklebten Dreieckskerben und einer Oberfläche aus Stahlbeton in Portugal und eine Brücke aus Brettschichtholz mit rechteckigen Kerben und Scherverbindungen zwischen Holz und Beton in Deutschland. Bei letzterer handelt es sich um die bereits erwähnte Brücke in Lohmar. Die Studie verdeutlicht die unterschiedlichen Möglichkeiten, die sich aus demselben Prinzip ergeben. Die Betondecken schützen die Brücke vor Regenwasser, erleichtern die Installation von Leitplanken und Schildern und verteilen die Nutzlast. Der Holz-Beton-Verbund ist eine Alternative zur Überdachung der reinen Holzbrücke. Ab bestimmten Größen ist der Betonverbund pragmatischer als die Überdachung. In der Studie lenkt man große Aufmerksamkeit auf die Scherverbindungen zwischen Holz und Beton. Es handelt sich um Gewindeschrauben aus Stahl, die in das Holz eingelassen werden und auf die der Beton anschließend gegossen wird. Zum Teil kommen Verklebungen hinzu. Beton führt auch dazu, dass die Brücke weniger in Eigenschwingung aufweist.

Das Bewusstsein für den Klimaschutz und der Druck auf den Bausektor, Klimaziele zu erreichen, sind neue und starke Treiber, welche dem Holzbau zugutekommen. Gerade im Bereich der kleineren Brücken werden Stahl und Beton durch Holz ersetzt, was zu deutlich besseren Ökobilanzen hinsichtlich der Freisetzung von Kohlenstoffdioxidäquivalenten führen dürfte. Die Voraussetzung für den ökologischen Vorteil ist, dass alte Brücken nicht mehr saniert werden können. Ein weiterer Vorteil ist, dass die öffentliche Hand einmal mehr in der Pflicht ist, Klimaziele zu erreichen. Da Brücken oft kommunalen Vorhaben sind, spricht auch dieser Umstand dafür, dass in der Zukunft die Holzbauquote im Bereich der Brücken deutlich und im Bereich der Fußgänger- und Grünbrücken immens steigen könnte.

6.6 Der Deutsche Holzbaupreis

Alle zwei Jahre wird der Deutsche Holzbaupreis verliehen. Die Bauwerke der Wettbewerbe sind in Dokumentationsbüchern festgehalten. Im Jahr 2025 waren die Sieger das Collegium Academicum in Heidelberg, das Mikroapartmenthaus „Cube 68" in Dinkelsbühl, der Gemeindesaal in Legau und die Kultur- und Sporthalle Alfter (Deutscher Holzbaupreis 2025). Der Neubau des Collegium Academicum ist ein Studentenwohnheim in Holzskelettbauweise, bei dem sämtliche Verbindungselemente aus Holz gefertigt sind. Das „Cube 68" ist ein Beispiel für modulares und serielles Bauen mit Holz. Es handelt sich um ein Mehrfamilienhaus mit seriellen Wohneinheiten. Der Gemeindesaal in Legau ist ein Effizienzhaus 55, für welches ausschließlich Holz aus regionalen Quellen genutzt wurde. Die Sporthalle Alfter trägt eine Außenanlage auf dem Dach, und es wurde Buchenholz in tragenden und sichtbaren Elementen eingesetzt. Im Jahr 2023 waren die Sieger die Aufstockung und Erweiterung der Bundesgeschäftsstelle des Deutschen Alpenvereins (DAV) in München, der Neubau des Rathauses in Hainburg und der Neubau des Wohn- und Geschäftshauses „Buggi 52" in Freiburg im Breisgau (Deutscher Holzbaupreis 2023). Unter den Teilnehmern der Wettbewerbe waren diverse Schulen, Kindertagestätten, eine Abtei und Sporthallen, welche gut verdeutlichen, wo die Stärken des modernen Holzbaus liegen: Es sind Gebäude, die modular aufgebaut sind und wenige Etagen haben. Es sind auch Gebäude mit aufwendigen Dächern. Schön, wie auch die Sieger des Wettbewerbs, sind Holzskelettkonstruktionen in Verbindung mit Glas, die eine Beleuchtung des Gebäudes mit natürlichem Licht erlauben. Unter den Teilnehmern sind oft Wohnquartiere und -heime. Die Gebäude sind Reihenhäuser mit Ein- oder Zweifamilienhäusern oder Gebäude in Modulbauweise. Im Jahr 2021 erhielt die ökologische Mustersiedlung im Prinz-Eugen-Park in München eine Auszeichnung, im Jahr 2023 war ein ähnliches Wohnquartier in Stuttgart unter den Teilnehmenden. Weiterhin sind Aufstockungen oftmals Vorschläge für den Deutschen Holzbaupreis, aber auch für den Preis „Bauen im Bestand" oder regionale Holzbaupreise. Die regelmäßig ausgelobten Holzbaupreise sind wichtig, um auf dem vielseitigen Gebiet des Holzbaus Trends zu erkennen. Welche Konstruktionen werden nachgefragt und gelten als modern? Die Antwort kann kein Lehrbuch geben, wohl aber die Dokumentation der Teilnehmer und Preisträger des Holzbaupreises.

Neben Berlin loben Niedersachsen, Schleswig-Holstein und Hamburg, Hessen, Nordrhein-Westfalen, Rheinland-Pfalz, Baden-Württemberg, Bayern, Sachsen, Thüringen, Brandenburg, Mecklenburg-Vorpommern, Sachsen-Anhalt Holzbaupreise aus. Die Auslobungen erfolgen entweder alle zwei Jahre und um ein Jahr zum Deutschen Holzbaupreis versetzt oder alle vier Jahre.

Quellenverzeichnis

Aasheim E (2000) Development of timber bridges in the Nordic countries, Proc. of the 6th World Conference on Timber Engineering, Vancouver. https://citeseerx.ist.psu.edu/document?repid=rep1&type=pdf&doi=4b1de7f6007484a36eab058276f023cc1492dcad

Abe M, Kawaguchi M (2002) Structural Mechanism and Morphology of Timber Towers in Japan, Journal of Asian Architecture and Building Engineering, 1:2, 25–32. https://doi.org/10.3130/jaabe.1.2_25

Agentur sda (2022) In Winterthur entsteht das höchste Wohnhaus der Welt aus Holz, ZO Online, veröffentlicht am 21.4.2022, Zürcher Oberland Medien AG, Wetzikon. https://zueriost.ch/gesellschaft/2022-04-21/in-winterthur-entsteht-das-hoechste-wohnhaus-der-welt-aus-holz

Bartneck A, Börner H, Draesner U, Fichtenau K, Gerber A, Ulrich-Gerber B, Herden M, Kaden T, Kather A, Klingbeil T, Krüger N, Probst C, Romelli T (2010) Entwicklung und integrale Planung eines 7-geschossigen Wohnhauses in Holzbauweise in Berlin-Prenzlauer Berg (25414-25), Deutsche Bundesstiftung Umwelt, Osnabrück. https://opac.dbu.de/ep/DBU-Abschlussbericht-AZ-25414.pdf

Brown JB (2022) Hedonistic sustainability and the timber tower, Seattle Metamodernism Summit 2022. https://www.diva-portal.org/smash/get/diva2:1717629/FULLTEXT01.pdf

Brüninghoff H, Bosenius O, Jacobs H, Wiegand T (2021) Konstruktion von Anschlüssen im Hallenbau, Studiengemeinschaft Holzleimbau e.V. (Hrsg.) Wuppertal. ISSN: 0466-2114, https://informationsdienst-holz.de/fileadmin/Publikationen/2_Holzbau_Handbuch/R01_T07_F02_Anschluesse_Hallenbau_2021.pdf

Bundesanstalt für Straßen- und Verkehrswesen (2025) Brückenstatistik, Bergisch Gladbach. https://www.bast.de/DE/Publikationen/Statistik/Bruecken/Brueckenstatistik.pdf?__blob=publicationFile&v=2

Bund deutscher Zimmermeister im Zentralverband des Deutschen Baugewerbes e.V. (2023) Lagebericht 2023, Berlin. https://www.holzbau-deutschland.de/fileadmin/user_upload/eingebundene_Downloads/Lagebericht_2023_mit_Statistiken.pdf

Büsing F (2023) Grünbrücken – Studie zu Querungshilfen mit einem Tragwerk aus Eichen-Brettschichtholz, Qualitätsgemeinschaft Holzbrückenbau e. V. (Hrsg.) Friolzheim. https://informationsdienst-holz.de/fileadmin/Publikationen/3_Spezial/IDH-Gru__nbru__cken_2023-05_screen_230815.pdf

Colling F (2021) Holzbau, Grundlagen und Bemessung nach EC 5, 7. Auflage, Springer Vieweg, Wiesbaden. ISBN: 978-3-658-34446-7

Dederich L, Reichardt J, Jürges T (2008) Industrie- und Gewerbebau in Holz, Holzabsatzfonds – Absatzförderungsfonds der deutschen Forst- und Holzwirtschaft (Hrsg.) Bad Godesberg. ISSN: 0466-2114, https://informationsdienst-holz.de/fileadmin/Publikationen/2_Holzbau_Handbuch/R01_T03_F11_Industrie-_und_Gewerbebau_2008.pdf

Deutscher Holzbau Preis (2019) Holzbau Deutschland – Bund Deutscher Zimmermeister im Zentralverband des Deutschen Baugewerbes (Hrsg.), Berlin. https://www.deutscher-holzbaupreis.de/fileadmin/sites/holzbaupreis/Deutscher_Holzbaupreis_2019/DHBP-2019_Katalog_ansicht_web.pdf

Deutscher Holzbau Preis 2023 Holzbau Deutschland – Bund Deutscher Zimmermeister im Zentralverband des Deutschen Baugewerbes (Hrsg.) Berlin. https://www.deutscher-holzbaupreis.de/fileadmin/sites/holzbaupreis/Deutscher_Holzbaupreis_2023/2023-05-16_DHBP_2023_Katalog_Web_01.pdf

Deutscher Holzbau Preis 2025, Holzbau Deutschland – Bund Deutscher Zimmermeister im Zentralverband des Deutschen Baugewerbes (Hrsg.) Berlin. https://www.deutscher-holzbaupreis.de/holzbaupreis-2025/die-preistraeger-2025

Ekeberg PK, Søyland K (2005) Flisa Bridge, Norway—a record-breaking timber bridge, Proceedings of the Institution of Civil Engineers Bridge Engineering 158, BE1, 1–7. https://doi.org/10.1680/bren.2005.158.1.1

Erhardt R, Gerold M, Helbig T, Kleinhanß K, Müll W, Müller A, Schmees J, Schwaner K, Wiegand T (2019a) Entwurf von Holzbrücken, Qualitätsgemeinschaft Holzbrückenbau e. V. (Hrsg.) Friolzheim. ISSN-Nr. 0466-2114, https://informationsdienst-holz.de/fileadmin/Publikationen/2_Holzbau_Handbuch/R01_T01_F09_Entwurf_von_Holzbruecken_2019.pdf

Erhardt R, Gerold M, Helbig T, Kleinhanß K, Müll W, Müller A, Schmees J, Schwaner K, Wiegand T (2019b) Tragwerksplanung von Holzbrücken, Qualitätsgemeinschaft Holzbrückenbau e. V. (Hrsg.) Friolzheim. ISSN-Nr. 0466-2114. https://informationsdienst-holz.de/fileadmin/Publikationen/2_Holzbau_Handbuch/R01_T02_F09_Tragwerksplanung_Holzbruecken_2019.pdf

Eßmann F, Gänßmantel J, Geburtig G (2012) Energetische Sanierung von Fachwerkhäusern. Die richtige Anwendung der EnEV. 2., überarbeitete und erweiterte Auflage, Fraunhofer IRB Verlag. ISBN: 978-3-8167-8085-4

Eyer, M. (2015) Zusammenfassung, Übersicht und Ausblick. In: Lehrstückunterricht im Horizont der Kulturgenese. Springer Spektrum, Wiesbaden. https://doi.org/10.1007/978-3-658-10998-1_7

Fernandez A, Komp J, Peronto J (2020) Ascent – Challenges and Advances of Tall Mass Timber Construction, International Journal of High-Rise Buildings, 9, 3, 235–244. https://doi.org/10.21022/IJHRB.2020.9.3.235

Fragiacomo M, Gregori A, Xue J, Demartino C, Toso M (2018) Timber-concrete composite bridges: Three case studies, Journal of traffic and transportation engineering, 5, 6, 429–438. https://doi.org/10.1016/j.jtte.2018.09.001

Franke B, Franke S (2022) Holzbrücken für die nächste Generation von Infrastrukturwegen, Straße und Verkehr, 7–8. https://doi.org/10.24451/arbor.18471

Fraunhofer-Informationszentrum Raum und Bau IRB, WTA-Merkblätter, Stuttgart. https://www.baufachinformation.de/wta

Gamstedt EK, Bengtsson R, Florisson S, Bernhoff H (2023) Material aspects of wooden towers for offshore wind turbines, IOP Conference Series: Materials Science and Engineering, 1293, 012031. https://iopscience.iop.org/article/10.1088/1757-899X/1293/1/012031

Gemeindeverwaltung Schömberg / Touristik und Kur (2024) Aussichtsturm Himmelsglück mit Waldflug – Atemberaubende Ausblicke auf die malerische Schwarzwaldlandschaft, Schömberg. https://www.schoemberg.de/naturerlebnis/himmelsglueck

Günther M (2023) Bauen und Wohnen in der Krise – Aktuelle Entwicklungen und Rückwirkungen auf Wohnungsbau und Wohnungsmärkte, beauftragt durch das Verbändebündnis „Soziales Wohnen", Pestel Institut gGmbH (Hrsg.) Hannover. https://digital.zlb.de/viewer/resolver?urn=urn:nbn:de:kobv:109-1-15480305

Gröber P, (2008) Mobilfunkturm Peiting, 14. Internationales Holzbau-Forum, Garmisch-Partenkirchen. https://www.forum-holzbau.ch/pdf/ihf08_forum_groeber_p.pdf

Harms B, Prass G, Schröder C (2012) Timber Tower - er ist gebaut, 18. Internationales Holzbau-Forum, Garmisch-Partenkirchen. https://events.forum-holzbau.com/pdf/ihf12_prass.pdf

Hafner A, Slabik S, Storck M (2020) Urban Site Development as Temporal Carbon Storage—A Case Study in Germany, Sustainability, 12(14), 5827. https://doi.org/10.3390/su12145827

Hahn I (2007) Der Weißtannenturm in Kehl, Die Ortenau, 87, 251–256. https://doi.org/10.57962/regionalia-18192

Harada H, Fukushima T, Hatori T, Aoyagi H (2020) W350 - The Roadmap of Super High-Rise Timber Building, International Journal of High-Rise Buildings, 9, 3, 255–260. 10.21022/IJHRB.2020.9.3.255

Harzturm GmbH (2024) Der HARZTURM startet am 22.07.2024 mit all seinen Attraktionen / Deutschlands höchster Aussichtsturm in Holz-Stahlkonstruktion, Pressemitteilung, Torfhaus. https://harzturm.de/wp-content/uploads/2024/07/Pressemitteilung-Harzturm-GmbH-22.07.2024.pdf

Helbig T, Cheret P (2024) Integrale Massivholzbrücken – Die „Stuttgarter Holzbrücken" im Remstal, Holzbau-Offensive Baden-Württemberg, Ministerium für Ländlichen Raum und Verbraucherschutz (Hrsg.) Stuttgart. https://informationsdienst-holz.de/fileadmin/Publikationen/3_Spezial/Spezial_Stuttgarter_Holzbruecken_2020.pdf

Hellstern C, Horx M (2021) Ausgezeichneter Wohnungsbau 2021: Wohnbauten des Jahres, Callwey. ISBN: 978-3-766-72568-4

Hermann L, Metzger S, Reher C, Steuwer S, Boll JR, Broer R, Volt J (2021) Serielle Sanierung in Europa und Deutschland, UBA-Text 114/2021, Umweltbundesamt (Hrsg.) Dessau-Roßlau. https://www.umweltbundesamt.de/publikationen/serielle-sanierung-in-europa-deutschland

Heuss A, Hafner A (2020) Umsetzung einer ressourcenschonenden Quartiersentwicklung in der ökologischen Mustersiedlung Prinz-Eugen-Park in München (Q-PEP) (34225), Deutsche Bundesstiftung Umwelt, Osnabrück. https://opac.dbu.de/ab/DBU-Abschlussbericht-AZ-34225_01-Hauptbericht.pdf

Holert J, Peskes M (2019) Chancen und Risiken von seriellem und modularem Bauen am Beispiel des Segments Mikro-Apartments als neuen Trend der Immobilienwirtschaft, NBS Northern Business School – University of Applied Sciences, Hamburg. http://hdl.handle.net/10419/202545

Hongxun Y (1989) Eine 900 Jahre alte Pagode. In: Wissenschaft und Technik im alten China, Birkhäuser Verlag GmbH, Basel. ISBN: 978-3-0348-6379-7

Horn G (2025) Holzrahmenbau – Modernes Hausbau-System, 7. Auflage, RM Rudolf Müller Medien GmbH & Co. KG, Köln. ISBN: 978-3-481-04917-1

Ilgın HE, Aslantamer ÖN (2024) Spatial Effectiveness in High-Rise Timber Towers: A Global Perspective, Buildings 14, 9, 2713. https://doi.org/10.3390/buildings14092713

Ilgın HE, Karjalainen M (2022) Tallest Timber Buildings: Main Architectural and Structural Design Considerations, in Guanben Du, Xiaojian Zhou (Hrsg.) Wood Industry - Past, Present and Future Outlook, IntechOpen Limited, London. https://doi.org/10.5772/intechopen.105072

Jacob-Freitag S (2015) Wohnheim für Heidelberger Studenten in Holz-Modulbauweise, Dach+Holzbau, 7, Bauverlag BV GmbH, Gütersloh. https://www.dach-holzbau.de/artikel/wohnheim-fuer-heidelberger-studenten-in-holz-modulbauweise-2445967.html

Jockwer R, Landel P, Norbäck V, Ziethén R, Dölerud E, Naveda LA, Åkerström C-J. (2023) Fatigue resistance of adhesive bonded connections with an without internal steel plates in large timber structures, World Conference on Timber Engineering (WCTE 2023), Oslo. 10.52202/069179-0281

Kablitz K (1992) Die Alte Waage in Braunschweig, Berichte über die Siedlungs- und Bauarchäologischen Ausgrabungen auf dem Gelände der Alten Waage in der Braunschweiger Neustadt von Oktober 1988 bis Juni 1989, Stadt Braunschweig Hochbauamt (Hrsg.) Braunschweig. ISBN: 978-3-878-84039-8

Kaufmann H, Krötsch S, Winter S (2022) Atlas Mehrgeschossiger Holzbau – Grundlagen – Konstruktionen – Beispiele, 4. Auflage, DETAIL Architecture GmbH, München. ISBN: 978-3-955-53557-5

Kilinç GA (2025) Structural Design of Tall Mass Timber Buildings, Athens Journal of Technology and Engineering, 12, 1, 55–74. https://doi.org/10.30958/ajte.12-1-4

Kind S, Bogenstahl C, Jetzke T, Richter S (2022) Urbaner Holzbau, Büro für Technikfolgen-Abschätzung beim Deutschen Bundestag, Berlin. ISSN: 2702-7260, https://www.tab-beim-bundestag.de/projekte_urbaner-holzbau.php?tab=Prozent5B516Prozent5D#tabpanel-516

Klar V (2021) Fachwerk For Future – Die zukunftsfähige Sanierung von Kulturdenkmalen, Schwäbische Heimat 72, 2. https://journals.wlb-stuttgart.de/index.php/sh/article/view/1156?articlesbysimilaritypage=3

Klokk J, Ellsel M, Lyhne L, Pira E, Holte SV, Welschemeyer K, Mayr N, Henricson E, Mo G, Rando M, Jorgensen PF, Krinn C-P, Karbon I (2021) WOHO – Das vertikale Stadtquartier, Berlin Friedrichshain-Kreuzberg, Eingeladener Realisierungswettbewerb für ein Wohnhochhaus in zwei Phasen Entwürfe und Juryurteil der zweiten Wettbewerbsphase, Arbeit 1193, UTB Projektmanagement GmbH (Hrsg.) Berlin. https://utb-berlin.de/utb-berlin.relaunch.brand/wp-content/uploads/2021/03/1193_Woho_Mad_Oslo_AS-1.-Preis.pdf

Klupp M (2014) Klein, kleiner, mikro BundesBauBlatt 5, Bauverlag BV GmbH, Gütersloh. http://www.bundesbaublatt.de/artikel/bbb_Klein_kleiner_mikro_1987397.html

Knapp N, Schumacher O (2019) Faktenblatt Eisenbahnbrücken bei der Deutschen Bahn, Deutsche Bahn AG (Hrsg.), Berlin. https://www.deutschebahn.com/resource/blob/6860108/452fa9432001be62ac986886a2e60dd2/MP-Bruecken-2020-Fakten-data.pdf

Lackner M, Vodicka M (2013) The world's tallest wooden observatorion tower. Design for durability, Advanced Materials Research, 778, 1028–1033. https://doi.org/10.4028/www.scientific.net/AMR.778.1028

Lattke F, Huß W, Schröttle R, Seidel A (2024) Leitfaden Serielles Sanieren, Informationsverein Holz e. V. (Hrsg.) Düsseldorf. ISSN-Nr. 0446-2114

Lennartz MW, Jacob-Freitag S (2022) Neues Bauen mit Holz, Birkhäuser Verlag GmbH, Basel. ISBN: 978-3-035-60456-6

Lenze W (2016) Fachwerkhäuser restaurieren – sanieren – modernisieren Materialien und Verfahren für eine dauerhafte Instandsetzung, 10. erweiterte Auflage, Fraunhofer IRB Verlag. ISBN: 978-3-8167-9601-5

Mishnaevsky L, Freere P, Sinha R, Acharya P, Shrestha R, Manandhar P (2011) Small wind turbines with timber blades for developing countries: Materials choice, development, installation and experiences, Renewable Energy, 36, 8, 2128–2138. https://doi.org/10.1016/j.renene.2011.01.034

Mishnaevsky L (2021) Sustainable End-of-Life Management of Wind Turbine Blades: Overview of Current and Coming Solutions, Materials, 14, 5, 1124. https://doi.org/10.3390/ma14051124

Mooser M, Forestier M, Pittet-Baschung M, von Büren C (2014) Aufstocken mit Holz. Verdichten, Sanieren, Dämmen, Birkhäuser Verlag GmbH, Basel. ISBN: 978-3-03821-282-9

Müller A (2023) Holz hat im Brückenbau wieder einen neuen Stellenwert erreicht, VSVI Journal, Vereinigung Straßenbau- und Verkehrsingenieure (Hrsg.) Wiesbaden. https://holzbrueckenbau.com/wp-content/uploads/VSVI_Journal_2023_Beitrag_Prof_Mueller.pdf

Nationalparkverwaltung Bayerischer Wald (2015) Nationalpark-Plan Umweltbildung, Grafenau. https://www.nationalpark-bayerischer-wald.bayern.de/ueber_uns/aufgaben/doc/umweltbildung_ba.pdf

N.N. (2005) Aussichtsturm Blumenthal, Structure-ID 20018254, Structurae –Internationale Datenbank und Galerie für Ingenieurbauwerke, Berlin. https://structurae.net/de/bauwerke/aussichtsturm-blumenthal

N.N. (2007) ID 241214409227. In: Datenbank Bauforschung/Restaurierung. Landesdenkmalpflege Baden-Württemberg. https://www.bauforschung-bw.de/objekt/id/241214409227/wohngebaeude-in-73728-esslingen-am-neckar/

N.N. (2022) Hessens größtes Holzwohngebäude: Studierendenwohnheim und International House für Campus Riedberg, Goethe-Universität Frankfurt am Main. https://aktuelles.uni-frankfurt.de/campus/hessens-groesstes-holzwohngebaeude-studierendenwohnheim-und-international-house-fuer-campus-riedberg/

Peter W. Schmidt Architekten (2024) Holz-Hybrid-Hochhaus CARL, PSA Publishers Ltd. (Hrsg.) Zürich. https://www.world-architects.com/de/peter-w-schmidt-architekten-pforzheim-berlin/project/holz-hybrid-hochhaus-carl

Ponnewitz J, Kienzler T (2016) Marktfähigkeit von Mikroapartments: Ein Leitfaden für eine Projektentwicklung, 1. Auflage, Josef Eul Verlag, Lohmar. ISBN: 978-3-844-10451-6.

Pourrajabian A, Dehghan M, Javed A, Wood D (2019) Choosing an appropriate timber for a small wind turbine blade: A comparative study, Renewable and Sustainable Energy Reviews, 100, 1–8. https://doi.org/10.1016/j.rser.2018.10.010

Repenning S, Späing M, Meyrahn F, Ahlert G, An der Heiden I, Preuß H (2023) Sportstätten in Deutschland – Ergebnisse einer Kommunenbefragung. Studie von 2HMforum. GmbH, GWS mbH und Universität Mainz im Auftrag des Bundesinstituts für Sportwissenschaft (BISp). Aktuelle Daten zur Sportwirtschaft, November 2023, Bonn. https://gws-os.com/fileadmin/downloads/Themenbericht_SSK_Sportstaetten.pdf

Rug W (2006) 100 Jahre Hetzer-Patent, Bautechnik, 83, 8, Ernst & Sohn Verlag für Architektur und technische Wissenschaften GmbH & Co. KG, Berlin. https://doi.org/10.1002/bate.200610046

Rug W, Mönck W (2020) Holzbau, Bemessung und Konstruktion, 16. vollständig überarbeitete Auflage, Beuth Verlag, Berlin. ISBN: 978-3-410-29418-4.

Schaffitzel J, Schmees J, Pohlmann J, Setzpfandt G, Gerold M, Hemmert-Halswick A, Kleinhanß K, Miebach F, Müller A, Müller M, Schiermeyer V, Uibel T, Wiegand T (2019) Musterzeichnungen für Holzbrücken, Qualitätsgemeinschaft Holzbrückenbau e. V. (Hrsg.) Friolzheim. ISSN-Nr. 0466-2114. https://informationsdienst-holz.de/fileadmin/Publikationen/2_Holzbau_Handbuch/R01_T03_F09_Musterzeichnungen_Holzbruecken_2019.pdf

Seidel A, Keil A, Hafner A, Özdemir Ö, Jacob-Freitag S (2019) drüber und drunter – Brücken aus Holz, Qualitätsgemeinschaft Holzbrückenbau e. V. (Hrsg.) Friolzheim. ISSN-Nr. 0466-2114, https://informationsdienst-holz.de/fileadmin/user_upload/Seite_Wissen/Buch_Bruecken_aus_Holz_2019.pdf

Senkel J (2018) Holzkirchen und andre Objekte sakraler Holzbaukunst, Books on Demand-Verlag, Hamburg. ISBN: 978-3-752-86075-7

Sieder M, Schröder C (2019) TimberTower: Erfahrungen aus Konstruktion und Betrieb der ersten Windkraftanlage mit Holzturm, 25. Internationales Holzbau-Forum IHF 2019, Innsbruck. https://events.forum-holzbau.com/pdf/65_IHF2019_Sieder.pdf

Statistisches Bundesamt (2023) Zahl der Woche Nr. 24 vom 13. Juni 2023, Fast jedes vierte 2022 fertiggestellte Einfamilienhaus ist ein Fertighaus. https://www.destatis.de/DE/Presse/Pressemitteilungen/Zahl-der-Woche/2023/PD23_24_p002.html

Stock WJ, Kutnyi A, Bugge G (2013) Zuschnitt, Zeitschrift über Holz als Werkstoff und Werke in Holz, 52, 13, proHolz Austria (Hrsg.) Wien. ISBN: 978-3-902-92602-9

Strang M (2024) European Case-studies for Multi-storey Mass Timber for Moisture-safety and Energy Efficiency, Joseph William Gottstein Memorial Trust Fund, Melbourne. https://gottstein-trust.org/upload/documents/projects-reports/240911091828_240428_Strang_GottsteinFundReport.pdf

Svatoš-Ražnjević H, Orozco L, Menges A (2022). Advanced Timber Construction Industry: A Review of 350 Multi-Storey Timber Projects from 2000–2021. Buildings, 12, 4, 404. https://doi.org/10.3390/buildings12040404

Treusch W-S (2021) Bauprojekt WoHo in Berlin – Ein Holzhochhaus für die Kreuzberger Mischung, Radiobeitrag vom 20.08.2021, Deutschlandfunk Kultur, Deutschlandradio, Köln. https://www.deutschlandfunkkultur.de/bauprojekt-woho-in-berlin-ein-holzhochhaus-fuer-die-100.html

Wissenschaftlich-Technische Arbeitsgemeinschaft für Bauwerkserhaltung und Denkmalpflege (WTA) e.V., WTA-Merkblätter, Ismaning. https://www.wta-international.org/de/service/wta-merkblaetter/entwuerfe/

Wolf T, Untergutsch A, Wensing C, Mittelbach H, Lu-Pagenkopf F, Kellenberger D, Kubowitz P (2020) Potenziale von Bauen mit Holz: Erweiterung der Datengrundlage zur Verfügbarkeit von Holz als Baustoff zum Einsatz im Holzbau sowie vergleichende Ökobilanzierung von Häusern in Massiv- und Holzbauweise, UBA-Text 192/2020, Umweltbundesamt, https://www.umweltbundesamt.de/publikationen/potenziale-von-bauen-holz Beachten Sie die Schreibweise Wolf statt Wolff.

Yildiz Ö, Steidle D, Streuwer S, Oriol J, Broer R, Hoppe J, Weiß U, (2024) Serielle Sanierung, Effektiver Klimaschutz in Gebäuden und neue Potenziale für die Bauwirtschaft. Agora Energiewende – Agora Think Tanks gGmbH, Berlin, ifok GmbH, Bensheim, Buildings Performance Institute Europe BPIE, Berlin (Hrsg.). https://www.agora-energiewende.de/fileadmin/Projekte/2023/2023-11_DE_Serielle_Sanierung/A-EW_323_Serielle_Sanierung_WEB.pdf

zof (2018) Wenig Platz – Mikrowohnungen: Gute Planung gefragt – Wohnpsychologe empfiehlt Balkone und schönen Ausblick, STANDARD Verlagsgesellschaft m.b.H., Wien. https://www.derstandard.de/story/2000075319337/mikrowohnungen-guteplanung-gefragt.

Förderung von Wald- und Holzbau

7

Inhaltsverzeichnis

Schlüsselwörter

Waldstrategie · Klimaschutz · LULUCF-Sektor · Verstärkter Holzeinsatz · Holzbauforschung

P. Weißhaupt, *Wald- und Holzbau*, https://doi.org/10.1007/978-3-658-50061-0_7

7.1 Strategie für den Wald

7.1.1 Monetarisierung der Photosynthese

Die Ansprüche an den Wald sind hoch und sie wachsen mit dem Bewusstsein für den Klimaschutz. Das Ergebnis ist eine Strategie der Klimaanpassung mit Artenvielfalt und Resilienz. Daran schließt sich die Frage an, ob Forstwirtschaft zu einem resilienten Wald verpflichtet werden kann. Damit ist die juristische Verhältnismäßigkeit gemeint, aber auch die praktische Möglichkeit, welche von den Standortfaktoren abhängig ist. So verzichten Waldgesetze und Nachhaltigkeitsleitlinien auf Empfehlungen zur Förderung bestimmter Baumarten. Die Frage der anzupflanzenden Bäume bleibt in der Wissenschaft, welche mehrere Antworten und Konzepte bereithält. Die Erwartung der Gesellschaft liegt jedoch längst nicht mehr nur in Holzvorräten, sondern auch in der Bereitstellung einer zuverlässigen Kohlenstoffdioxidsenke. Die europäische LULUCF-Verordnung und das deutsche Klimaschutzgesetz formulieren Sektorziele. Die Photosynthese ist die Leistung des Waldes und der Forstwirtschaft auf dem Weg zur Netto-Klimaneutralität. Diese Klimaleistung des Waldes wird aber nur in begrenztem Umfang monetarisiert. Es ist sogar umstritten, ob ein ökonomisches Instrument zweckmäßig ist. Schließlich müssen Zielverfehlungen im LULUCF-Sektor eher zu Investitionen in diesem Bereich führen als zu Strafen. Auf dem Spiel steht der durch Kohlenstoffdioxidaufnahme geschaffene Puffer, der im Jahr 2045 Netto-Klimaneutralität ermöglichen soll.

Ein Bonussystem kann die Photosynthese als Senke für klimaschädliche Gase vergüten. Die Unklarheit liegt in der monetären Bewertung. Dazu folgen Abschätzungen. Die Adsorption des deutschen Waldes liegt in Jahren ohne Kalamitäten bei 35 bis 60 Mio. t Kohlenstoffdioxid. Angenommen, der Kohlenstoffdioxidpreis liegt analog zum Emissionshandelsgesetz bei 55 €/t, dann führt dies zu einem Wert von 1,9 bis 3,3 Mrd. €. Andere Quellen beziffern die Photosynthese einer 100 Jahre alten Fichte auf 2,6 t Kohlenstoffdioxidäquivalent, was 143 € entspricht. Eine Buche müsste 80 Jahre wachsen, sodass eine Tonne Kohlenstoffdioxidäquivalent fixiert und der Wert von 55 € generiert wird. Ferner gibt es Rechnungen, welche die Aufforstung von 80 Bäumen fordern, um eine Tonne Kohlenstoffdioxidäquivalent pro Jahr zu binden. Diese Aufforstung hätte zum Zweck des Klimaschutzes einen Wert von 55 €, und das unabhängig von anderen wirtschaftlichen Zielen wie der Holznutzung.

Eine ähnliche Rechnung könnte für die Bindung von Kohlenstoffdioxid durch stofflich genutztes Holz gelten. Aus der Klimaberichterstattung ist bekannt, dass seit 2012 diese Senke zwischen 1,6 und 7,6 Mio. t pro Jahr schwankt. Der Wert des gebundenen Kohlenstoffdioxids liegt unter der Annahme des Preises von 55 €/t Kohlenstoffdioxid bei jährlich 88 bis 418 Mio. €. Eine Förderung der Holzwirtschaft in diesem Umfang könnte zu deutlich mehr stofflicher Nutzung von Holz führen. Unabhängig von einer möglichen Förderung stellt sich beim Blick in die stabilen Marktzahlen in Kap. 3 die Frage, warum keine Stabilisierung der Kohlenstoffdioxidspeicherung in Holzprodukten auf hohem Niveau gelingt. Schließlich ist die Größe eher von der Nutzung als vom Klimawandel abhängig. Ein Grund ist, dass nur Schnittholz, Holzwerkstoffe und Papier aus der Produktstatistik in die Rechnung einfließen und nicht etwa Stammholz und Industrieholz aus der Holzeinschlagsstatistik. Die Berechnung des IPCC ist also sehr konservativ und schließt Verarbeitungsverluste aus. Zugleich entfallen Bauprodukte, welche nicht auf Schnittholz basieren. Beispiele sind Holzmasten, Bahnschwellen, Dämmstoffe, Fenster und Türen und Parkett. Auch Möbel, Bedarfsgegenstände und Verpackungen bleiben unberücksichtigt. Die Steigerung der Kennzahl für die Holznutzung sollte im Interesse der Gesellschaft liegen. Das kann durch Anpassung der Berechnungsmethode erfolgen. Es muss aber auch das Ziel sein, die stoffliche Nutzung von Holz zu steigern.

Die Beispiele verdeutlichen, welcher Wert der Kohlenstoffbindung beizumessen ist, wenn die monetären Instrumente für die Freisetzung von Kohlenstoffdioxid auf den Bereich der Bindung übertragen werden. Zugleich verdeutlichen diese Beispielrechnungen, warum es derzeit noch nicht systematisch gelingt, die Ökosystemleistung zu monetarisieren. Zu umstritten ist die Festlegung der Wertigkeit. Und auch die Annahme von 55 €/t Kohlenstoffdioxid wackelt, denn der Preis wurde befristet im Gesetz über einen nationalen Zertifikatehandel für Brennstoffemissionen (Brennstoffemissionshandelsgesetz – BEHG) festgelegt. Zukünftig wird dieser Preis steigen und anschließend verhandelbar sein. Es gibt also gute Gründe, diese im industriellen Kontext ermittelten Handelspreise nicht auf die Ökosystemleistung der Bindung von Kohlenstoffdioxid zu übertragen. Was aber sind dann die Alternativen? Das Konzept der Monetarisierung ähnelt dem in Abschn. 2.2.3 vorgestellten Konzept der Entwicklungshilfe gemäß REDD+. Unbeschadet der Fortführung dieser Initiative ist das Konzept auf die Förderung der Forstwirtschaft in Deutschland übertragbar. In diese Richtung geht das Aktionsprogramm natürlicher Klimaschutz mit einem Budget von vier Milliarden Euro in vier Jahren. Das entspricht aber nur etwa einem Viertel des zuvor errechneten Wertes.

Ein Budget von jährlich bis zu vier Milliarden Euro wäre hoch. Denn der Umsatz der Forstwirtschaft liegt jährlich bei etwa 1,3 Mrd. €. Der Umsatz des Holzbaus liegt nach Branchenangaben des Bunds Deutscher Zimmermeister bei zehn Milliarden Euro. Hinzu kommen die Wertschöpfungsketten unterschiedlicher Holzprodukte. Dem gegenüber steht aber auch das Volumen des Klimatransformationsfonds, das gemäß Haushaltsplan 2026 zwischen 2025 und 2029 bei 116,3 Mrd. € liegen wird. Die immense Förderung von jährlich vier Milliarden Euro läge bei weniger als 18 % des Fondsvolumens. Der Förderbereich wäre größer, wenn neben dem Wald- und Holzbau auch Renaturierung und weitere Maßnahmen zur Stützung der LULUCF-Sektorziele gefördert würden. Eine Maßnahme mit doppeltem Nutzen ist klimafreundliches Bauen mit Holz. Neben stofflich genutztem Holz würde der ökologische Fußabdruck des Gebäudebestandes verringert. Derzeit verfehlt Deutschland auch die Klimaziele im Gebäudesektor.

Dem Malussystem des Brennstoffemissionshandelsgesetzes sollte also ein Bonussystem für die Bindung von Kohlenstoffdioxid entgegengesetzt werden. In dem deutschen Klimaschutzgesetz werden Ziele für den LULUCF-Sektor festgelegt und die Ökosystemleistung konzeptionell bereits beansprucht. Die Förderung könnte schlicht am Anspruch des Klimaschutzgesetzes und unabhängig von der tatsächlichen Photosyntheseleistung ansetzen. Das Gesetz sieht folgendes LULUCF-Ziel vor:

1. „mindestens minus 25 Mio. t Kohlendioxidäquivalent bis zum Jahr 2030,
2. mindestens minus 35 Mio. t Kohlendioxidäquivalent bis zum Jahr 2040,
3. mindestens minus 40 Mio. t Kohlendioxidäquivalent bis zum Jahr 2045."

Entsprechend liegt der Wert der beanspruchten Ökosystemleistung bei 1,4 bis 2,2 Mrd. €, wenn die folgenden Rechnungen maßgebend sind:

1. 55 €/t Kohlenstoffdioxidäquivalent multipliziert mit 25 Mio. t Kohlenstoffdioxidäquivalent jährlich bis zum Jahr 2030 entsprechen 1,375 Mrd. € jährlich bis 2030.
2. 55 €/t Kohlenstoffdioxidäquivalent multipliziert mit 35 Mio. t Kohlenstoffdioxidäquivalent jährlich bis zum Jahr 2040 entsprechen 1,925 Mrd. € jährlich bis zum Jahr 2040.
3. 55 €/t Kohlenstoffdioxidäquivalent multipliziert mit 40 Mio. t Kohlenstoffdioxidäquivalent jährlich bis zum Jahr 2045 entsprechen 2,2 Mrd. € jährlich bis zum Jahr 2045.

Bei dieser letzten Rechnung, welche zur schlechtesten Bewertung der Ökosystemleistung führt, wird der gesamte LULUCF-Sektor betrachtet. In diesem Fall kompensiert die Wald- und Holzwirtschaft auch die Emissionen aus Siedlungsflächen, Grünland, Feuchtgebieten und Ackerland unvergütet. Zugleich fallen die Klimaschutzmaßnahmen in diesen Bereichen ebenfalls in den Förderbereich.

Eine leistungsunabhängige, aber stetige Förderung wäre gut. Die Messbarkeit von Kohlenstoffdioxidäquivalenten bedingt geschlossene und bilanzierbare Systeme wie ein Kraftwerk, ein Auto oder eine Heizung. Ein Baum oder gar ein Wald ist hingegen ein offenes System in einer vom Wetter und Klima abhängigen Umwelt. Anhand des Biomassezuwachses ist die reale Photosynthese nur schätzbar. Ihr Wert darf allerdings nicht unterschätzt werden und gerade in klimatisch schwierigen Jahren sind Aufwendungen nötig. In der Logik des Handelssystems könnte man feststellen, dass in einem klimatisch schlechten Jahr mit wenig Photosynthese die real gebundene Tonne Kohlenstoffdioxidäquivalente relativ teuer ist. In einem klimatisch guten Jahr mit hohen Photosyntheseraten ist sie hingegen verhältnismäßig günstig. Bezahlt wird in jedem Jahr die im Klimaschutzgesetz festgelegte Zielvorgabe. Der Vorteil läge darin, dass die Finanzierung aus dem Klimatransformationsfond in einem rechtlich begründeten Maß fließt. Zudem wäre sie regelmäßig und langfristig.

7.1.2 Umbau zu klimaresilientem Laub- und Mischwald

Wie in Kap. 1 beschrieben ist der Waldumbau zu einem klimaresilienten Mischwald kein Planspiel, sondern begann vor Jahrzehnten. Zum Teil ist das ein Ergebnis natürlicher Entwicklungen. Schon die Beschreibungen der unterschiedlichen Wälder der Klimazonen verdeutlichen, dass Nadelholz eher in kalten und Laubholz eher in warmen Regionen auftaucht. Das Jahreszeitenklima der gemäßigten Zone führt zu einem Mischwald. Steigende Jahresdurchschnittstemperaturen verlängern die Wachstumsperiode und verschieben die Waldzonen nach Norden. In Gebieten der Tundra wachsen Baumarten der Taiga, der hemi-boreale Laub- und Mischwald dehnt sich in den borealen Nadelwald aus. In den gemäßigten Zonen ist Laubwald resilienter als Nadelwald. Fichten leiden. Überlagert werden diese Temperatureffekte durch Wasserverfügbarkeit, Sturm- und Waldbrandereignisse sowie Schädlingsbefall. Zugleich beschreiben Naturwissenschaftler die Entwicklungen und veranlassen Forstwirte zum aktiven Waldumbau. Diese stehen aufgrund von Waldschäden unter Handlungszwang. Es bleibt zugleich wichtig, vorhandene Monokulturen zu bewirtschaften, denn in alten Wäldern nimmt die Häufigkeit von Baumschäden zu. Für den Fichtenwald gilt ein Alter von 60 Jahren als kritisch. Gerade die Monokulturaufforstungen der Nachkriegszeit sind inzwischen anfällig gegen Klimaschäden. Klimaveränderungen und zunehmendes Alter schaden den Monokulturen zugleich.

Dauerwald bedeutet neben Artenvielfalt ein durchmischtes Baumalter. Schäden auf großer Fläche sind im Dauerwald selten. Inzwischen steht Laubholz aus dem Mischwald ebenfalls zur Nutzung zur Verfügung und das Laubholzdilemma fordert die holzverarbeitende Industrie zur Anpassung auf. Während theoretisch jedes Holzprodukt aus Laubholz gefertigt werden kann, stellen sich die Fragen der Praktikabilität. Deshalb wird in Anbetracht der derzeit verfügbaren Nadel- und Laubholzmengen die bedachte und systematische Erschließung des Laubholzpotenzials empfohlen. Die Notwendigkeit des Waldumbaus ist unbestritten und schreitet nach unterschiedlichen Konzepten fort. Das derzeitige Vorgehen ist empirisch. Standorttypische Bäume werden nachgepflanzt, wo durch Rodung oder Windwurf Lücken im Wald entstanden sind. In einzelnen Regionen werden gezielt Neophyten, beispielsweise Douglasien, hinzugepflanzt. Buchen und Eichen werden angepflanzt, da ihr Holz als nutzbar gilt, gut charakterisiert wurde und zumindest in der Bauforschung immer wieder genutzt wird. Auf der Internetseite www.waldwissen.net werden regelmäßig Vorschläge für den Waldumbau geteilt. Es gilt, auf regionaler Ebene Strategien zu finden.

Fichten und Tannen bzw. Kiefern und Lärchen werden noch für Jahrzehnte die Brotbäume der holzverarbeitenden Industrie bleiben. Bei allem ökologischen Waldumbau ist der Holzbedarf zu berücksichtigen. Derzeit basiert die Holzwirtschaft auf Nadelholz der Fichten, Tannen und Kiefern. Dieser weit entwickelte, hoch technisierte und durch Erfahrung gut erschlossene Wirtschaftszweig soll auch in 50 Jahren noch erhalten sein. Die WEHAM-Modellierung deutet darauf hin, dass bis zum Jahr 2062 ausreichende Vorräte an Nadelholz vorhanden sind. Erst anschließend wird es etwa gleich viel Nadel- und Laubholz geben. Offen ist, was heute für den noch späteren Holzvorrat anzupflanzen ist. Es ist mit Weitblick in die Zukunft aufzuforsten. Geschieht dies im Mischwald, muss sichergestellt sein, dass der Mischwald effizient bewirtschaftet werden kann. Vielleicht liegt die Lösung in der Zwei-Wälder-Wirtschaft oder der schachbrettartigen Anordnung von Parzellen mit Nadelholzmonokulturen und Laubmischwäldern. Das Ergebnis wären ökologisch stabile Wälder in unmittelbarer Nähe zum effizienten Nutzforst. Das Dilemma muss nicht durch den Idealwald aufgelöst werden. Unterschiedliche Nutzung nachbarschaftlicher Flächen könnten ein praktikables Konzept darstellen und sämtliche Ressourcen des Waldes liefern.

7.1.3 Stärkung des natürlichen Klimaschutzes

Die Ziele des Klimaschutzes und des Erhalts der Biodiversität veranlassten den Gesetzgeber bereits zur Handlung. Die Verordnungen über entwaldungsfreie Lieferketten (EU) 2023/1115 und über die Wiederherstellung der Natur (EU) 2024/1991 müssen in naher Zukunft umgesetzt werden. Folglich wird es schon bald mehr und besser geschützten Wald geben. Offen ist, ob auch die Berichtspflichten über die Waldgesundheit ausgedehnt werden. Dabei wird leicht übersehen, dass es im Rahmen der Klimaberichterstattung bereits detaillierte Berichtspflichten über Landnutzung, Landnutzungsänderung und Forstwirtschaft gibt. Diese Zahlen führen aber noch nicht zu einer Strategie für den Klimaschutz. Die Ergebnisse weisen Schwankungen und auch Kohlenstoffdioxidfreisetzung statt -aufnahme aus. Eine Tendenz ist nicht erkennbar. Angesichts des umfangreichen Datensatzes ist es im Sinne schlanker Berichterstattung nicht nötig, noch mehr Zahlen zu generieren. Vielmehr sollten die Ergebnisse die Fragen aufwerfen, wie mehr Kohlenstoffdioxid absorbierende Flächen geschaffen werden können, ob die Absorption auf diesen Flächen steigerungsfähig ist, ob emittierende Flächen eliminierbar sind und wie die Emissionen reduziert werden können. Absorbierende Flächen sind, abgesehen von den Waldschäden zwischen 2018 und 2025, Wald und Siedlungsflächen, während Feuchtgebiete, Grünland und Ackerland Netto-Emittenten sind. Wie gelingt es, im Wald Photosynthese und Pflanzenwachstum zu fördern und die Photosynthese zu steigern? Die Frage dürfte nicht neu sein, denn sie geht mit der Ertragssteigerung einher. Siedlungsflächen absorbieren trotz der Versiegelung Kohlenstoffdioxid. Das bedeutet, dass die konsequente Stadtbegrünung messbar positive Effekte hat. Nichtsdestoweniger ist sie noch steigerungsfähig. Noch mehr Entsiegelung und Begrünung von Parks, Plätzen und Gärten sollte angestrebt werden. Feuchtgebiete emittieren Kohlenstoffdioxid, da Torfabbau erfolgt. Moore und Auenwälder absorbieren hingegen Kohlenstoffdioxid. Es sollte innerhalb der Kategorie Feuchtgebiete zu Landnutzungsänderung kommen, sodass statt der seit Jahren berichteten Kohlenstoffdioxidfreisetzung wieder wie ursprünglich eine Aufnahme stattfindet. Weitere Potenziale bestehen bei der Grünlandbewirtschaftung, indem Grünland perspektivisch ähnlich wie Siedlungsfläche auch Raum für dichte und waldähnliche Vegetation bietet. Hecken, Bäume und Sträucher könnten nicht nur Kohlenstoffdioxid binden, sondern auch Schatten spenden, Wasser speichern, vor Wind schützen und Tieren einen Lebensraum bieten. Ähnliches gilt für Ackerland, wobei Ackerland schlicht den Bedarf der Lebens- und Futtermittelgewinnung spiegelt. Die Erschließung dieses Potenzials für den Klimaschutz wird am schwersten sein. Blühwiesen zur Regeneration von Ackerböden fördern die Artenvielfalt (Abb. 7.1).

Die rechtlichen und strategischen Weichen für diese Entwicklungen sind gestellt. Es gilt, die Strategien umzusetzen und im Rahmen der Klimaberichterstattung zu über-

Abb. 7.1 Gemeine Wespe (*Vespula germanica*) in einer Blühwiese in Deutschland. Eigene Abbildung

wachen. Die Berichterstattung über die Emissionen aus Landnutzung, Landnutzungsänderung und Wald ist bereits vorhanden und zweckmäßig. Ob die Strategie erfolgreich ist, wird die Zukunft zeigen.

7.1.4 Stärkung der Forstwirtschaft

Während für den Naturschutz einiges getan wurde, stellt sich die Frage, inwiefern die Bewirtschaftung von Wäldern gefördert werden sollte. Die Kontroverse um das Bundeswaldgesetz gab ein differenziertes Bild. Holz als Ressource wird noch stark mit Abholzung in Verbindung gebracht und daher trotz guter Klimabilanz nicht immer gut bewertet. Dieser kritische Umgang mit der Ressource Holz ist im ökologischen Verständnis der Menschen verankert und stammt aus einer Zeit, in der Holz vorrangig ein Brennstoff war. Die Einschätzung trifft nicht zu, wenn Holz als Werkstoff genutzt wird. Die statistischen Daten der Waldinventur belegen, dass reichlich Holzvorräte vorhanden sind und die Holzwirtschaft durchaus intensiviert werden könnte. Ein Ziel kann in der Verjüngung des Waldes liegen. Kalamitäten könnten dann seltener auftreten. Die Vorteile der stofflichen Nutzung von Holz liegen in den Gutschriften im Rahmen der Klimaberichterstattung und in der

Abb. 7.2 Fichtenwipfel. Eigene Abbildung

Substitution von Werkstoffen mit deutlich schlechterer Kohlenstoffdioxidbilanz. Bei starken Entwicklungen im Bereich der Holznutzung könnte es vielleicht zu einer Ausweitung von Waldfläche kommen. Die Intensivierung der Forst- und Holzwirtschaft ist sinnvoll. Die Zertifikate nach FSC, PEFC und Holz-von-hier bieten zusätzliche Sicherheit in Sachen Nachhaltigkeit (Abb. 7.2). Die statistischen Daten der vergangenen 20 Jahre beschreiben einen stabilen Markt mit einem hohen volkswirtschaftlichen Selbstversorgungsgrad und nahezu konstanten Absatzzahlen. Innovationen und Wachstum gab es auf dem Gebiet der Holzwerkstoffe. Diese Zahlen veranlassen zur Annahme, dass eine Intensivierung möglich ist. Wie kann nun eine Förderung aussehen? Muss das Gesetz dazu verändert werden, braucht es Förderung oder ist es schlicht eine Frage der Kapazitäten und der Nachfrage? Ein richtiger Ansatz ist sicherlich, Holzprodukte positiv zu bewerten. Dies geschieht in der Klimaberichterstattung, in Ökobilanzen von Bauprodukten und im Rahmen der Bewertungen des DGNB und BNB. Wie kann es gelingen, auch die Nachfrage zu stärken? Durch Information und Incentivierung. Und diese Möglichkeiten sollten vorrangig beschritten werden. Die Maßnahmen sind erstens niederschwelliger als Gesetzesanpassungen und zweitens müsste ohnehin der politische Wille vorausgehen. Bei der erfolglosen Überarbeitung des Bundeswaldgesetzes bestand eine Diskrepanz zwischen politischem Ziel und rechtlichem Instrument. Das Ziel bestand im Naturschutz, bearbeitet wurde hingegen die Grundlage für die Bewirtschaftung. Das Vorhaben musste scheitern. Zwischenzeitlich schritt der Naturschutz auf anderem Weg rechtlich fort, sodass das nach wie vor zweckmäßige Bundeswaldgesetz aus dem Zentrum des Interesses geraten ist.

7.2 Verstärkter Holzeinsatz

7.2.1 Substitutionspotenziale auf Produktebene

Ein leicht zu erschließendes Potenzial des Holzbaus liegt in der Verwendung von normkonformen Bauprodukten aus Holz in sämtlichen Gebäuden. Das sind Fenster, Türen, Parkette, Holzfußböden, Treppen, Dämmstoffe sowie Produkte des Innenausbaus. Im Bodenbelagssegment machen Parkette derzeit nur drei Prozent eines immens großen Marktes von jährlich mehr als 500 Mio. m^2 aus. Dagegen boomt der Markt der Laminate mit 18 %. Die Margen von Teppichen (35 %) und Fliesen (24 %) erscheinen unerreichbar. Obschon Holzfußböden nicht alle Bodenbeläge ersetzen können, könnte der Marktanteil deutlich steigen. Ein Marktanteil von bis zu 30 % ist realistisch, was einer Verzehnfachung der Kapazitäten entspricht. Die Voraussetzungen sind entsprechende Kaufentscheidungen, gute Angebote, Verlegekapazitäten und Qualitätsbewusstsein. Die Entscheidung für nachhaltig erwirtschaftetes und regionales Holz würde die Forstwirtschaft mit sämtlichen positiven Effekten der Wälder fördern. Sie würde durch Photosynthese gebundenes Kohlenstoffdioxid im anthropogenen Lager speichern, die Kaskadennutzung von Holz fördern und Potenziale für die Nutzung von Laubholz bieten.

Der Deutsche Naturstein-Verband e. V. ließ eine vergleichende Ökobilanz unterschiedlicher Bodenbeläge erstellen. Das Institut für Werkstoffe im Bauwesen der Universität Stuttgart hat die Bilanz durchgeführt und in einer Broschüre zusammengefasst. Die Ergebnisse für verlegte Bodenbeläge inklusive Verlegematerial sowie Kleber und Fugenmaterial waren die folgenden (DNV 2018):

- Natursteinfliese: 10,9 kg Kohlenstoffdioxidäquivalent pro Quadratmeter, 50 Jahre,
- Naturwerkstein: 18 kg Kohlenstoffdioxidäquivalent pro Quadratmeter, 50 Jahre,
- Keramische Fliese: 18 kg Kohlenstoffdioxidäquivalent pro Quadratmeter, 50 Jahre,
- Parkette: 22 kg Kohlenstoffdioxidäquivalent pro Quadratmeter, 40 Jahre,
- Betonwerkstein: 23 kg Kohlenstoffdioxidäquivalent pro Quadratmeter, 50 Jahre,
- Großkeramik: 69 kg Kohlenstoffdioxidäquivalent pro Quadratmeter, 50 Jahre,
- PVC: 115 kg Kohlenstoffdioxidäquivalent pro Quadratmeter, 20 Jahre,
- Laminat: 120 kg Kohlenstoffdioxidäquivalent pro Quadratmeter, 20 Jahre und
- Teppich: 223 kg Kohlenstoffdioxidäquivalent pro Quadratmeter, 10 Jahre.

Neben der Freisetzung von Kohlenstoffdioxid waren Annahmen über die Lebensdauer entscheidend. Diese ist für mineralische Werkstoffe am höchsten, jedoch nur unwesentlich höher als für Parkette. Es fällt auf, dass die verbreiteten Bodenbeläge auf synthetischer

Basis ökobilanziell deutlich schlechter abschneiden. Das Beispiel verdeutlicht neben der ökologischen Vorteilhaftigkeit, dass eine gute Ökobilanz ein Werbeinstrument sein kann. Das Ergebnis verdeutlicht aber auch, dass die Kohlenstoffdioxidbilanz des Fußbodens nicht die Nachhaltigkeit eines Gebäudes bestimmt. Die ökologische Vorteilhaftigkeit des Waldbaus bleibt ebenso unberücksichtigt. Die Kohlenstoffdioxidgutschriften in der Kohlenstoffdioxidbilanz wurden nicht berücksichtigt. Es spricht also deutlich mehr für den Holzfußboden, als diese kurze Übersicht vermuten lässt.

Ähnliche Ökobilanzen sind für Türen, Fenster, Treppen, Dämmstoffe und weitere Produkte des Innenausbaus denkbar. Das reine Substitutionspotenzial bei bestehendem Stand der Technik ist groß. Es geht um den Zugewinn an Marktanteilen und auch um neue Möglichkeiten für die Verwendung von Laubholz. Schon in Abschn. 4.2 wurden Marktanteile von Holzprodukten für das Bauen geschätzt. Im Bereich der Dämmstoffe machen Holzprodukte nur neun Prozent des Marktes von 38,5 Mio. m^3 pro Jahr aus. Eine Verdopplung oder Verdreifachung ist realistisch. Bei 15 Mio. jährlich verkauften Fenstereinheiten lag der Marktanteil von Holzprodukten bei nur 15 %. Die fast sechs Millionen Innentüren und 1,5 Mio. Außentüren waren zu jeweils 25 % aus Holz (GFF 2021). Bei Sanierungsvorhaben könnten gezielt Holzprodukte gefördert und ihr Marktanteil gesteigert werden. Im Bereich der Infrastruktur könnten Masten und Bahnschwellen Marktanteile zurückgewinnen. Der Markt für Holzwerkstoffe steigt mit der Verbreitung des Holzrahmenbaus. Die Steigerung der Holzbauquote wird sich daher auf den Bedarf an Holzwerkstoffplatten auswirken. Auch das serielle Sanieren und das Bauen im Bestand führen zu einer Steigerung des Bedarfs an Holzwerkstoffplatten.

Gerade in Sanierungsfällen bietet sich die Ökobilanz auf Produktebene an. EPDs sind die Grundlage und ihre Bedeutung ist seit der Novelle der Bauprodukteverordnung (EU) 2023/3110 gewachsen. Das erleichtert die objektive Bewertung. Produkte für Renovierungsvorhaben erfordern genau diesen Vergleich. Die Verpflichtungen nach Bauprodukteverordnung sind eine Erleichterung für das klimabewusste Renovieren und Sanieren. Standardisierte Kategorien einer Ökobilanz werden vergleichbar. Die öffentliche Hand oder der Bauherr müssen nun nur Leistungsstufen festlegen. Wenn dabei großer Wert auf die Kohlenstoffdioxidbilanz gelegt wird, wird das Kriterium für Holzprodukte sprechen. Und so liegt auch keine einseitige Materialbevorzugung vor. Es geht um das Erreichen einer bestimmten Leistungsstufe oder -klasse. Der Meilenstein in diesem Schema kann entweder eine bauordnungsrechtliche Mindestanforderung oder eine ambitionierte Fördervoraussetzung sein. Beides ist auf der Grundlage einer Klassifizierung möglich. Die Stärkung der Nachhaltigkeit in der Bauprodukteverordnung ist eine gute Voraussetzung für den systematischen und gerechten Klimaschutz im Bauen.

7.2.2 Steigerung der Holzbauquote

Die Statistiken des Statistischen Bundesamtes sowie der Branchenverbände lassen auf Holzbauquoten für unterschiedliche Gebäudearten schließen. Im Wohnungsbau lag die

Holzbauquote im Jahr 2025 bei 24 %. Im Jahr 2019 lag sie noch bei 18,7 %. Der Anstieg ist deutlich. Im deutschlandweiten Vergleich liegt Baden-Württemberg mit 39 % vorn, Schlusslicht ist Bremen mit 7,1 %. Holzbau ist im Süden verbreiteter als im Norden. Es ist ein Ziel der Branche, die durchschnittliche Holzbauquote von 22 % bis 2050 zu verdoppeln. Das Potenzial liegt in den Einfamilien- und Zweifamilienhäusern. Auch im Bereich des mehrgeschossigen Holzbaus steigen die Gebäudezahlen. Inzwischen entstehen jährlich 800 bis 900 mehrgeschossige Holzgebäude (Bund deutscher Zimmermeister 2024).

Im Jahr 2021 lag die Holzbauquote von Nichtwohngebäuden bei insgesamt 21 %, im Jahr 2024 allerdings schon bei 25 %. Die Quote variiert nach Gebäudeart. Anstaltsbauten verzeichneten 2021 16 %, Büro- und Verwaltungsgebäude neun Prozent, landwirtschaftliche Gebäude 35 %, Fabriken und Werkstätten zehn Prozent, Handelsgebäude neun Prozent und Lagergebäude 19 %, Hotels und Gaststätten 18 % und sonstige Nichtwohngebäude 21 % (Destatis). Das größte Potenzial für den Holzbau liegt in der Landwirtschaft sowie in Lagergebäuden. Problematisch ist offenbar noch der Holzbau von Büros und Verwaltungsgebäuden, obschon sowohl der Deutsche Holzbaupreis als auch die regionalen Holzbaupreise einige Gegenbeispiele auszeichneten. Die Zahlen beweisen, dass in sämtlichen Gebäudearten Holzbau möglich ist. Sämtliche Holzbauquoten sind steigerungsfähig.

Seriell gefertigte Fassadenelemente erleichtern die energetische Sanierung des Bestandes der 1950er- bis 1970er-Jahre. Auch hier liegt ein immenses Holzbaupotenzial. Die DENA bezifferte den Bestand auf zwei Millionen Gebäude. Wie in Abschn. 6.3.4 beschrieben, gelang der Proof-of-Concept in rund 60 Pilotvorhaben. Die Marktdurchdringung fehlt. Dabei ist das wirtschaftliche Potenzial etwa so groß wie das derzeit in der Holzbaubranche umsatzstärkste Bauen-im-Bestand. Die Anforderungen an Fassadenelemente der Muster-Holzbau-Richtlinie lösen viele technische Fragen, sodass eher der Mangel an Verfügbarkeiten und Marktakzeptanz dem seriellen Sanieren entgegensteht als schlagende Nachteile. Hier liegt mittelfristig ein großes und zugleich unsicheres Potenzial.

Unklar sind die Holzbauquoten bei Brücken, vielleicht auch, da der Übergang zum Landschaftsbau fließend ist. Das Potenzial ist allerdings vorhanden und wird am besten durch die Dokumentation vergangener Vorhaben verdeutlicht. Die Holzbauquote im Bereich der Windenergieanlagen liegt bei Null. Hier gibt es neben äußerst ambitionierten Ausbauzielen nur theoretische Möglichkeiten des Holzbaus. Denkmalschutz und das Bauen im Bestand sind nicht durch Quoten erfassbar. Der Bund deutscher Zimmermeister beziffert den Umsatzanteil auf 44 % im Bestandsbau und sechs Prozent für Restaurierungen. Es handelt sich um den wirtschaftlich stärksten Bereich.

Die Holzbauquoten verdeutlichen den Stand der Technik sowie die Marktakzeptanz. Sie zeigen, wo die Akzeptanz hoch und die Vorteile des Holzbaus schlagend sind. Sie legen offen, wo es noch Hemmnisse gibt. Oftmals ist es eine Frage der Akzeptanz oder des Wissensstandes der Kunden. Das sind wichtige Erkenntnisse, wenn es darum geht, neue Marktfelder zu erschließen.

7.2.3 Geförderter und sozialer Wohnungsbau

Bauen ist zu teuer. Das Argument fällt oft. Doch der Holzbau bietet Lösungen: Serielles Bauen (Holert und Peskes 2019) und Sanieren (Lattke et al. 2023). Zweifamilienhäuser halbieren die Kosten eines Einfamilienhauses bei entsprechender Auslegung. Sie erlauben eine Effizienzsteigerung durch zwei Wohneinheiten zur ökologischen und ökonomischen Last eines Einfamilienhauses. Für das Konzept der Zweifamilienhäuser bietet das Bauhaus berühmte Beispiele: die Meisterhäuser in Dessau. Von Walter Gropius entworfen, lebten dort die Meister des Bauhauses gemeinsam in jeweils zwei Wohneinheiten in einem von insgesamt vier fast identischen Häusern. Schon Mitte der 1920er-Jahre waren die Künstler nicht gezwungen, ihre Wohneinheiten zu teilen (Markgraf 2018). Die Häuser waren so konstruiert, dass sie zwei unabhängige Bereiche umfassten.

Ob Bauen tatsächlich günstig ist, kommt auf den Einzelfall an. Als kostenminimiertes Haus in Holzrahmenbauweise steht das Haus Mayer-Kuckuk seit dem Jahr 2007 unter Denkmalschutz (Abb. 7.3, Witte 2008). Es befindet sich in Bad Honnef und wurde gegen Ende der 60er-Jahre in nur fünf Tagen aus werkseitig vorgefertigten Teilen gebaut. Es kostete damals nur 80.000 Deutsche Mark. Zum Zeitpunkt des Baus war es alles andere als ein Erfolg: zu minimalistisch! Es blieb ein Unikat, aber es blieb und steht für das kosteneffiziente Bauen.

Jedes vierte Einfamilienhaus ist heutzutage ein Fertighaus (Statistisches Bundesamt 2023), wobei ein Drittel sämtlicher Wohneinheiten in Einfamilien- und Zweifamilienhäusern liegt. Der Markt ist bedeutend und das Holzbaupotenzial immens. Fast 100 Jahre nach dem Bau der Bauhaussiedlung Törten in Dessau (1926–1928) (Stackmann 2019) ist serielles Bauen ein Trend. Damals baute Walter Gropius in der Siedlung Törten 314 nahezu identische Reihenhäuser mit Wohnflächen von 57 bis 75 m² und eigenen Nutzgärten. Die Siedlung ist heute noch bewohnt. Fertighäuser sind Beispiele für serielle Bauten und in den meisten Fällen handelt es sich um Holzrahmenbauten nach RAL-Standard (RAL GZ 422). Das Konzept ist in der Praxis auf Einfamilien- und Zweifamilienhäuser spezialisiert, was im Zusammenhang mit den Landesbauordnungen steht. Es sind also verhältnismäßig kleine Häuser, bei welchen die Vorteile des effizienten Holzrahmenbaus und des schnellen seriellen Bauens schlagend sind. Mit Wärmepumpe, Wallbox und Solardach ist das Passivhaus keine Vision mehr und sogar ein Konzept für den sozialen Wohnungsbau. Die vom Pestel-Institut gGmbH beschriebene Wohnungsnot (Günther 2023) im Umfang von 100.000 Wohneinheiten im sozialen Wohnungsbau könnte mit jährlich 50.000 Zweifamilienhäusern in Holzrahmenbauweise geheilt werden. Sowohl die Maßgaben des energieneutralen Bauens als auch die Forderungen nach schneller Wohnraumschaffung sprechen für serielle Holzrahmenbauten.

Bauförderung kann Anreiz zum Bauen bieten. Sie betrifft klassischerweise den Eigenheimbau, Gebäudesanierungen und den sozialen Wohnungsbau. Nun könnte zudem die Entscheidung für den klimafreundlichen Holzbau incentiviert werden. In

Abb. 7.3 Südseite des Hauses Mayer-Kuckuk, Bad Honnef. Der Architekt war Prof. W. Döring im Jahr 1967. Mit herzlichem Dank an Hartmut Witte, der dieses Bild zur Verfügung gestellt hat

mehreren Bundesländern gibt es bereits Förderprogramme für den Holzbau. Das sind einerseits Kredite und Zuschüsse zu Bauvorhaben. Die Höhe der Förderung orientiert sich bisweilen an der Menge des eingebauten Holzes und setzt oft voraus, dass FSC- und PEFC-zertifiziertes Holz verwendet wurde. Die bundesweite Förderung durch die KFW fördert den Holzbau nicht direkt, aber indirekt, da Holzhäuser oft den Effizienzhausstandard 55 oder sogar 40 erfüllen. Hinzu kommen Förderprogramme der Bundesländer wie das Bayerische Holzbauförderprogramm – BayFHolz, das Zusatzdarlehen „Bauen mit Holz“ der Investitionsbank NRW, die Förderung der Holzbauoffensive Baden-Württemberg und die Holzbauförderung der Investitions- und Förderbank Hamburg. Rheinland-Pfalz wirbt mit dem „Klimabündnis Bauen“ für den Holzbau. Die Bundesländer, Architektenkammern und regionalen Holzbauinitiativen werben zusätzlich und klären auf. Zu den Werbeinstrumenten gehören Infomaterial, Internet-, Zeitungs- und Radiobeiträge, Schulungen, der Verweis auf gute Beispiele aus der Praxis und die besondere Berücksichtigung von Holz in regionalen Förderrichtlinien. Es besteht Grund zur Annahme, dass das Bauen mit Holz in Zukunft noch stärker in den Mittelpunkt rückt.

7.2.4 Anpassung von Beschaffungsleitlinien

Die nachhaltige Gebäudezertifizierung nach DGNB und BNB zeigt, dass Holzbau die Ökobilanzen positiv beeinflusst (siehe Abschn. 2.4). Die Kriterien im ökologischen Bereich der Bewertung werden zumeist zu großen Teilen erfüllt. Das Nachhaltigkeitskonzept ist jedoch weiter gefasst, sodass Klimaschutz nicht maßgebend ist. Das Bewusstsein ändert sich allerdings und vielleicht steht die Gebäudezertifizierung dem Klimaschutzgedanken nach. Der Bund wie auch die Bundesländer versuchen seit einigen Jahren, den Holzbau deutlich stärker zu fördern. Das Land Berlin möchte beispielsweise mehr Holz nutzen und passte die Beschaffungsvorgaben an. Im Mittelpunkt der Richtlinien stehen Möbel, Gebäude und Sanierungen, Wettbewerbe sowie Kastendoppelfenster für den historischen Bestand. Die Gründe sind eindeutig. Es besteht Bedarf und das Angebot an Holz ist reichlich. Ernte und Aufforstung von Wald sind förderlich, um resilienten und jungen Wald zu schaffen. Und schließlich spart Holz Kohlenstoffdioxidäquivalente ein, wenn es stofflich genutzt Beton oder Stahl ersetzt.

Die Beispiele öffentlicher Gebäude wie Sporthallen und Brücken verdeutlichen, dass Holzbau gute Lösungen für kommunale Bauvorhaben bietet. Die Voraussetzung sind entsprechende Ausschreibungen, und dies bedingt wiederum belastbare Studienergebnisse. Das klimaneutrale und ressourcenschonende Bauen ist ein starkes Argument. Die ökologischen Vorteile müssen bewiesen werden. Wichtig sind daher einschlägige Referenzprojekte. Die Ergebnisse von Architekturwettbewerben wie dem deutschen Holzbaupreis sind ebenfalls von großem Wert. Leider fehlen den Holzgebäuden oft die Bewertungen der DGNB oder des BNB. Diese Ergebnisse sind unabhängig von Auszeichnungen nützliche Referenzen. Sie geben neben Ökobilanzen Auskunft über das Abschneiden der Holzgebäude in anderen Bewertungskategorien. Schließlich stellen sich Fragen der Ökonomie, des Betriebs, der Umsetzbarkeit und der sozialen Aspekte auch im Holzbau. Ohne Bewertungen ist der Vergleich schwierig und ohne einschlägige Referenzprojekte werden potenzielle Bauherren die Vorzüge des Holzbaus nicht erkennen. Deshalb sollten gerade serielle Konzepte durch die DGNB geprüft und die Ergebnisse werbewirksam kommuniziert werden.

Auch im Bereich der nachhaltigen Beschaffung werden EPDs an Bedeutung gewinnen. Mit ihnen ist der Produktvergleich leicht und in selektive Beschaffungsanforderungen übersetzbar. Die betrifft gerade auch den Sanierungsfall. Es ist vorhersehbar, dass die verpflichtenden EPDs den Markt der Bauprodukte verändern werden und das zum Vorteil von Holzprodukten. Es ist zweckmäßig, die ökologische Überlegenheit auf Produktebene zu thematisieren.

7.2.5 Öffentlichkeitsarbeit

Damit Holzbau umsetzbar ist, sind Akzeptanz und ein gutes Bildungsniveau über das Bauen mit Holz nötig. Menschen müssen Holzgebäude erfahren, indem sie sie sehen und selbst nutzen. Weiterhin muss die positive Klimabilanz in den Mittelpunkt des Interesses rücken. Die Frage ist, was die Bevölkerung außerdem für den Holzbau sensibilisiert. Medien können ein gutes Image schaffen. Auch die Schulbildung spielt eine wichtige Rolle und darf sich nicht auf Walderkundungen von Grundschulklassen reduzieren. Infoveranstaltungen und Podcasts begleiten auch diverse Holzförderinitiativen. Beispiele sind der Podcast „Alles Holz" aus Sachsen (Bischof 2021–heute), „Auf Holz Bauen" der Holzbauoffensive Baden-Württemberg (Schweizer und Buenger 2021–heute), der Branchen-Podcast von ProHolzBW (Hörrmann 2021–heute), „TimberTalk" der DeSH (Schmidt und Rogalla 2024–heute), „Zukunft Holz" (Kebony AS, 2020–heute), „Von A bis Holz" der ProHolz Austria (Isop 2022–heute), Waldseiten (Tendler 2021–heute) sowie „Holz über Kopf" (Bock et al. 2023) und „Hör auf dein Holz" (Winkler und Winkler 2020–heute) als Podcast für Handwerker. Diese Liste ist nicht vollständig. Interessant ist der Buchmarkt. Es gibt viel Literatur über den Wald als Biotop. Bücher über die Forstwirtschaft stehen dem etwas nach und sind zumeist Fachbücher. Es gibt im Vergleich zu anderen Disziplinen wenige Bücher, die Ingenieurholzbau lehren. Umso mehr Bücher gibt es, die sich auf einem praktischen Niveau mit Holz befassen und den ästhetischen Wert hervorheben. Weitere Bücher dokumentieren Fallbeispiele, innovative Gebäude oder die Gewinner von Holzbaupreisen. Dazwischen klafft eine Lücke, die durch wissenschaftliche Veröffentlichungen, Broschüren des Informationsdienstes Holz, der Fachagentur für nachwachsende Rohstoffe und der Qualitätsgemeinschaft Holzbrückenbau geschlossen werden. Aufschlussreich ist das bestehende Normenwerk, denn nur wenn es eine Norm gibt, gibt es einen Markt. Auf dem Buchmarkt fehlen die klassischen, populärwissenschaftlichen Sachbücher. Vielleicht ist das ein Grund, warum Holzbau viele Jahre lang kaum wahrgenommen wurde. Er ist weit verbreitet. Er wird allerdings nicht als innovativ, sondern als traditionell wahrgenommen. Und das ist ein Nachteil in einer technokratischen und fortschrittsorientierten Gesellschaft. Es sind die erwachsenen Entscheidungsträger, welche für den Holzbau zu sensibilisieren sind, damit die Entwicklungen einsetzen, welche der Klima- und Umweltschutz fordert.

Das neue Interesse am Holzbau liegt am wachsenden Bewusstsein für klimatische Veränderungen. Der Bereich des Bauens ist äußerst ressourcenintensiv. Die Einsparungen von grauer Energie werden in diesem Bereich, der heute noch stark auf Beton-, Stahl- und Glasbau beruht, nicht erreicht. Mehr Bauen mit Holz könnte Abhilfe verschaffen. Zugleich sind große Teile der Bevölkerung sensibel für den Klimaschutz, sodass es eine Nachfrage nach Lösungen gibt. Der Markt entwickelt sich schnell. Die Grundlagen des Holzbaus sind bekannt, doch gibt es Bedenken aufgrund von Halbwissen über die Möglichkeiten. Es ist Informationsarbeit zu leisten und Menschen sind für den Holzbau zu gewinnen. Dies gelingt durch vorhandene Gebäude und ihre Würdigung in Form von Architekturpreisen oder durch die Nutzung öffentlicher Gebäude. Während die Holzbauquote im Einfamilienhausbereich steigt und die Bedenken gegenüber Holzrahmenbauten verschwinden, bestehen im mehrgeschossigen Hochbau noch Zweifel. Hier braucht es Vorreiterprojekte. Der moderne Holzbau befindet sich an einer Schwelle. Es gibt Referenzgebäude und es gibt ein großes Verständnis für den Klimaschutz. Die Steigerungspotenziale wurden herausgearbeitet und die technischen und bauordnungsrechtlichen Grundlagen in Kap. 5 genannt. In Kap. 3 wurde ergänzend deutlich, dass Deutschland über ausreichende Holzreserven für die Steigerungen der Holzbauquoten verfügt. Es ist eine Tatsache, dass es viele Nutzforste gibt, die weitaus älter als 60 Jahre und wenig resistent gegen Waldschäden sind. Eine Intensivierung der Forstwirtschaft wäre zweckmäßig. Auch dieser Standpunkt ist nicht unumstritten, zumal Entwaldung zu vermeiden ist. Obschon Holzbau auch auf der Grundlage der Holzbaurichtlinie etabliert ist, braucht es Menschen, die diesen Wirtschaftszweig nachhaltig fortentwickeln. Idealerweise gelingt mehr, nämlich dass Holzgebäude als modern gelten und im urbanen Raum nachgefragt werden. Um dieses Ziel zu erreichen, wurden in der Normung und seitens der Gesetzgeber Maßnahmen ergriffen. Beides spricht für einen gesteigerten Wunsch nach Holzgebäuden. Vielleicht muss noch mehr Aufklärung geleistet werden, zumal das Themenfeld umfangreich ist. Wenige Übersichtbeiträge umfassen die Prozesskette vom Baum bis zum Mehrfamilienhaus in Laubholz-Massivbauweise. Die Möglichkeiten sind vielfältig und die Zusammenhänge nicht immer offensichtlich. Es gibt einen immensen Erfahrungsschatz aus Jahrhunderten des Holzfachwerkbaus und es gibt die rasanten Entwicklungen der letzten 20 Jahre. Der Holzbau erlebt eine Renaissance, getriggert durch das 1,5-Grad-Ziel. Es besteht die Herausforderung, dass das Wissen über Holzbau mit den neuen Entwicklungen Schritt hält. Vieles ist inzwischen möglich. Die Praxis steht dem etwas nach, wie die Marktzahlen und Holzbauquoten verdeutlichen.

7.3 Holzbauforschung

7.3.1 Fördercluster

Programme, welche den Holzbau fördern, sind oft unspezifisch, sodass sie kaum mehr als das Business-as-Usual stärken. Sie führen zu Substitutionen, weniger zu Innovationen. So bleibt auch ein statistisch erfassbarer Fördererfolg in der öffentlichen Wahrnehmung oft unsichtbar. Aus diesem Grund wird zu spezialisierten Programmen geraten, welche zur interdisziplinären Zusammenarbeit anregen und zu sichtbaren Innovationen führen. Geeignete Themenfelder sind der Bau von Brücken, Sporthallen sowie Windenergieanlagen. Das Ergebnis wären von der breiten Öffentlichkeit nutzbare und erfahrbare Gebäude, welche Vorbildcharakter haben und zur Nachahmung anregen.

Das Nordic Timber Bridge Programme war ein solches Förderprogramm. Es beflügelte die universitäre Forschung und führte zu mehr als 200 Holzbrücken in fünf Ländern. Innovationen im Holzbau und der infrastrukturelle Bedarf an Brücken ergänzen sich. Die derzeitigen Anstrengungen in der Schweiz, in Österreich und in Deutschland wären möglicherweise nicht ohne das Nordic Timber Bridge Programm entstanden. Leider fehlt der aktuellen Initiative der Top-down-Ansatz eines Förderprogramms im Sinne einer Clusterförderung. Ein ähnliches Potenzial für Kooperationen aus Wissenschaft und Praxis bieten Sporthallen. Sie sind die öffentlichkeitswirksame Spitze des großen Bedarfs an Sportstätten und unterschiedlichen Nichtwohngebäuden. Als drittes Kernthema einer Verbundförderung kommen Türme in Frage. Mit der Energiewende steigt der Bedarf an Windenergieanlagen und Turmkonstruktionen. Die Förderung wäre eng verbunden mit Fortentwicklungen auf dem Gebiet der Furniere und Holzwerkstoffe. Aussichtstürme sind überdies erfahrbare Bauwerke, die zwar deutlich weniger verbreitet sind, aber umso mehr wahrgenommen werden.

Zudem ist es gut, wenn die geförderten Bauwerke Symbolwirkung haben. Auch dazu eignen sich Brücken, Sporthallen und Windenergieanlagen. Brücken verbinden und Holzbrücken sogar die gegensätzlichen Vorstellungen von Wald und Verkehr. Der Informationsdienst Holz fasst es so zusammen:

> *„Die Brücke hat die Phantasie und den Mut der Baumeister und Ingenieure über Jahrtausende herausgefordert. Das Verbindende der Brücke im eigentlichen und übertragenen Sinn berührt jeden. Keine andere Bauwerksart fand einen vergleichbaren Widerhall in der Dichtung und der Malerei. Kühne und schöne Brücken finden stets allgemeine Bewunderung. Sie sind allgegenwärtig – nicht nur als tatsächliche Bauwerke, sondern auch als Vorstellungsinhalte und Bilder.“ (Seidel et al.* 2019*)*

Die Regeln für den Bau von Holzbrücken verbinden Europa. Mit dem Eurocode 5 gibt es ein gemeinsames Regelwerk für die Konstruktion von Holzbrücken. Somit liegen seit gut zehn Jahren einheitliche Regeln für die Konstruktion von Brücken vor: eine Voraussetzung für den europäischen Binnenmarkt und den freien Personen- und Warenverkehr. Noch nie wurden so viele Brücken errichtet wie in der zweiten Hälfte des 20. Jahrhunderts. Der Zuwachs schreitet fort. Ein leicht zu erschließendes Potenzial liegt in Brücken im Garten- und Landschaftsbau. Fußgänger- und Radfahrbrücken sowie Grünbrücken sind die Aufmerksamkeit erregenden kommunale Vorhaben. Straßenbrücken stellen eine Herausforderung für den Ingenieurholzbau dar.

Ähnlich verhält es sich mit Sporthallen. Diese gemeinschaftlich genutzten Gebäude werden wahrgenommen. Sie sind in gewissem Umfang ein Aushängeschild einer Stadt. Holzgebäude drücken zudem Naturverbundenheit, Ruhe und Achtsamkeit aus. Dieser Ausdruck entspricht durchaus dem Zeitgeist für mehr Klima- und Naturschutz. Auf technischer Ebene sind Sporthallen herausfordernd, da es Versammlungsstätten sind. Hohe Anforderungen an die Sicherheit und Nutzungstauglichkeit bestehen ebenso wie die Forderung nach Barrierefreiheit.

Türme wecken die Aufmerksamkeit und Turmbauten reichen weit in den historischen Bestand zurück. Aussichtstürme sind Magneten der Freizeitgestaltung. Es sind erfahrbare Bauwerke, die eng mit bestimmten Orten verbunden bleiben. Es sind Wahrzeichen. Der Turmbau geht stark in Richtung Sonderbauten und Kunst in der Architektur. Pragmatismus und Nutzen sind oft zweitrangig. Somit könnte das Potenzial für ein Verbundvorhaben kleiner sein. Es könnte Raum für architektonische Gestaltung bieten, den Mut zu neuen Konzepten fördern und den Holzbau an seine Grenzen führen. Windenergieanlagen bieten das quantitative Potenzial. Dies gilt sowohl für Turmkonstruktionen als auch für Rotorblätter. Vorteilhaft ist, dass es erste Unternehmen am Markt gibt, welche entsprechende

Konzepte verfolgen. Die Zeitungen berichteten positiv und interessiert über Turmbauten aus Furnierschichtholz (Wolff 2022; Trummer 2023, Hochwarth 2024), obschon sie in der Praxis nicht weit verbreitet sind. Das mag daran liegen, dass in Deutschland zwar Brettschichtholz und Holzwerkstoffplatten verbreitet sind, dass Furnier aber einen geringen Anteil am Markt ausmacht (siehe Abschn. 3.2.4). Die statistischen Zahlen verdeutlichen, dass die Bereitstellung von Furnierschichtholz in Deutschland erst aufgebaut werden müsste. Es gibt den Werkstoff, doch fehlt die Erfahrung mit seiner Verwendung.

Bereits in Kap. 6 verdeutlichte, dass der Bau von Brücken, Hallen und Türmen innovative Felder sind. Die Fragestellungen sind so anspruchsvoll, dass sie akademisches Engagement erfordern. Je nach Länge, Höhe, Traglast und Ausstattung führen die Aufgaben den konventionellen Holzbau an seine Grenzen. Aus diesem Grund wären für den Bau von Brücken, Sporthallen und Türmen interdisziplinäre Cluster zweckmäßig. Die Forschungen könnten in Fragen der Auslegung von Brettschichtholz und Furnierschichtholz, Verbindungselementen, Holz-Beton-Verbundbauweisen und weiteren Besonderheiten des Holzbaus weitergeführt werden.

7.3.2 Hoch Bauen mit Holz

Mehrgeschossiger Holzbau verwirklicht den Traum des ökologischen Bauens in der Stadt. Es gibt bekannte Beispiele: das Fachwerkhaus „Alte Waage“ (Braunschweig), das „e3“ in der Pankower Esmarchstraße, das „HoHo“ in Wien, das „WoHo“ in Berlin, das „Timber Pioneer“ in Frankfurt und das „roots“ in Hamburg. Es sind einige Beispiele für ein neues Bauen, welches europaweit an Bedeutung gewinnt. Nach deutschem Bauordnungsrecht sind es Gebäude der Klassen 4 und 5. Das Potenzial liegt in der Stadtbebauung, im Bauen im Bestand und im seriellen Sanieren der Nachkriegsbebauung. Mit der Muster-Holzbau-Richtlinie und der Umsetzung in das Recht der Bundesländer wurde dem Holzbau in den Gebäudeklassen 4 und 5 der Weg geebnet. Das Ziel ist Nachverdichtung in wachsenden Städten. Städtischer Holzbau erlebt derzeit eine Renaissance. Forschungen auf diesem Gebiet finden zu einem günstigen Zeitpunkt statt. Ihr Nutzen steht außer Zweifel. Die Forschung geht stark in Richtung des mehrgeschossigen Wohnungsbaus, wobei ein Missverhältnis zwischen praktischem Bedarf und akademischem Interesse besteht. Der Bund deutscher Zimmermeister schreibt in seinem Lagebericht 2026, dass der Umsatz der Branche bei ungefähr zehn Millionen Euro pro Jahr liegt. Gut 45 % der Wertschöpfung werden im Bestandsbau und fünf Prozent durch Restaurierungen erzielt (Bund deutscher Zimmermeister 2024). Erst danach rangieren der Hausbau und Zimmererarbeiten am Neubau mit jeweils 20 % der Wertschöpfung und die kommunalen Bauten mit acht Prozent. Auf den Ingenieurholzbau entfallen lediglich zwei Prozent des Umsatzes. Die in Kap. 6 beschriebenen Möglichkeiten des Ingenieurholzbaus sowie der Bau von Nichtwohngebäuden machen den geringsten Anteil aus. Die Umsatzzahlen verdeutlichen die Diskrepanz zwischen den nachgefragten Leistungen und den in der Forschung aufgegriffenen Themen.

Die nachgefragten Leistungen sind oft technisch und methodisch ausgereift. Es besteht ein geringer Anpassungs- und Entwicklungsbedarf. Für die Förderung des Holzbaus stellt sich somit die Frage, ob im Sinne des Klimas quantitative Ziele verfolgt werden sollen oder ob das Ziel in bautechnischen Innovationen besteht. Forschung ist umso wichtiger, denn ohne Forschung würde es den Holzneubau in den Gebäudeklassen 4 und 5 in heutiger Form vermutlich nicht geben.

7.3.3 Laubholzstrategie

Der Umbau des Waldes zu einem Mischwald führt bereits jetzt zur Verfügbarkeit von Eichen-, Buchen- sowie Buntlaubholz. In Kap. 3 wurde deutlich, dass dieses Holz vorrangig als Energieholz verwendet wird, was eine Verschwendung von wertvollen Ressourcen ist. Die Verarbeitung und Nutzung von Laubholz unterscheidet sich grundlegend von der Nadelholznutzung. Die Wertschöpfungsketten der Nadelholzverarbeitung lassen keine Laubholzverarbeitung zu, sodass Wertschöpfungsketten für Laubholz aufgebaut werden müssen. Dabei wird es wenig erfolgreich sein, Laubholz wahllos in sämtliche Anwendungen zu bringen. Rationaler ist eine gezielte Produktentwicklung, die sich an den Vorzügen des Materials und den Marktmengen orientiert. Der Vorschlag geht dahin, Märkte systematisch für die Laubbaumarten zu erschließen.

In der Bundeswaldinventur werden Buche, Eiche, Ahorn, Esche, sonstige Laubbäume mit hoher Lebensdauer, Birke, Erle und sonstige Laubbäume mit geringer Lebensdauer unterschieden. Destatis unterscheidet in der Einschlagstatistik zwischen Eiche und Roteiche einerseits und Buche und Buntlaubholz andererseits. Zu berücksichtigen ist auch, dass gemäß DIN EN 335 nur die Laubhölzer Buche (*Fagus sylvatica*), Eiche (*Quercus robur*), Ahorn (*Acer pseudoplatanus*), Esche (*Fraxinus excelsior*), Erle (*Alnus glutinosa*), Edelkastanie (*Castanea sativa*) und Robinie (*Robinia pseudoacacia*) für das Bauen geeignet sind. Damit ist vorrangig Schnittholz gemeint. Für andere Hölzer kommen Holzwerkstoffe oder Bauprodukte mit Eignungsnachweis dennoch in Frage. Ein Beispiel ist Birkensperrholz, welches als Produkt vermarktet wird, obwohl die Birke nicht in der Norm EN 335 genannt wird. Davon unabhängig zählt die Marktakzeptanz.

Nach Zahlen der Bundeswaldinventur 2022 lag der gesamte Laubholzvorrat bei 1,6 Mrd. m^3. Der gesamte Nadelholzvorrat lag bei 2,1 Mrd. m^3. Der Laubholzvorrat ist groß und könnte gehoben werden.

- Eiche (*Quercus spp.*)

Neben dem Möbelbau wird Eichenholz für die Herstellung von Türen, Fenstern, Parkett, Innenausbauten, Außenanwendungen und Bahnschwellen verwendet. Die verwendeten Mengen steigen trotz exzellenter Eignung und trotz Waldumbaus kaum an. Der Gesamteinschlag von Eichenholz lag nach Zahlen von Destatis im Jahr 2023 bei einer vergleichsweise geringen Menge von 1,85 Mio. m^3. Davon waren 41 % Energieholz und zehn

Prozent wurden nicht verwertet. Als Rundholz wurden 31 % verwertet und als Industrieholz 18 %. Der stofflich genutzte Anteil beträgt weniger als die Hälfte, sodass in jedem bereits erschlossenen Bereich der stofflichen Nutzung eine Verdopplung angestrebt werden kann. Das berücksichtigt noch nicht den wachsenden Vorrat. Die Bundeswaldinventur 2022 nannte einen deutschlandweiten Eichenvorrat von 407,3 Mio. m^3, was 26 % des Laubholzvorrates von 1,6 Mrd. m^3 entspricht.

- Buche (*Fagus spp.*)

In Kap. 4 wurde beschrieben, dass Buchenholz für das Bauen verwendet wird. Die möglichen Einsatzgebiete sind Bahnschwellen, Brettschichtholz, Furnierschichtholz und Holzwerkstoffe. Solange die Einschlagmengen im Vergleich zu Nadelholz gering sind, sollte die Produktvielfalt nicht zu groß sein, wenn Buchenholz für die stoffliche Verwertung im Bereich des Bauens vermarktet werden soll. Derzeit beträgt die eingeschlagene Menge an Buche und sonstigem Laubholz nur etwa ein Fünftel der Menge des eingeschlagenen Nadelholzes. Gemäß Destatis wurden im Jahr 2023 10,6 Mio. m^3 Buche und sonstiges Buntlaubholz eingeschlagen. Misslich ist, dass unklar bleibt, wie hoch der Anteil von sonstigem Buntlaubholz ist. Jeweils 20 % der Gesamtmenge entfielen auf Stammholz und Industrieholz. 50 % der Einschlagmenge waren Energieholz und zehn Prozent blieben ungenutzt. Laut Bundeswaldinventur beträgt der Vorrat an Buchenholz 683,5 Mio. m^3, was 43 % des Laubholzvorrates von 1,6 Mrd. m^3 entspricht. Strategische Schritte zur Laubholzförderung sollten bei Buchenholz ansetzen und größere und wachsende Absatzmärkte wie beispielsweise OSB-Platten in den Blick nehmen. Im Bereich des Wohnungsbaus liegt die Holzbauquote bei 24 %, Holzrahmenbauweisen sind verbreitet und entsprechend hoch ist der Bedarf an OSB-Platten. Bieten die Laubholzplatten zudem den Vorteil der geringeren VOC-Emissionen, dann ist das Marktpotenzial immens. Zwar eignet sich Buchenholz theoretisch als Schnittholz, doch wird die Marktakzeptanz gering sein, solange Nadelholz verfügbar ist. Da die Sägekapazitäten es erfordern, dass die Wertschöpfungsketten für Laubholz erst aufgebaut werden müssen, ist es von Vorteil, ein am Markt etabliertes Produkt wie OSB-Platten zu bedienen. Dieses Potenzial ist in größeren Mengen erschließbar, während beispielsweise bei Furnieren nicht nur das Produkt zu schaffen, sondern auch ein neuer Anwendungsbereich zu finden ist. Der Bedarf an OSB-Platten lag im Jahr 2022 bei 6,9 Mio. m^3 und überschritt damit die inländische Produktion von 6,7 Mio. m^3. Derzeit finden insgesamt rund vier von zehn Millionen Kubikmetern eingeschlagener Buche und Buntlaubholz stoffliche Verwendung. Das Produkt OSB-Platte bietet ein erschöpfendes Potenzial, mit dem sich der Anteil des stofflich genutzten Buchenholzes erhöhen ließe. Vor dem Hintergrund des fortgeschrittenen Waldumbaus und des Marktbedarfs an Holzrahmenbauten kann zu diesem Laubholzwerkstoff geraten werden.

- Esche (*Fraxinus spp.*), Ahorn (*Acer spp.*) und sonstige langlebige Laubbäume

Abb. 7.4 Eschen (*Fraxinus spp.*) befestigen einen Hang und einen Weg zu einem alten Gehöft, Kärnten, Österreich. Eigene Abbildung

Destatis weist den Einschlag von Esche (Abb. 7.4) und Ahorn zusammen mit Buche und sonstigem Buntlaubholz aus. Der Vorrat gemäß der detaillierteren Bundeswaldinventur liegt bei jeweils rund 64 und 77 Mio. m^3, was vier und fünf Prozent des Laubholzvorrates von 1,6 Mrd. m^3 entspricht. Die Strategieentwicklung zur systematischen Nutzung ist nicht dringend und sollte Nischenprodukte mit einem geringen Holzbedarf adressieren. In Abschn. 6.5.2 wurde gezeigt, dass Eschenholz für die Herstellung von Rotorblättern geeignet sein könnte. Es liegt nahe, dass dort gerade die Hölzer verwendet werden, welche sowohl leicht sind als auch ein hohes Elastizitätsmodul haben. Zugleich zeigten die Ausführungen, dass die Möglichkeiten von Furnierschichtholz noch nicht ausgeschöpft sind. Auch hier könnten Esche und Ahorn Einsatz finden. Furnierschichtholz ist in Deutschland nicht verbreitet. Es bietet allerdings die Möglichkeit, gebogene Werkstücke herzustellen, was der Faserverbundwerkstoffherstellung in gewissem Umfang ähnlich ist. Das Holz des Ahornbaumes eignet sich für den Innenausbau, Treppen, Parkett und Holzfußböden. Ahornholz ist hell, was vielfach als modern empfunden wird. Es lässt sich gut mit dunklen Hölzern kombinieren.

- Birke (*Betula spp.*), Erle (*Alnus spp.*) und sonstige kurzlebige Laubbäume

Abb. 7.5 Gemeine Birke (*Betula pendula*) in Deutschland. Eigene Abbildung

Der Einschlag von Birken (Abb. 7.5) und Erlen wird ebenfalls als Teil von Buche und Buntlaubholz statistisch ausgewiesen. Nach Bundeswaldinventur liegt der Vorrat bei jeweils fünf und sechs Prozent des Laubholzvorrates von 1,6 Mrd. m^3. Das Habitat der Birken ist der hemi-boreale Nadelmischwald. In mitteleuropäischen Mischwäldern befinden sich Birken in den mittleren Stockwerken, sodass Laubmischwald häufig Birkenholz liefert (Sachsse 1988). Der Grund ist schlicht, dass Mischwald vollständig genutzt wird und die Mischwaldforste effizient bewirtschaftet werden. Die systematische Birkenholznutzung sollte eine Folge des ökologischen Waldumbaus sein (Blaser und Oesch 2021). Die Nutzung von Birken geht bis in die Steinzeit zurück: Rinde, Birkensaft, Gerbstoffe, Tee und Ersatzlebensmittel wurden daraus hergestellt. Heute ist es der Rohstoff für verbreitetes Sperrholz und wertvolle Furniere. Es ist hervorragendes Brennholz. Ähnliche Eigenschaften und Anwendungsgebiete hat Erlenholz. Birken- und Erlenholz wird sich für den Innenausbau eignen, für wenig belastete Bauteile wie Innentüren und dekorative Decken- und Wandverkleidungen. Erlen und Birken sind Pionierbäume. Sie können helfen, neue Waldhabitate zu erschließen.

Das Laubholz-Potenzial gewinnt eine weitere Dimension, wenn die Gebäude aus Laubholz gefertigt werden. Die ETH Zürich baute das erste Laubholzhaus der Schweiz (Vonmont 2015). Die Baumaterialien sind Buche, Esche und Glas auf einem Betonsockel.

Prof. Andrea Frangi vom Institut für Baustatik und Konstruktion ist der Architekt und einer der Wegbereiter für das neue Bauen mit Laubholz. „Vom Baumaterial Laubholz ist noch viel zu erwarten.", titelt die Zeitung Lignum der Holzwirtschaft der Schweiz (Pestalozzi 2022). Der Hintergrund der Forschungen ist genau der beschriebene Waldumbau zum Zweck klimaresilienter Wälder. Die Strategie wird in der Schweiz verfolgt und es stehen dort hinreichende Mengen an Laubholz, vorrangig Buchenholz, bereit. Die Forschungen werden von mehreren Universitäten und Fachhochschulen durchgeführt. Dabei geht es um die Charakterisierung von Laubvollholz, Brettschichtholz, Furnierschichtholz, Verbindungen, die Sicherheit im Brandfall sowie vieles mehr. Das Forschungsgebiet ist eng verbunden mit der Strategie für Laubholz.

Laubholzforschung kann Forschung an Brettschichtholz, Balkenschichtholz, Furnierschichtholz bedeuten. Da das Einschneiden von Laubholz oft als problematisch beschrieben wird, kann es sinnvoller sein, zunächst diese Werkstoffe aus Laubholz herzustellen. Eine der ersten Forschungsfragen betrifft dann neben dem Einschnitt die idealen Klebeverbindungen. Es gibt bereits gute Erfahrungen mit einem Produkt, welches werbewirksam als „BauBuche" bezeichnet wird. Das ist einerseits Brettschichtholz auf Basis von Buchenholz und andererseits Brettsperrholz. Beides hat exzellente Eigenschaften und eignet sich für tragende Holzstrukturen. Beide Produkte sind bereits marktfähig. Neben „BauBuche" beschränkt sich der Markt in Deutschland auf größtenteils importiertes Birkensperrholz. Perspektivisch könnten die Produktionskapazitäten aufgebaut und Anwendungsgebiete erschlossen werden. Auf dem Gebiet der Furniere ist deutlich mehr möglich. So können Furniere in unterschiedliche Formen gebracht werden. Viertel- und Halbschalen für den Turmbau sind ein gutes Beispiel und führten zu Prototypen von Windenergieanlagen auf Holztürmen. Gebogene flächige Werkstoffe erlauben neue architektonische Konzepte, die den Innenausbau verändern können. Ferner kann Furnier in Formen gebracht werden, welche aus dem Stahlbau bekannt sind. Das sind T- und Doppel-T-Träger sowie I-Träger und Winkelprofile. Es sind den Kraftfluss angepasste Strukturen, die im klassischen Holzbau selten vorkommen. Wissenstransfer aus dem Stahlbau spricht für diesen Ansatz. Schließlich verdeutlichten die Forschungen der Universität Kassel im „WoodWind"-Projekt, dass additive Fertigung mit Holzfurnier möglich ist (Göbert et al. 2022). Damit schlägt der Holzbau einen Weg ein, der stark an Faserverbundwerkstoffe erinnert, denen als Leichtbaumaterial eine Schlüsselrolle bei der Ressourceneffizienz zugesprochen wurde. Es wird spannend bleiben, zu sehen, wie weit der Holzbau in diesen Bereich vordringen kann.

7.3.4 Sichtbarkeit und technische Anerkennung

Es entsteht der Eindruck, dass Holzbau in der Praxis weit fortgeschritten ist, während es noch an akademischem Interesse mangelt. Wenn akademisches Interesse vorhanden ist, dann gilt es dem mehrgeschossigen Neubau, der Denkmalpflege und der Brandsicherheit. Das große Potenzial der Sanierungen, Modernisierungen und Umbauten wird oft vernachlässigt. Aus diesem Grund sollten positive Beispiele aus der Praxis Eingang in die Literatur finden. Ein gutes Beispiel ist der Holzbau-Atlas des Natural Building Lab, Berlin (www.holzbauatlas.de), denn es geht neben Sichtbarkeit um technische Anerkennung. Oft steht Holzbau in der Kritik. Fragen des Brandschutzes drängen sich auf. Und es bestehen Zweifel an der Gebrauchstauglichkeit und Dauerhaftigkeit. Diese Bedenken gilt es auszuräumen, denn die technischen Lösungen gibt es. Unbeschadet dessen gibt es noch viele Bereiche, wo Holzbau innovativ ist: das Bauen mehrgeschossiger Gebäude aus Holz, das Bauen mit Laubholz, Holz-Beton-Verbundbauweisen und schließlich die Ökobilanzen für Produkte und Gebäude. Es sind Bereiche, auf denen noch viel erforscht und Daten gesammelt werden könnten. Es sind Gebiete, welche die Normung in den nächsten Jahren bestimmen.

Noch lange nicht ausgeschöpft sind die Möglichkeiten, die Brettschichtholz und Furniere bieten. Der Turm einer Windenergieanlage aus Viertelschalen aus Holzfurnier eröffnet ein völlig neues Baukonzept. Daran werden selbst Experten für Holzrahmenbau und Holz-Massivbau nicht sofort gedacht haben. Auch das 300 m hohe Hochhaus, welches in Japan entstehen wird, wird aus Furnierschichtholz gefertigt werden. Einen anderen, noch viel eindrücklicheren Ausblick bietet das blätterdachartige Dach des Elefantenhauses im Zoo Zürich. Die große Chance liegt in runden und kuppelförmigen Holzbaustoffen. Für den Bereich der Forschung gilt, dass ambitionierte Klimaschutzziele dem Ingenieurholzbau und den Forstwissenschaften einen deutlichen Schub verliehen. Und dieser wird sich auf dem Weg zur Klimaneutralität im Jahr 2050 noch deutlich verstärken. Das Interesse verbleibt nicht an den Universitäten und Forschungsinstituten, sondern erreicht die Politik. Es geht jetzt um die richtige Weichenstellung. Keinesfalls zu vernachlässigen ist der Bereich der Infrastruktur. Türme von Windenergieanlagen, Holzmaste, Bahnschwellen und der äußerst vielseitige Brückenbau verdeutlichen, dass gerade bei der klimagerechten Ertüchtigung der Infrastruktur Holz eine erstaunlich große Rolle spielen könnte. Es wird fraglich sein, ob rechtzeitig ausreichende Kapazitäten verfügbar sind.

Diese Beispiele verdeutlichen, dass die Fragen des klimagerechten Bauens weit über die Dicke von Dämmschichten hinausgehen. Es ist erstaunlich, dass trotz eines Erfahrungsschatzes, der bis in das Mittelalter reicht, im 21. Jahrhundert Pionierarbeit geleistet wird. Stahl, Beton und Glas lösten einst Holzbauten ab und legten den Maßstab für komfortable Gebäude höher. Nun ist der Zeitpunkt gekommen, an dem der Holzbau nachzieht und die neuen Bauarten für sich erschließt. Dabei helfen neue Erfindungen wie Brettschichtholz, Faserplatten, Furnierschichtholz und Holz-Beton-Verbundbauweisen. Interessant ist, dass sich der Holzbau mit seinen Werkstoffen und unter neuen Voraussetzungen immer wieder neu erfindet. Der Blick auf die Dachkonstruktionen zeigt, dass Holzbau stets wichtig geblieben ist und jetzt unter anderen Vorzeichen einmal mehr in sämtliche Bereiche expandiert.

Quellenverzeichnis

Bischof S (2021–heute) Alles Holz – Moderner Holzbau, Podcast Plattform 1P Portale GmbH (Hrsg.) Berlin. https://www.podcast.de/podcast/2960409/alles-holz

Blaser N, Oesch M (2021) Potenzial der Birke (*Betula spp.*) in Bezug auf den Klimawandel – Schwerpunkt auf Schweiz und Russland. Minorarbeit Klimawandel. Berner Fachhochschule BFH-HAFL (Hrsg.) Zollikofen. https://maserplanten.ch/wp-content/uploads/2023/06/Potenzial-der-Birke-Betula-spp.-in-Bezug-auf-den-Klimawandel-_Blaser_Oesch211.pdf

Bock L, Hoffmann S, Larsen LM (2023–heute) Holz über Kopf – Der Handwerkspodcast, Podcast Plattform 1P Portale GmbH, Berlin. https://www.podcast.de/podcast/3364693/holz-ueber-kopf-der-handwerkspodcast

Deutscher Naturstein Verband DNV (2018) Nachhaltigkeitsstudie: Ökobilanz von Bodenbelägen, Würzburg. https://dnv.online/wp-content/uploads/2023/09/Nachhaltigkeitsstudie-ueber-Bodenbelaege-im-Innenbereich.pdf

Bund deutscher Zimmermeister im Zentralverband des Deutschen Baugewerbes e.V. (2024) Lagebericht 2024, Berlin. https://www.holzbau-deutschland.de/fileadmin/user_upload/eingebundene_Downloads/2024-05-06_Lagebericht_2024_lay11_web.pdf

GFF Das Praxismagazin für Glas, Fenster, Fassade (2021) In Zahlen: Deutscher Markt für Fenster und Türen. News vom 10.05.2021, Holzmann Medien GmbH & Co. KG, Bad Wörishofen. https://www.gff-magazin.de/in-zahlen-deutscher-markt-fuer-fenster-und-tueren-252840/

Göbert A, Deetman A, Rossi A, Weyhe O, Eversmann P (2022) 3DWoodWind: robotic winding processes for material-efficient lightweight veneer components, Construction Robotics, 6, 39–55. https://doi.org/10.1007/s41693-022-00067-2

Günther M (2023) Bauen und Wohnen in der Krise – Aktuelle Entwicklungen und Rückwirkungen auf Wohnungsbau und Wohnungsmärkte, beauftragt durch das Verbändebündnis „Soziales Wohnen", Pestel Institut gGmbH (Hrsg.) Hannover. https://digital.zlb.de/viewer/resolver?urn=urn:nbn:de:kobv:109-1-15480305

Hochwarth D (31.1.2024) Windkraft in Fertigbauweise: Schweden errichten höchstes Holzwindrad der Welt, VDI Verlag GmbH, Düsseldorf. https://www.ingenieur.de/technik/fachbereiche/energie/windkraft-in-fertigbauweise-schweden-errichten-hoechstes-holzwindrad-der-welt/

Holert J, Peskes M (2019) Chancen und Risiken von seriellem und modularem Bauen am Beispiel des Segments Mikro-Apartments als neuen Trend der Immobilienwirtschaft, NBS Northern Business School, University of Applied Sciences, Hamburg. http://hdl.handle.net/10419/202545

Holzbauatlas, Natural Building Lab (Hrsg.) Berlin. https://www.holzbauatlas.de/

Hörrmann J (2021–heute) Der Branchen-Podcast von ProHolz Baden-Württemberg, proHolzBW GmbH, Ostfildern. https://proholzbw.de/medien/podcast/

Isop A (2022–heute) A bis HolZ – Podcast von proHolz Austria, Podcast Plattform 1P Portale GmbH, Berlin. https://www.podcast.de/podcast/2960898/von-a-bis-holz

Kebony AS, Rosdorf (2020–heute) Zukunft Holz – der Podcast von Kebony, Podcast Plattform 1P Portale GmbH, Berlin. https://www.podcast.de/podcast/2325054/zukunft-holz

Lattke F, Huß W, Schröttle R, Seidel A (2023) Leitfaden Serielles Sanieren Modernisierung mit vorgefertigten Elementen in Holztafelbauweise, Informationsverein Holz e. V. (Hrsg.) Düsseldorf. ISSN: 0446-2114, https://informationsdienst-holz.de/publikationen/leitfaden-serielles-sanieren.

Markgraf M (2018) Einblicke in die Dessauer Bauhausbauten als materielles Erbe, Architektura, 48, 1–2, 134–153. https://doi.org/10.1515/atc-2018-1008

Pestalozzi M (29.11.2022) Vom Baumaterial Laubholz ist noch viel zu erwarten, Lignum – Holzwirtschaft Schweiz, Zürich. https://www.lignum.ch/auf_einen_klick/news/lignum_journal_holz_news_schweiz/news_detail/vom-baumaterial-laubholz-ist-noch-viel-zu-erwarten/

Sachsse H (1988) Holzqualität von Birken, Die Baumart Birke und ihre anatomischen Holzeigenschaften, Holz als Roh- und Werkstoff, 46, 441–446. https://doi.org/10.1007/BF02613252
Schmidt L, Rogalla S (2024–heute) Timber Talk, Deutsche Säge- und Holzindustrie Bundesverband e. V. DESH, Berlin. https://zukunft-holz.de/projekte/timber-talk-podcast/
Schweizer J, Buenger W (2021–heute) Auf Holz Bauen, Holzbauoffensive der Ingenieurkammer Baden-Württemberg (Hrsg.) Stuttgart. https://aufholzbauen.podigee.io/
Seidel A, Keil A, Hafner A, Özdemir Ö, Jacob-Freitag S (2019) Drüber und drunter: Brücken aus Holz, Qualitätsgemeinschaft Holzbrückenbau (Hrsg.) Friolzheim. https://www.tib.eu/de/suchen/id/TIBKAT:1700361554/
Stackmann S (2019) Dessau-Roßlau: Wohnen in der Kathedrale der Zukunft. Die Veränderungsgeschichte der Siedlung Dessau-Törten, Universität Bamberg (Hrsg.) Bamberg. https://doi.org/10.20378/irb-46588
Statistisches Bundesamt (Destatis) Zahl der Woche Nr. 24 vom 13. Juni 2023: Fast jedes vierte 2022 fertiggestellte Einfamilienhaus ist ein Fertighaus. https://www.destatis.de/DE/Presse/Pressemitteilungen/Zahl-der-Woche/2023/PD23_24_p002.html
Tendler E (2021–heute) Waldseiten, Podcast Plattform 1P Portale GmbH, Berlin. https://www.podcast.de/podcast/961321/waldseiten
Trummer R (26.04.2023) Nachhaltige Alternative: Furnierschichtholz für Windkraftanlagen, Bauen aktuell, WIN-Verlag GmbH & Co. KG, München. https://www.bauen-aktuell.eu/nachhaltige-alternative-furnierschichtholz-fuer-windkraftanlagen-a-088aec3319ad7d2c6e1c842051a50dd2/
Vonmont A (03.06.2015) ETH baut das erste Laubholz-Haus der Schweiz, Schweizer Radio und Fernsehen, Zürich. https://www.srf.ch/wissen/technik/technik-eth-baut-das-erste-laubholz-haus-der-schweiz
Winkler J, Winkler H (2020–heute) Hör auf Dein Holz, Podcast Plattform 1P Portale GmbH, Berlin. https://www.podcast.de/podcast/914429/hoer-auf-dein-holz
Witte H (2008) Haus Mayer-Kuckuk, Internetauftritt. http://www.mayer-kuckuk.de/monografie.html
Wolff R (10.05.2022) Auf dem Holzweg, Windradtürme aus nachhaltigem Material, taz Verlags und Vertriebs GmbH, Berlin. https://taz.de/Windradtuerme-aus-nachhaltigem-Material/!5850674/

Stichwortverzeichnis

P. Weißhaupt, *Wald und Holzbau*, https://doi.org/10.1007/978-3-658-50061-0

MIX
Papier aus verantwortungsvollen Quellen
Paper from responsible sources
FSC® C105338

If you have any concerns about our products,
you can contact us on
ProductSafety@springernature.com

In case Publisher is established outside the EU,
the EU authorized representative is:
Springer Nature Customer Service Center GmbH
Europaplatz 3, 69115 Heidelberg, Germany

Printed by Libri Plureos GmbH
in Hamburg, Germany